U0296262

CorelDRAW X8

中文版 从入门到精通

创锐设计 编著

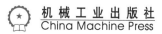

机械工业出版社
China Machine Press

图书在版编目（CIP）数据

CorelDRAW X8中文版从入门到精通／创锐设计编著. —北京：机械工业出版社，2017.8

ISBN 978-7-111-57779-9

Ⅰ．①C… Ⅱ．①创… Ⅲ．①图形软件 Ⅳ．①TP391.413

中国版本图书馆CIP数据核字（2017）第204675号

CorelDRAW X8 是 Corel 公司出品的专业图形设计和矢量绘图软件，具有功能强大、效果精细、兼容性好等特点，被广泛应用于矢量绘图、版式设计、包装设计等诸多领域。本书根据初学者的学习需求和认知特点梳理和构建内容体系，循序渐进地讲解了 CorelDRAW X8 的核心功能和应用技法，可满足读者"从入门到精通"的学习需求。

全书共 18 章，可分为 3 个部分。第 1 章为基础篇，介绍了 CorelDRAW X8 的应用领域、新增功能、安装与启动等内容。第 2 ~ 14 章为技法篇，循序渐进地讲解了 CorelDRAW X8 的核心功能和应用技法，包括操作界面、文件操作、页面设置、图形绘制、对象编辑、图形填充、文本处理、图形特效、图层与样式、位图处理、滤镜特效、打印输出等内容。第 15 ~ 18 章为实战篇，以应用为主旨，解析了 CI 企业形象标志设计、电商广告设计、招贴设计、商业插画设计 4 个综合实例。

本书内容丰富、图文并茂、直观易懂，能够帮助 CorelDRAW 的初学者快速入门并提高，也适合有一定的矢量绘图基础、想要进一步提高水平的设计爱好者、平面设计专业人员阅读，还可作为大中专院校和社会培训机构图形设计课程的教材。

CorelDRAW X8中文版从入门到精通

出版发行：机械工业出版社（北京市西城区百万庄大街22号　邮政编码：100037）

责任编辑：杨　倩　　　　　　　　　　　　　责任校对：庄　瑜

印　　刷：北京天颖印刷有限公司　　　　　　版　　次：2017年9月第1版第1次印刷

开　　本：185mm×260mm　1/16　　　　　　印　　张：23.5

书　　号：ISBN 978-7-111-57779-9　　　　　定　　价：89.80元

PREFACE
前 言

　　CorelDRAW 是一款专业的图形设计和矢量绘图软件，无论是标志设计、插图绘制，还是包装设计、排版输出，它都能轻松胜任。本书是针对初、中级读者编写的 CorelDRAW 矢量绘图实例型教程，可满足读者"从入门到精通"的学习需求。

◎内容结构

　　全书共 18 章，可分为 3 个部分。第 1 章为基础篇，介绍了 CorelDRAW X8 的应用领域、新增功能、安装与启动等内容。第 2 ~ 14 章为技法篇，循序渐进地讲解了 CorelDRAW X8 的核心功能和应用技法，包括操作界面、文件操作、页面设置、图形绘制、对象编辑、图形填充、文本处理、图形特效、图层与样式、位图处理、滤镜特效、打印输出等内容。第 15 ~ 18 章为实战篇，以应用为主旨，解析了 CI 企业形象标志设计、电商广告设计、招贴设计、商业插画设计 4 个综合实例。

◎编写特色

　　★内容全面：初学者应该掌握的 CorelDRAW 知识和功能，书中都有介绍，并且根据初学者的学习需求和认知特点进行了精心归纳和梳理，可以随时学、用、查。

　　★上手容易：本书采用"边学边练"的教学方式，先介绍知识点，再采用图文并茂的"说明书式"讲解方法剖析实例操作步骤，让读者在动手操作中理解和感悟，直观易懂，实用高效。

　　★案例实用：书中精选的 63 个典型小实例涵盖了 CorelDRAW 的核心知识和关键技法，风格和题材多样，不仅赏心悦目，而且能开阔思路。最后 4 个实用、精美的综合案例，更是结合时下热门应用领域的精心设计。

◎读者对象

　　本书能够帮助 CorelDRAW 的初学者快速入门并提高，也适合有一定的矢量绘图基础、想要进一步提高水平的设计爱好者、平面设计专业人员阅读，还可作为大中专院校和社会培训机构图形设计课程的教材。

　　由于编者水平有限，在编写本书的过程中难免有不足之处，恳请广大读者指正批评，除了扫描二维码添加订阅号获取资讯以外，也可加入 QQ 群 111083348 与我们交流。

编者

2017 年 7 月

如何获取云空间资料

一 扫描关注微信公众号

在手机微信的"发现"页面中点击"扫一扫"功能，如右一图所示，进入"二维码/条码"界面，将手机对准右二图中的二维码，扫描识别后进入"详细资料"页面，点击"关注"按钮，关注我们的微信公众号。

二 获取资料下载地址和密码

点击公众号主页面左下角的小键盘图标，进入输入状态，在输入框中输入本书书号的后 6 位数字"577799"，点击"发送"按钮，即可获取本书云空间资料的下载地址和访问密码。

三 打开资料下载页面

方法 1：在计算机的网页浏览器地址栏中输入获取的下载地址（输入时注意区分大小写），如右图所示，按 Enter 键即可打开资料下载页面。

方法 2：在计算机的网页浏览器地址栏中输入"wx.qq.com"，按 Enter 键后打开微信网页版的登录界面。按照登录界面的操作提示，使用手机微信的"扫一扫"功能扫描登录界面中的二维码，然后在手机微信中点击"登录"按钮，浏览器中将自动登录微信网页版。在微信网页版中单击左上角的"阅读"按钮，如右图所示，然后在下方的消息列表中找到并单击刚才公众号发送的消息，在右侧便可看到下载地址和相应密码。将下载地址复制、粘贴到网页浏览器的地址栏中，按 Enter 键即可打开资料下载页面。

四 输入密码并下载资料

在资料下载页面的"请输入提取密码"下方的文本框中输入步骤 2 中获取的访问密码（输入时注意区分大小写），再单击"提取文件"按钮。在新页面中单击打开资料文件夹，在要下载的文件名后单击"下载"按钮，即可将其下载到计算机中。如果页面中提示选择"高速下载"还是"普通下载"，请选择"普通下载"。下载的资料如为压缩包，可使用 7-Zip、WinRAR 等软件解压。

> **提示**：读者在下载和使用云空间资料的过程中如果遇到自己解决不了的问题，请加入 QQ 群 111083348，下载群文件中的详细说明，或找群管理员提供帮助。

CONTENTS
目 录

第1章 认识CorelDRAW X8

第2章 CorelDRAW X8入门

第3章 页面设置和辅助工具

第4章 基础图形的绘制

第7章　图形的高级编辑

第8章　图形的颜色和填充

第9章　文本的处理

第10章　图形特效全攻略

第11章　图层和样式的使用

第12章　自由处理位图图像

第13章　滤镜特效的应用

第14章 作品的输出与打印

第15章 CI企业形象标志系列

第16章 电商广告设计

第17章 招贴设计

第18章 商业插画设计

第 1 章
认识 CorelDRAW X8

CorelDRAW 是加拿大 Corel 公司开发的一款矢量图形编辑软件，也是专业的平面设计软件。CorelDRAW 广泛应用于矢量插画和版面制作，具有强大的图形图像处理功能。2016 年，Corel 公司发布了 CorelDRAW X8，继续与 Adobe 公司的 Illustrator 软件展开竞争。下面一起进入 CorelDRAW 的奇妙世界。

1.1 CorelDRAW 基础概述

CorelDRAW 作为主流的矢量图形编辑软件，其特点是图形处理功能强、定位精确、使用灵活。在 CorelDRAW 中，用户可以编组自己的图形处理命令或图表编辑命令，其极强的自主操作性能够在图形上添加繁杂的标注，且能轻而易举地完成制表工作。这些是 CorelDRAW 软件被大家长期使用并认可的原因。下面为大家介绍与 CorelDRAW 软件相关的术语和其他一些基本知识。

1.1.1 位图和矢量图

在使用 CorelDRAW X8 进行图形创作之前，需要先了解位图和矢量图的概念。

1. 位图

位图图像也被称为点阵图像或绘制图像，是由名为"像素"的单个点组成的。这些点可以进行不同的排列和填色以构成图像，并且组成图像的每一个像素都拥有自己的位置、亮度和大小等。位图图像的大小取决于点的数目，图像的颜色取决于像素的颜色。位图图像与分辨率有关，分辨率是指单位面积内包含的像素数。分辨率越高，单位面积中的像素数就越多，图像也越清晰。但是对位图图像进行大倍数放大时，图像会出现锯齿现象。图 1-1 所示为打开的素材图像，将图像放大若干倍显示后，可以看到图像变得模糊了，如图 1-2 所示。

2. 矢量图

矢量图通过直线和曲线来规划图形，图形的元素包括点、线、矩形、多边形、圆和弧线等，它们都可以通过数学公式计算获得。矢量图形文件的体积相对较小，其最大的优点是无论放大、缩小或旋转等都不会失真。矢量图与分辨率无关，它按照最高的分辨率显示到输出设备上。因此无论对图形放大多少倍，效果依然清晰。图 1-3 和图 1-4 所示分别为原图像和放大数倍显示的图像。

图1-3 矢量图原尺寸效果

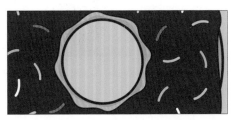

图1-4 放大数倍后的局部效果

图1-1 位图图像原尺寸效果　图1-2 放大局部后的效果

1.1.2 色彩模式

色彩模式是将颜色表示为数字形式的模型，或者说它是记录图像色彩的一种方式。常见的色彩模式有 RGB 模式、CMYK 模式、HSB 模式、Lab 模式、位图模式、灰度模式和双色调模式等。

1. RGB模式

RGB 色彩就是常说的三原色，R 代表 Red（红色），G 代表 Green（绿色），B 代表 Blue（蓝色），如图 1-5 所示。它们之所以称为三原色，是因为在自然界中人所能看到的任何色彩都可以由这 3 种颜色混合而成。通过对这 3 种颜色进行调节，可以创建出 1677 万种颜色。图 1-6 所示为打开的 RGB 模式的图像。

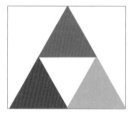 

图1-5 三原色　　　图1-6 RGB模式的图像

2. CMYK模式

CMYK 模式是一种基于印刷处理的颜色模式，C、M、Y、K 代表印刷上使用的 4 种颜色，C 代表青色，M 代表洋红色，Y 代表黄色，K 代表黑色，如图 1-7 所示。通过设置 CMYK 四色油墨的含量（0%～100%），可以调整颜色，较亮颜色指定的油墨百分比较低，较暗颜色指定的油墨百分比较高。图 1-8 所示为将图像转换为 CMYK 模式的效果，图像的颜色饱和度比 RGB 图像的颜色饱和度要低一些。

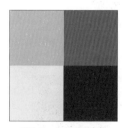 

图1-7 CMYK模式　　　图1-8 CMYK模式的图像

3. HSB模式

HSB 模式中的 H、S、B 分别表示色相、饱和度、亮度，它是一种从视觉的角度定义的颜色模式。下面基于人们对色彩的感觉，具体分析 HSB 模式描述颜色的 3 个特征。

色相 H（Hue）：色相在 0°～360° 的标准色轮上按位置度量。使用时，色相由颜色名称标识，如红色、绿色或橙色。

饱和度 S（Saturation）：是指颜色的强度或纯度。饱和度表示色相中彩色成分所占的比例，用 0%（灰色）～100%（完全饱和）来度量。在标准色轮上，饱和度从中心逐渐向边缘递增。

亮度 B（Brightness）：是指颜色的相对明暗程度，通常用 0%（黑）～100%（白）来度量。

4. Lab模式

Lab 模式是国际照明委员会（CIE）于 1976 年公布的一种色彩模式，它既不依赖于光线，也不依赖于颜料，是 CIE 确定的一种理论上包括了人眼可以看见的所有色彩的色彩模式。Lab 模式弥补了 RGB 和 CMYK 色彩模式的不足。

5. 位图模式

位图模式是 1 位深度的图像，只包含黑和白两种颜色。位图模式的图像也称为黑白图像，它包含的信息最少。位图可以由扫描或置入黑色的矢量线条图像生成，也可以由灰度模式或双色调模式转换而成。图 1-9 所示为彩色的图像效果，图 1-10 所示为转换成位图模式后的效果。

图1-9 彩色的图像效果　　　图1-10 位图模式效果

6. 灰度模式

灰度模式可以理解为由单一的油墨深浅所构成的画面效果，最多可使用 256 级灰度，即图像像素的亮度值为 0（黑色）～ 255（白色）。该模式可用于表现高品质的黑白图像。图 1-11 所示为彩色的图像效果，在 CorelDRAW 中执行"位图 > 模式 > 灰度（8 位）"菜单命令，可得到如图 1-12 所示的灰度模式效果。

图1-11　彩色的图像效果　　图1-12　灰度模式效果

7. 双色调模式

双色调模式也是一种为打印而制定的色彩模式，主要用于输出适合专业印刷的图像。在 CorelDRAW 中可以创建单色调、双色调、三色调和四色调图像。单色调是用一种单一的、非黑色油墨打印灰度图像，双色调、三色调和四色调分别是用两种、3 种和 4 种油墨打印灰度图像。图 1-13 所示为彩色的图像效果，图 1-14 ～图 1-16 所示分别为双色调、三色调和四色调模式效果。

图1-13　彩色的图像效果　　图1-14　双色调模式效果

图1-15　三色调模式效果　　图1-16　四色调模式效果

1.1.3　CorelDRAW 中的常用术语

了解操作 CorelDRAW 时常用的术语，能够帮助用户熟练地掌握图形创作和编辑等操作。在日常的图形绘制过程中，以下术语是经常用到的。

1. 对象

对象是指绘图过程中创建或放置的项目，包括线条、形状、图形和文本等。图 1-17 和图 1-18 所示分别为图形对象和文本对象。

图1-17　图形对象

图1-18　文本对象

2. 绘图

绘图是在 CorelDRAW 中创建的一种文档，分为绘图页面和绘图窗口。绘图页面是绘图窗口中被具有阴影的矩形所包围的部分，绘图窗口是 CorelDRAW 中可以创建、编辑、添加对象的部分。

3. 泊坞窗

泊坞窗通常以对话框的形式显示同类控件，如命令按钮、选项和列表框等。它们不同于大多数对话框，用户可以在操作文档时一直打开泊坞窗（调色板），或执行其他命令打开不同的泊坞窗，以便使用各种命令来尝试创建不同的效果。图 1-19 和图 1-20 所示分别为"对象管理器"泊坞窗和"颜色泊坞窗"。

 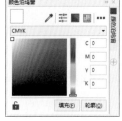

图1-19　"对象管理器"泊坞窗　　图1-20　"颜色泊坞窗"

4．美术字

美术字是用文本工具创建的一种文本类型，可使用美术字添加短文本，如标题等；也可以用它来创造图形效果，如创建立体模型、调和并创建所有其他特殊效果等。每个美术字对象都可以容纳 32000 个字符。

5．段落文本

段落文本是一种文本类型，允许用户应用格式编排选项，并直接编辑大文本块。

1.2　CorelDRAW 的广泛应用领域

在多年的发展中，CorelDRAW 一直在专业矢量绘图软件领域保持着主导地位，其应用领域不仅涉及专业的绘图和美术创作，而且延伸到了美术设计的诸多方面，如广告设计、书籍装帧、包装设计、矢量插画绘制、版式设计和标志设计等。

1.2.1　广告设计

CorelDRAW 作为功能齐全的矢量绘图软件，受到了平面设计者的欢迎，它提供的绘图功能、文字处理功能，能够有效地帮助设计者完成图形绘制、文字排版等工作，制作出既包含图形又包含文字的综合性广告效果。图 1-21 和图 1-22 所示为应用 CorelDRAW X8 制作出的广告图像。

图1-21　汽车广告设计　　图1-22　音乐节广告设计

1.2.2　书籍装帧

书籍装帧设计是指书籍的整体设计，它包含封面、扉页、插图等设计元素。在 CorelDRAW X8 中，可以对提供的素材文件进行编辑及特殊图像效果处理，还可以对图像和文字进行合理的排版和编辑，并应用特效制作出整体的版面效果，进行书籍装帧设计。图 1-23 和图 1-24 所示为设计的图书封面效果。

图1-23　文学类图书装帧设计

图1-24　儿童类图书装帧设计

1.2.3 包装设计

CorelDRAW X8 也可以用于包装设计。包装设计的界定相当广泛，可以是产品的应用范围，也可以是包装的介质。设计师为了将产品变成商品，针对不同类型的产品，抓住其特点并充分展现在包装设计上，由此制作出具有影响力的包装作品，如图 1-25 和图 1-26 所示。

图1-25 糖果包装设计

图1-26 饮品包装设计

1.2.4 矢量插画绘制

矢量绘图在平面设计中应用广泛，插画就是其中之一。插画作品将矢量绘图分为现实风格和矢量风格，分别如图 1-27 和图 1-28 所示。CorelDRAW 中提供了由模拟绘制真实人物的方法，这类矢量作品突出表现图像的逼真效果及立体感。应用编辑曲线的方法将图像中的各个区域绘制出来，然后大面积地填充单一的颜色，即可形成另外一种矢量插画风格，这种风格经常出现在卡通类的插画作品上。

图1-27 现实风格插画

图1-28 矢量卡通插画

1.2.5 版式设计

版式设计是现代设计艺术的重要组成部分，是视觉传达的重要手段之一。从表面上看，它是一门关于编排的学问，实际上，它不仅是一种技能，更是技术与艺术的高度统一。CorelDRAW 中提供了灵活的文字编辑功能及强大的图形绘制工具，方便对文字及图形进行编排和组合，常用于宣传资料、杂志内页等的处理。图 1-29 和图 1-30 所示为应用 CorelDRAW 软件制作的版面效果。

图1-29 宣传资料版式设计作品

图1-30　杂志内页版式设计作品

图1-31　标志设计作品1

1.2.6　标志设计

标志设计又称为商标或徽标设计，是为了让消费者能够尽快识别商品和企业形象而设计的视觉图形。标志设计要求画面简洁、形象明朗、引人注目，而且易于识别、理解和记忆。使用 CorelDRAW 可以轻松完成标志图形的创建和编辑、文字的排版设计，从而创建代表企业形象的标志图案。图 1-31 和图 1-32 所示为应用 CorelDRAW 设计的商标效果。

图1-32　标志设计作品2

1.3　CorelDRAW X8 的新增功能

与之前的 CorelDRAW X7 相比，CorelDRAW X8 加入了大量的新特性，新增和改进了多种工具，包括"隐藏/显示对象""刻刀工具""修复克隆""高斯式模糊""复制曲线段""自定义工作区""自由的图像矫正"等功能。

1.3.1　改进的"提示"泊坞窗

"提示"泊坞窗是包含宝贵学习资源的中心，旨在减少新用户的学习时间。它可以动态显示当前选择的工具的上下文相关信息，并且提供指向相关信息的链接。CorelDRAW X8 中提供了增强的"提示"泊坞窗，用户可以快速访问其他资源，如视频提示、更长的视频及书面教程，以便不搜索即可详细地了解某个工具或功能。图 1-33 所示为"提示"泊坞窗。

图1-33　"提示"泊坞窗

1.3.2　全新的字符过滤功能

在 CorelDRAW X8 中，利用"字符过滤"功能可以更轻松地查找项目的合适字体。通过应用新的"字体列表"框，不仅可以快速查看、筛选和查找所需的特定字体，而且可以根据字体的粗细、宽度、支持的脚本等条件为字体排序。

选择工具箱中的"文本工具"，在属性栏上打开"字体列表"框，然后单击"显示过滤器列表"按钮▼，选中任意过滤器即可，如图 1-34 所示。

图1-34　启用"字符过滤"功能

此外，通过增强的字体搜索功能，用户在编辑过程中可以使用关键字查找字体。具体操作方法为：选择"文本工具"，在属性栏中打开"字体列表"框（见图1-35），双击"字体列表"文本框，然后输入关键字即可，如图1-36所示。此时在"字体列表"框下方会根据输入的关键字筛选出字体。

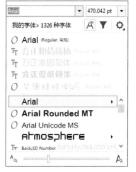 

图1-35　展开"字体列表"框　　图1-36　指定关键字

1.3.3　显示 / 隐藏对象功能

在 CorelDRAW X8 中，应用全新的"显示 / 隐藏对象"功能暂时隐藏一些不打算处理的对象，以避免对这些对象执行误操作，能够帮助用户更轻松地编辑复杂项目。

要隐藏对象，先在绘图窗口中选择目标对象，如图 1-37 所示；然后执行"对象 > 隐藏 > 隐藏对象"菜单命令，即可隐藏所选对象。隐藏对象后，对象名称会在"对象管理器"泊坞窗中以灰色显示，并且名称旁边会显示一个图标，如图 1-38 所示。对于已经隐藏的对象，可以通过执行"对象 > 隐藏 > 显示对象 / 显示所有对象"命令，让其重新显示出来。

图1-37　选中要隐藏的对象　　图1-38　隐藏对象的效果

1.3.4　增强的"刻刀工具"

利用 CorelDRAW X8 中增强的"刻刀工具"，可以拆分向量对象、文本和位图。用户可以沿任何路径拆分单个对象或对象组，并且可以选择能满足需求的轮廓选项。

选择"刻刀工具"后，在属性栏中可以通过单击"2 点线模式"按钮、"手绘模式"按钮、"贝塞尔模式"按钮或"剪切时自动闭合"按钮来分割图形，用户可根据自己的需要进行选择。如图 1-39 所示，选择"2 点线模式"分割，分割后的图形如图 1-40 所示。

图1-39　"2点线模式"分割　　图1-40　分割后的效果

如图 1-41 所示，选择"手绘模式"分割，并在图形上手动绘制效果，将会得到如图 1-42 所示的图形。

 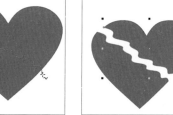

图1-41　"手绘模式"分割　　图1-42　分割后的效果

1.3.5　改进的高斯式模糊阴影功能

阴影是设计时增强元素的很好的方式。在 CorelDRAW X8 中增强了阴影设置功能。选用"阴影工具"为图形添加阴影时，通过应用属性栏中的"羽化方向"选项（见图1-43）可以瞬间为图形创建真实的阴影效果，并且创建出的阴影具有天然的羽化边缘，如图 1-44 所示为在"羽化方向"列表中选择"高斯式模糊"选项时得到的阴影效果。

图1-43　"羽化方向"列表

图1-44　应用高斯式模糊创建的阴影效果

1.3.6　增强的选择相邻节点功能

　　CorelDRAW X8 提供了增强的节点选择功能，简化了对复杂形状的处理。在使用新版本处理图形的过程中，可以在按住 Shift 键的同时，使用"形状工具"选择曲线上的相邻节点。具体操作方法为：先单击其中的一个节点，如图1-45 所示，然后按住 Shift 键的同时单击曲线上的另一个节点，此时曲线中间相邻的多个节点会被同时选中，如图1-46 所示。

图1-45　单击第一个节点

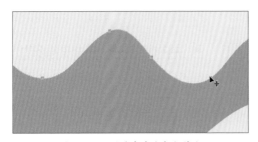

图1-46　同时选中多个相邻节点

1.3.7　复制和剪切曲线段功能

　　CorelDRAW X8 中增强了复制和剪切曲线段特定部分的功能。通过复制和剪切曲线段，可以将它们作为对象粘贴，从而轻松地提取子路径或使用相似轮廓创建形状。具体操作方法为：选择曲线对象，然后使用"形状工具"选择曲线上的节点，如图1-47 所示。

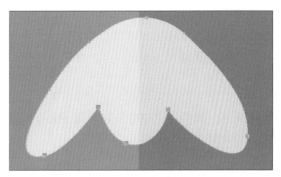

图1-47　选择节点

　　选择节点后，按下快捷键 Ctrl+C，可复制曲线段；按下快捷键 Ctrl+X，可剪切曲线段，如图1-48 所示；按下快捷键 Ctrl+D，可将相应的曲线段复制到指定偏移距离处，如图1-49 所示。

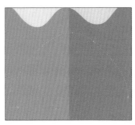

图1-48　剪切曲线段　　　　图1-49　复制曲线段

1.3.8　增强的图像矫正功能

　　通过"矫正图像"功能，可以矫正以某个角度拍摄或扫描的照片透视效果，移除桶形和枕形镜头失真，并更正透视变形。要矫正图像效果，可执行"位图＞矫正图像"菜单命令，然后在弹出的"矫正图像"对话框中设置各个选项的参数值即可，如图1-50 所示。

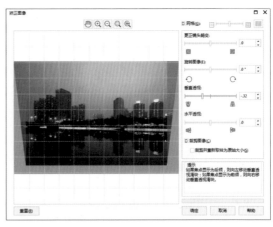

图1-50　"矫正图像"对话框

1.4 安装、卸载及启动 CorelDRAW X8

应用 CorelDRAW X8 软件之前，先要对其进行安装。运行安装程序后，根据弹出的安装向导，可快速安装该软件。该软件的卸载和启动与常用软件（如 Office、WinRAR 等）相同。

1.4.1 安装 CorelDRAW X8 软件的系统要求

基于绘制矢量图像的 CorelDRAW X8 套件可以在 Windows 7、Windows 8、Windows 10 等操作系统下运行。CorelDRAW X8 对计算机的配置要求相对较高，具体的配置要求如下。

（1）配备 32 位或 64 位的 Windows 7、Windows 8 或 Windows 10（安装最新更新和 Service Pack）。

（2）配备 Intel Core i3/5/7 或 AMD Athlon 64 或更高性能的处理器。

（3）至少拥有 2 GB 内存及 1 GB 硬盘空间。

（4）配备多点触控屏幕、鼠标或手写板。

（5）要求 1280 像素 ×720 像素或更高的屏幕分辨率。

（6）安装 Microsoft.NET Framework 4.6。

（7）安装 Microsoft Internet Explorer 11 或更高版本。

1.4.2 安装 CorelDRAW X8 软件

CorelDRAW X8 软件的安装非常简单、方便，用户只需跟随对话框中的提示进行操作，留意选择需要安装的相关组件、存储的路径以及相关用户的信息等内容即可。下面介绍 CorelDRAW X8 的具体安装方法。

运行 CorelDRAW X8 的 Setup.exe 文件，打开 CorelDRAW X8 的初始化安装程序，如图 1-51 所示。

图1-51 初始化安装程序

当初始化安装程序完成后，会弹出有关 CorelDRAW X8 的许可协议对话框，勾选对话框下方的"我同意最终用户许可协议和服务条款"复选框，然后单击"接受"按钮，如图 1-52 所示。

图1-52 接受许可协议

接受许可协议和服务条款后，将直接下载安装程序，如图 1-53 所示。

图1-53 下载安装程序

系统开始对 CorelDRAW X8 软件进行安装操作，下面的进度条显示了安装进度，如图 1-54 所示。

图1-54 显示安装进度

完成安装后，弹出如图 1-55 所示的对话框，在对话框中输入账户名称和密码，即可完成软件安装和激活工作。

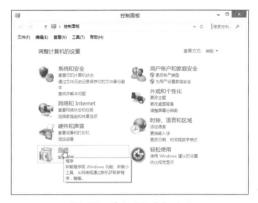

在"控制面板"窗口中，将鼠标移动到"程序"选项并单击，如图 1-57 所示。

图1-57 单击"程序"选项

在弹出的"程序"窗口中，单击"卸载程序"选项，如图 1-58 所示。

图1-58 单击"卸载程序"选项

弹出"程序和功能"窗口，在程序列表中选中所要卸载的 CorelDRAW X8 的相关组件，并单击鼠标右键，在弹出的快捷菜单中选择"卸载 / 更改"命令，如图 1-59 所示。

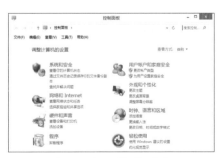

图1-55 输入相关信息

1.4.3 卸载 CorelDRAW X8 软件

CorelDRAW X8 软件的卸载方法与普通软件的类似，可以通过"控制面板"对其进行卸载。下面介绍如何通过"控制面板"对 CorelDRAW X8 软件进行卸载。

在桌面下方的任务栏中单击"控制面板"图标，即可弹出"控制面板"窗口，如图 1-56 所示。

图1-59 应用"卸载/更改"命令

通过上一步的操作，会弹出初始化配置对话框，系统自动对程序进行配置，如图 1-60 所示。

图1-56 打开"控制面板"

图1-60　运行卸载程序

初始化完成后，会弹出卸载提示对话框，选中"删除"单选按钮，然后单击"删除"按钮，如图 1-61 所示。

图1-61　单击"删除"按钮

执行上一步的操作后，系统将自动对 Corel DRAW X8 软件进行移除操作。软件的移除工作完成后，即完成了对 CorelDRAW X8 组件的卸载。最后单击"完成"按钮，退出卸载程序，如图 1-62 所示。

图1-62　卸载程序完成

1.4.4　启动 CorelDRAW X8 软件

正确安装 CorelDRAW X8 软件后，即可运行该软件。下面将介绍两种启动 CorelDRAW X8 软件的方法。

1．使用"开始"菜单启动程序

与大多数软件一样，CorelDRAW X8 安装完成后，在"开始"菜单中将会自动增加运行程序的菜单命令，直接执行菜单命令即可运行该软件。具体的操作方法如下。

在 Windows 系统的"开始"菜单中选择"所有程序"菜单命令，在弹出的级联菜单中执行 CorelDRAW Graphics Suite X8（64-Bit）> CorelDRAW X8（64-Bit）菜单命令，如图 1-63 所示。

图1-63　通过"开始"菜单启动

> **技巧>>将程序固定到任务栏**
>
> 安装 CorelDRAW X8 软件后，在"开始"菜单中找到相应的菜单命令并右击，在弹出的快捷菜单中选择"更多 > 固定到任务栏"命令，将程序固定到任务栏。在启动程序的时候，只需单击任务栏中的应用程序图标，即可快速启动应用程序。

执行菜单命令后，会显示 CorelDRAW X8 的启动界面，系统将自动加载该软件，如图 1-64 所示。

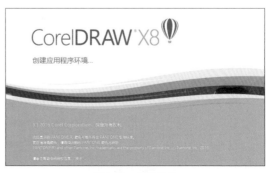

图1-64　运行程序

应用程序加载完成后，即可进入 CorelDRAW X8 的操作界面。首次启动 CorelDRAW X8 时，将会弹出欢迎屏幕，在此窗口中包括软件快速入门、新增功能、学习工具等内容，如图 1-65 所示。

图1-65　欢迎屏幕

执行"文件 > 新建"菜单命令，在弹出的"创建新文档"对话框中进行设置，完成后单击"确定"按钮，如图 1-66 所示，即可创建一个新文档。

图1-66　创建新文档

2. 通过快捷方式快速启动

除了可以从"开始"菜单中运行 CorelDRAW X8 软件之外，还可以通过创建 CorelDRAW X8 软件的快捷方式快速运行该软件。下面将具体介绍创建桌面快捷方式的方法。

在文件资源管理器中找到 CorelDRAW 软件安装路径，并右击 CorelDRAW 应用程序图标，在弹出的快捷菜单中执行"发送到 > 桌面快捷方式"命令，如图 1-67 所示。

图1-67　执行"发送到"命令

此时，在桌面上可以看到 CorelDRAW X8 应用程序的快捷方式图标，如图 1-68 所示。双击该图标，即可运行 CorelDRAW X8 软件。

图1-68　桌面上的快捷方式图标

1.4.5　退出 CorelDRAW X8 软件

CorelDRAW X8 软件的退出方法和大多数软件的类似，可以在软件中执行"文件 > 退出"菜单命令退出，如图 1-69 所示。另外，也可以直接单击软件工作窗口右上方的"关闭"按钮退出，如图 1-70 所示。

图1-69　执行"退出"命令退出程序

图1-70　单击"关闭"按钮退出程序

第 2 章
CorelDRAW X8 入门

本章讲述 CorelDRAW X8 的基本操作，从基础的新建文件等开始学习，并应用简单的工具或者菜单命令对图形进行编辑，从而帮助用户掌握该软件的使用方法。

2.1 CorelDRAW X8 的操作界面

对于 CorelDRAW X8 操作界面的学习主要分为两个部分，首先学习欢迎屏幕的作用以及应用欢迎屏幕快速打开图形、显示新增功能等操作；另一部分介绍 CorelDRAW X8 的界面构成，从各个部分所包含的内容开始讲述，了解基本使用方法。

2.1.1 CorelDRAW X8 的欢迎屏幕

启动 CorelDRAW X8 应用程序后就会出现欢迎屏幕，在该界面中可以快速对图形进行操作，包括新建空白文档、预览最近打开并编辑的图形、显示新增功能、显示学习的工具、图库等，每项都通过不同的按钮进行控制和选择。

1. 新建文件

如图 2-1 所示，在 CorelDRAW X8 欢迎屏幕的左侧单击"立即开始"按钮 ▶，然后使用鼠标单击"新建文档"选项，即可打开"创建新文档"对话框，如图 2-2 所示。

图2-3　新建的空白文档

2. 预览最近编辑的文件

在 CorelDRAW X8 的欢迎屏幕中可以查看最近编辑过的相关文件。如图 2-4 所示，将鼠标放置到相应的文件名称上，屏幕中即可查看该文件的预览效果，并显示出该文件最后编辑的时间以及存储的路径和名称等相关信息；将鼠标移动到其他的文件名称上，右侧预览框中的图形效果将会随之变化，显示出该文件的预览效果。

图2-1　单击"新建文档"选项

图2-2　"创建新文档"对话框

在该对话框中设置相关参数后，单击"确定"按钮，即可创建一个新的空白文档，如图2-3所示。如果在欢迎屏幕中单击"从模板新建"选项，即可打开"从模板新建"对话框。在该对话框中有多种类型的模板文件，选择其中一项后，单击"打开"按钮，即可将所选择的模板文件在绘图窗口中显示出来。

图2-4　预览图形

3. 打开图形文件

应用欢迎屏幕可以打开存储文件的目录。单击"打开其他"选项，打开"打开绘图"对话框，如图 2-5 所示。在该对话框中可以查找所要打开文件的存储路径，选中文件，然后单击"打开"按钮，即可在窗口中显示所选择的图形。应用此方法可以在窗口中显示更多的图形文件。

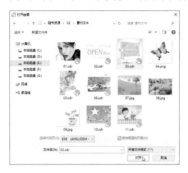

图2-5 "打开绘图"对话框

4. 显示新增功能

新增功能也可以在欢迎屏幕中显示出来。应用鼠标单击"新增功能"按钮□（见图 2-6），即可在窗口右侧显示 CorelDRAW X8 的新增功能，如图 2-7 所示。在欢迎屏幕中会按照顺序对新增功能进行排列，并显示相关说明文字，使用户更加了解新增功能的具体操作方法和作用。如果单击新增功能的标题，还会在欢迎屏幕中显示出新增功能的具体示意图以及操作示意图。选择不同的新增功能，所显示的内容会随之改变。

图2-6 单击"新增功能"按钮

图2-7 显示新增功能

如果需要查看更多的新增功能，可以运用鼠标拖动欢迎屏幕右侧的滚动条，对界面进行翻页，查看后面所提供的新增功能内容，如图 2-8 所示。

图2-8 拖动滚动条查看新增功能

5. 图库

图库中所提供的是世界各地的设计师应用 CorelDRAW X8 所绘制的图形效果。在欢迎界面中单击"灵感"按钮□，即可显示出图库内容。在图库中包含了很多设计作品，在作品下方显示了该作品的作者或者链接地址，如图 2-9 所示。单击链接地址，可以打开与作品相对应的网页，在网页中会显示出该作者更多的作品。

图2-9 查看图库中的作品

6. 学习工具

单击"学习"按钮❶，将在欢迎屏幕中显示出系统提供的"资源"和"见解与教程"两种学习工具，如图 2-10 所示。单击其中任意一项，在界面中即可显示出该工具的相关文字，单击下方的链接地址，可进行更为深入的学习，如图 2-11 所示。

图2-10　显示学习工具

图2-11　查看相关选项

2.1.2　CorelDRAW X8 的界面构成

认识了 CorelDRAW X8 欢迎屏幕中的各项功能后，下面对 CorelDRAW X8 的操作界面以及界面中各个组成部分的具体作用和内容进行详细介绍，包括标题栏中显示的图形名称、最大化窗口、"标准"工具栏中所提供的快捷按钮、工具箱的使用等。在 CorelDRAW X8 中打开图形文件后，即可显示如图 2-12 所示的操作界面。

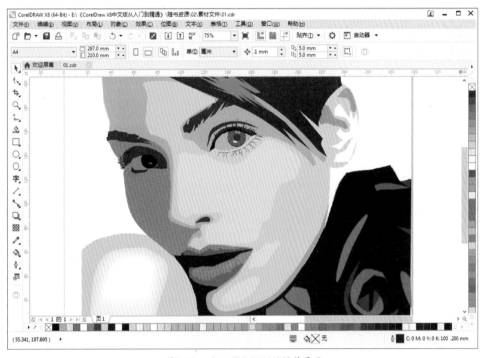

图2-12　CorelDRAW X8操作界面

1. 标题栏

标题栏中显示了应用程序的完整名称和图标，并且会显示出当前操作图形的名称，如图 2-13 所示。如果是新建的图形文件，则只会显示图形的名称；如果是存储的图形文件，将会显示出该文件存储的完整路径，通过路径可以快速查找图形。

图2-13　标题栏

CorelDRAW X8 的图标为绿色铅笔形状 。右侧的按钮可控制应用程序窗口的大小，单击"最小化"按钮 ，可将应用程序窗口最小化；单击"最大化"按钮 ，可将应用程序窗口满屏显示，窗口最大化；单击"关闭"按钮 ，可退出应用程序。将应用程序窗口最大化后，标题栏中的"最大化"按钮将变为"还原"按钮 ，单击该按钮，可以将应用程序窗口还原至调整前的大小。

2. 菜单栏

菜单栏是所有菜单命令的集合，共包含 12 类菜单命令，分别为"文件""编辑""视图""布局""对象""效果""位图""文本""表格""工具""窗口"和"帮助"，如图 2-14 所示。在菜单栏中单击相应的菜单名称即可打开下拉菜单，在其中选择相应的命令即可对图形进行编辑。

| 文件(F)   编辑(E)   视图(V)   布局(L)   对象(C)   效果(C)   位图(B)   文本(X)   表格(T)   工具(O)   窗口(W)   帮助(H) |

图2-14   菜单栏

3. "标准"工具栏

"标准"工具栏中提供了一些与图形相关的快速操作按钮，包括文件的新建、保存以及打印文件等，还包括将其他程序中的图形导入到绘图窗口中、将当前操作的图形导出生成其他格式的文件等导入导出操作，其他按钮与绘制图形相关，如缩放级别、贴齐对象等，如图 2-15 所示。

图2-15   "标准"工具栏

"标准"工具栏中提供了常用的快捷按钮，其中各项的含义和作用见表 2-1。

表2-1   "标准"工具栏的按钮名称及其作用

按钮名称	作用	按钮名称	作用
新建	新建空白文档	打开	打开所存储的文件
保存	保存绘制的图形	打印	打印图形文档
剪切	将图形剪切到剪贴板中	复制	复制所选择的图形
粘贴	将剪切或者复制的图形粘贴到绘图窗口中	撤销	返回到前一步操作
重做	恢复撤销前的效果	搜索内容	查找剪贴画、照片和文字等内容
导入	导入其他格式的文件	导出	将图形文件导出为其他格式
发布为PDF	将文档导出为PDF文件格式	缩放级别 100%	显示缩放的比例
全屏预览	显示文档的全屏预览	显示标尺	显示或隐藏标尺
显示网格	显示或隐藏文档网格	显示辅助线	显示或隐藏辅助线
贴齐 贴齐(I) ▾	选择在页面中对齐对象的方法	选项	打开"选项"对话框，设置工作区首选项
应用程序启动器 ▾	单击可选择启动其他的Corel应用程序		

4. 属性栏

属性栏中显示的是有关工具的设置，在工具箱中单击不同的工具时，属性栏中的参数也会随之变化。应用所选择的工具对图形进行编辑时，可以通过设置属性栏对细节部分进行编辑，得到不同的效果。在默认情况下，属性栏中将会显示出页面的相关信息，如图 2-16 所示。

图2-16 属性栏

5. 工具箱

工具箱是所有工具的集合，在工具箱中对各种常用的工具进行了分类，将鼠标放置到工具箱的顶端，并向绘图窗口中拖动，可以将工具箱转换为工具栏显示在窗口中，如图 2-17 所示。双击该工具栏，可以将工具箱还原到原来的位置。

图2-17 工具箱

默认状态下，工具箱位于操作界面的左侧。用户用鼠标单击工具按钮右下角的倒三角形图标，即可打开相应的隐藏工具，如图 2-18 所示。在展开的隐藏工具下可以选择要应用的工具。

图2-18 显示隐藏工具

> **技巧>>解除工具栏的锁定**
>
> 默认状态下，工具栏处于锁定状态，此时不能将属性栏、"标准"工具栏、工具箱从操作界面中拖出。执行"窗口 > 工具栏 > 锁定工具栏"菜单命令（见图 2-19），解除锁定状态，即可进行工具箱等部分的拖出操作，如图 2-20 所示。

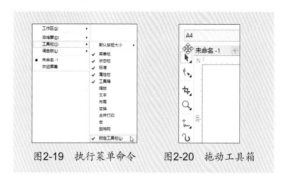

图2-19 执行菜单命令　　图2-20 拖动工具箱

6. 调色板

将鼠标放置到右侧并排的调色板顶部，并向图像窗口中拖动，即可生成所有调色板的集合。若单击调色板标题栏中的"关闭"按钮，可以将所打开的调色板关闭。关闭调色板后，可通过执行"窗口 > 调色板"菜单命令打开相应的调色板。常见的调色板类型有 3 种，分别为"默认 CMYK 调色板""默认 RGB 调色板"及"默认调色板"，且各调色板中所包含的颜色及名称有一定的差异，如图 2-21 ~ 图 2-23 所示。CorelDRAW X8 软件默认的调色板为"默认 CMYK 调色板"。选择所打开的调色板，并双击标题栏，即可将调色板还原到默认的位置。

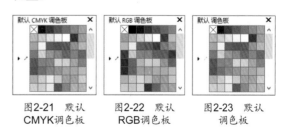

图2-21 默认　　图2-22 默认　　图2-23 默认
CMYK调色板　　RGB调色板　　调色板

7. 绘图窗口

绘图窗口是 CorelDRAW X8 软件中用于绘制图形的区域，可以在其中任意绘制图形，如图 2-24 所示。对于要打印的图形，只有将其放置到绘图页面中才能打印出来，放置到绘图页面之外的图形将不会被打印。绘图窗口中的图形都可以应用菜单命令和工具等进行编辑。

图2-24　绘图窗口

8. 文档导航器

在绘图窗口的底部会出现有关页面的操作工具，称为文档导航器，如图2-25所示。它主要用于页面的相关设置，可以进行翻页、重命名页面、选择页面等操作。单击文档导航器前面的 ⊡ 按钮，可以在当前所选择的页面之前添加新的页面；单击后面的 ⊡ 按钮，则会在当前所选择的页面之后添加新的页面；单击 ◀ 按钮，可以向前翻一页；单击 ▶ 按钮，可以向后翻一页；单击 ◀ 按钮，可以翻到首页；单击 ▶ 按钮，则会翻到最后一页。

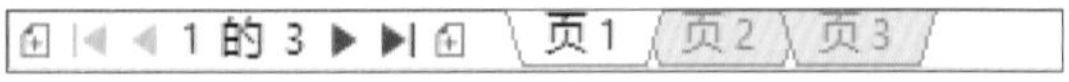

图2-25　文档导航器

9. 状态栏

状态栏中显示的是当前所编辑图形的相关信息，包括所选择图形的宽度、高度，并显示出有多少对象进行群组或者应用了哪些特殊效果。对于填充了颜色的图形,还会显示出填充颜色的类型、颜色参数、设置的轮廓颜色以及宽度等数值。如果选取某个工具对图形进行编辑，状态栏中还会显示出与该工具相关的提示，通过提示可以准确地对图形进行编辑。图2-26所示为显示的状态栏。

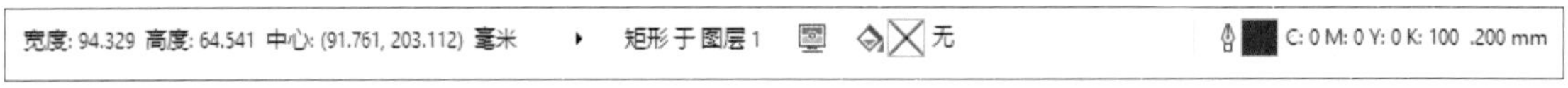

宽度: 94.329 高度: 64.541 中心: (91.761, 203.112) 毫米　　▶　　矩形于图层1　　◇✕无　　　C: 0 M: 0 Y: 0 K: 100 .200 mm

图2-26　状态栏

边学边练：自定义操作界面

自定义操作界面是将隐藏的相关命令显示出来，方便在绘制图形时快速选择。常见的设置有显示泊坞窗、设置菜单栏的大小和显示调色板等。本实例的前后效果对比如图2-27和图2-28所示。

图2-27　默认的操作界面

图2-28　自定义操作界面

01 打开"随书资源\02\素材文件\02.cdr"，效果如图2-29所示。

图2-29 打开图像

02 右击菜单栏的空白区域，在弹出的快捷菜单中执行"自定义>菜单栏>按钮大小为中"命令，如图2-30所示。

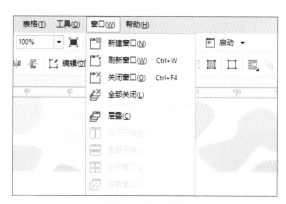

图2-30 执行菜单命令

03 执行步骤02的操作后，即可将菜单命令变为较大的按钮。单击"窗口"菜单，从打开的菜单中可以看出设置后的图标和命令都变得更大更清晰，方便用户准确地选择其中的命令，如图2-31所示。

图2-31 查看效果

04 在菜单栏的空白区域右击鼠标，在弹出的快捷菜单中执行"自定义>菜单栏>添加新菜单"命令，如图2-32所示。

图2-32 执行菜单命令

05 执行命令后，"帮助"菜单的右侧会显示出新添加的菜单，名称为"新菜单"，如图2-33所示。

图2-33 添加新菜单

06 继续对菜单栏进行设置。右击菜单栏的空白区域，在弹出的快捷菜单中执行"自定义>菜单栏>标题在图像右边"命令，对菜单和图标进行设置，如图2-34所示。

图2-34 执行菜单命令

07 此时图标会在菜单名称的左侧显示出来。若添加的图标超出了菜单栏，将会换一行进行显示，如图2-35所示。

图2-35 在菜单名左侧显示图标

08 在窗口中显示出泊坞窗。以"对象属性"泊坞窗为例，执行"窗口>泊坞窗>对象属性"菜单命令，即可在窗口中显示"对象属性"泊坞窗，从中可以查看图形填充的颜色等相关信息，如图2-36所示。

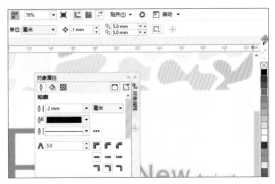

图2-36 显示"对象属性"泊坞窗

09 将鼠标放置到调色板的顶部，然后按住鼠标左键将其向绘图窗口中拖动，在窗口中会看到调色板形状和位置的变化，如图2-37所示。

图2-37 拖动调色板

10 释放鼠标后，即可在绘图窗口中查看调整位置后的调色板。如果对其位置不满意，可以继续使用鼠标选择并拖动该调色板到合适位置。继续对"对象属性"泊坞窗和调色板的位置进行调整，效果如图2-38所示。

图2-38 查看调整位置后的效果

11 除了可以对泊坞窗、调色板的位置进行调整和放置外，还可以执行"窗口>水平平铺"菜单命令，对绘图窗口的位置进行设置，如图2-39所示。

图2-39 执行"水平平铺"命令

12 设置后查看水平平铺的"欢迎屏幕"和02.cdr文件，如图2-40所示。

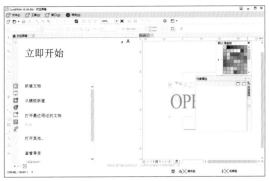

图2-40 水平平铺绘图窗口

13 将当前所打开的绘图窗口以垂直平铺的方式排列在窗口中，效果如图2-41所示。

图2-41 垂直平铺绘图窗口

技巧>>恢复菜单栏为默认状态

对操作界面中的多项内容进行设置后，默认的操作选项可能会发生变化，若要恢复默认的操作界面，可在菜单栏上右击，在弹出的快捷菜单中执行"自定义 > 菜单栏 > 重置为默认值"命令，如图 2-42 所示。

此时会弹出提示对话框，在对话框中单击"是"按钮，即可将菜单的操作界面还原为默认效果，如图 2-43 所示。

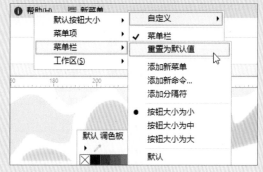

图2-42　执行"重置为默认值"命令

图2-43　重置为默认效果

2.2　菜单的种类及作用

菜单的种类在菜单栏中已经全部显示出来，CorelDRAW X8 中共提供了 12 类菜单，这 12 类菜单的操作对象和用途都不相同，在绘制图形时可以根据名称来选择所要应用的菜单命令。菜单的名称可以直观地反映出该菜单的主要作用。

1. 菜单的种类

菜单种类是根据对图形的不同操作和作用来进行分类的，有"文件""编辑""视图""布局""对象""效果""位图""文本""表格""工具""窗口"和"帮助"等。各菜单中所含的命令及其作用如下。

"文件"菜单中所包含的命令都与文件的基础操作相关，如新建文件、保存文件、关闭文件、存储文件等，可选择不同的命令对文件进行相关操作。图 2-44 所示为"文件"菜单中的命令。

"对象"菜单主要用于设置图形之间的排序，包括变换位置角度、对齐和分布、设置图形与页面之间的关系、群组对象及对图形进行造型等操作。图 2-45 所示为"对象"菜单中的命令。

图2-44　"文件"菜单

图2-45　"对象"菜单

"工具"菜单主要提供相关的泊坞窗，通过对不同泊坞窗及管理器的设置，快速对图形进行编辑和调色，其中提供了"选项""颜色管理"等命令，如图 2-46 所示。

图2-46 "工具"菜单

"编辑"菜单主要用于对图形进行调整，包括"复制""粘贴""全选"等命令，如图2-47所示。

"窗口"菜单主要包括窗口的层叠操作、显示调色板、打开泊坞窗、显示工具栏、关闭所打开的窗口等。图2-48所示为"窗口"菜单中的命令。

图2-47 "编辑"菜单　　图2-48 "窗口"菜单

"效果"菜单主要用于对图形的高级编辑，如设置立体化、轮廓图、透镜等效果。在"效果"菜单中也可以将其他图形的效果通过编辑应用到所选择的图形中。图2-49所示为"效果"菜单中的命令。

"帮助"菜单的作用是为应用CorelDRAW X8提供相关的提示，如显示新增功能、更新相关设置、应用帮助主题寻求未知的问题答案等。图2-50所示为"帮助"菜单中的命令。

图2-49 "效果"菜单　　图2-50 "帮助"菜单

"位图"菜单中的命令主要针对的是位图图像，包括滤镜的相关命令，如图2-51所示。CorelDRAW X8中提供了多种滤镜，可以制作出各种具有创意效果的图像。

"文本"菜单主要针对的是与文本相关的操作，包括设置字符格式、插入字符和特殊符号，也可以对段落文本进行设置，包括间距及文本框的显示等。图2-52所示为"文本"菜单中的命令。

图2-51 "位图"菜单　　图2-52 "文本"菜单

"表格"菜单主要执行表格的基础操作，如新建、插入、选择和删除表格等，还可以进行进一步的设置，如合并单元格、拆分行、拆分单元格等，如图 2-53 所示。

"布局"菜单中包括的命令都与页面设置有关，主要有"插入页面""再制页面""删除页面""页面设置""页面背景"等，如图 2-54 所示。

图2-53 "表格"菜单

图2-54 "布局"菜单

"视图"菜单的主要作用是通过不同的查看对象的方法来显示图形效果，并且通过显示辅助线、网格等辅助工具，为绘制图形提供参考。图 2-55 所示为"视图"菜单中的命令。

图2-55 "视图"菜单

2. 快捷菜单

CorelDRAW X8 中快捷菜单的主要作用是对当前对象进行删除、撤销、顺序排列等操作。通过选择所要编辑的对象，然后右击鼠标的方法，可打开相应的快捷菜单。如图 2-56 所示，执行快捷菜单中的命令可以快速对图形进行操作。图 2-57 所示为执行"撤销移动"命令后的图像效果。

图2-56 撤销前的效果　　图2-57 撤销后的效果

技巧>>快捷键与菜单的关系

选择所要编辑的图形，单击鼠标右键，在弹出的快捷菜单中可以查看命令相应的快捷键。如图 2-58 所示，"剪切"命令的快捷键为 Ctrl+X。所以在键盘中按 Ctrl+X 键，即可剪切当前窗口中选中的图形，如图 2-59 所示。

图2-58 执行"剪切"命令　　图2-59 剪切图像

边学边练：应用"帮助"菜单查看相关内容

"帮助"菜单中提供的都是有关图形操作的帮助信息，包括设置新增工具，它可以凸显出新增的工具及菜单。"新增功能"命令可以将 CorelDRAW X8 中所有新增的功能通过排序的方式在窗口中显示出来。另外，还有其他命令可供用户查阅使用。

01 创建一个空白文档，并执行"帮助>突出显示新增功能>从版本7"菜单命令，如图2-60所示。

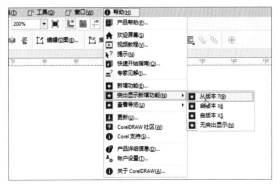

图2-60 执行"突出显示新增功能"命令

02 执行命令后，可以看到所有新增的菜单或者工具均以橘黄色的底色突出显示，如图2-61所示。

图2-61 以不同颜色显示新增功能

03 如图2-62所示，执行"帮助>新增功能"菜单命令，即可打开欢迎屏幕。在其中将显示CorelDRAW X8的新增功能。

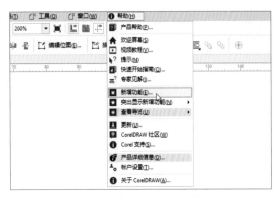

图2-62 执行"新增功能"命令

04 在欢迎屏幕下单击相应的标题，即可显示出有关该新增功能的细节，如图2-63所示。

图2-63 显示新增功能

05 在欢迎屏幕中单击"立即开始"按钮▶，然后单击右侧的"导览新功能"选项，如图2-64所示。

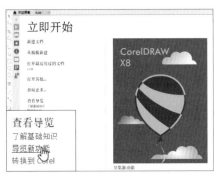

图2-64 单击"导览新功能"选项

06 运用鼠标单击相应的标题，即可显示出有关该新增功能的细节，如图2-65所示。

图2-65 显示新功能的细节

07 在欢迎屏幕的左方单击"学习"按钮，可以显示出所要学习的相关工具以及应用该工具所制作的图形效果，如图2-66所示。

08 在欢迎屏幕的"学习"界面中用鼠标单击不同的图形，将会打开与之相对应的图形效果以及绘制该图形的步骤和所应用的方法等，并以PDF文档格式显示，如图2-67所示。

图2-66 单击并查看"学习"

图2-67 查看制作步骤与应用的方法

2.3 文件的基本操作

在 CorelDRAW X8 中，新建文件是创建一个新文件；打开文件是将 CorelDRAW X8 支持的格式的文件在绘图窗口中显示出来；存储文件有两种情况，一种是存储新建的文件，另一种是对编辑后的图形重新进行保存。通过本节的学习，用户可以熟练掌握 CorelDRAW X8 中文件的新建、保存等功能。

2.3.1 新建文件

新建文件的方法有 3 种，分别为应用菜单命令创建文件、应用快捷键创建文件以及应用欢迎屏幕创建文件。这些方法都可以创建新的文件，并确认所需文件的大小。

1. 应用菜单命令新建文件

在 CorelDRAW X8 中应用"文件"菜单中的"新建"命令即可创建新的文件。执行"文件 > 新建"菜单命令，如图 2-68 所示，在打开的"创建新文档"对话框中设置好相关参数，即可创建一个新的指定大小的空白文档。

图2-68 新建文件

2. 应用快捷键新建文件

CorelDRAW X8 也可以应用快捷键来新建

文件。执行"工具 > 选项"菜单命令，打开"选项"对话框，依次展开"工作区 > 自定义 > 命令"选项，在列表框中单击"新建"选项，再打开"快捷键"选项卡，即可在"当前快捷键"选项区域看到新建文件的快捷键 Ctrl+N，如图 2-69 所示。

图2-69 查看快捷键

返回绘图窗口，按 Ctrl+N 键，在打开的"创建新文档"对话框中设置相关参数，如图 2-70 所示，即可创建新的空白文档，如图 2-71 所示。

图2-70　设置选项

图2-71　新建文件

3. 应用欢迎屏幕新建文件

在欢迎屏幕中也有新建文件的功能。下面以通过模板新建文件为例进行介绍。打开欢迎屏幕，单击"从模板新建"选项，如图 2-72 所示，即可打开"从模板新建"对话框。

图2-72　单击"从模板新建"选项

在该对话框中可以设置新建文件所用的模板，选择相应的名称后，可以在对话框的预览框中预览所设置图形文件的大小及图形效果，如图 2-73 所示。

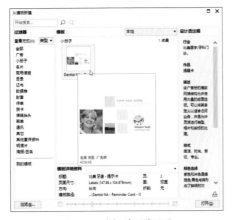

图2-73　选择并预览效果

设置完成后单击"打开"按钮，就可以根据模板创建一个新文件，如图 2-74 所示。

图2-74　从模板新建文件

2.3.2　打开文件

在 CorelDRAW X8 中打开以该软件所支持格式存储的图形文件，可通过菜单命令或欢迎屏幕打开"打开绘图"对话框，在该对话框中选择所要打开的文件即可。

1. 应用菜单命令打开文件

启动 CorelDRAW X8 应用程序后，执行"文件 > 打开"菜单命令，打开"打开绘图"对话框。在该对话框中选择所要打开的图形文件存储的路径和文件名称，并且可以对要打开的图形文件进行预览，如图 2-75 所示。

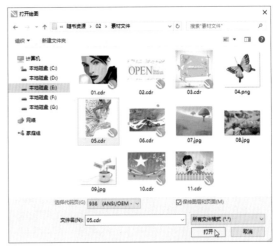

图2-75　选择并预览图像

选择好文件后，单击"打开"按钮，在窗口中打开并显示图像，如图 2-76 所示。

图2-76　打开选择的图形文件

2. 应用欢迎屏幕打开文件

应用欢迎屏幕打开要编辑的图形文件，有以下两种操作方法。

（1）将鼠标放置在最近编辑文档的名称上，可以看到相关的文件信息及缩略图，如图2-77所示。使用鼠标单击相应的文件名，即可将该图形打开，如图2-78所示。

图2-77　查看文件信息

图2-78　打开绘制的图形

（2）在欢迎屏幕中单击"打开其他"选项，打开"打开绘图"对话框。在该对话框中选择存储文件的路径以及名称，选择后单击"打开"按钮，如图2-79所示，即可打开选中图形。

图2-79　打开绘制的图形

2.3.3　存储文件

存储文件主要通过菜单命令或快捷键来完成。菜单命令是指通过"文件"菜单中的"保存"命令来完成；按菜单中相应命令的快捷键也可以完成该操作。保存图形文件分为两种情况：对新建的文件进行保存时，要打开"保存绘图"对话框，设置文件所存储的路径及相关名称等；对打开的已存储的图形进行保存时，应用"保存"命令可以将编辑后的文件自动存储到默认路径中，文件名称不会被更改。

1. 应用菜单命令保存文件

创建一个新的图形文件，并在文件中绘制图形。绘制后执行"文件 > 保存"菜单命令，如图2-80所示，系统将会打开"保存绘图"对话框。

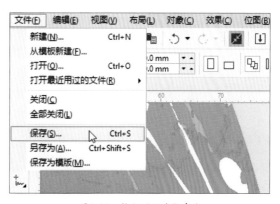

图2-80　执行"保存"命令

在该对话框中为所存储的图形设置存储路径及文件名，完成后单击"保存"按钮即可，如图 2-81 所示。

存储图形文件的方法相同，保存文件的快捷键为 Ctrl+S。当图形编辑完成后，按下快捷键 Ctrl+S，打开"保存绘图"对话框。在该对话框中设置保存文件的路径及文件名，单击"保存"按钮，即可保存该文件，如图 2-82 所示。

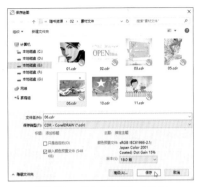

图2-81 "保存绘图"对话框

2. 应用快捷键保存文件

应用快捷键保存图形文件和应用菜单命令

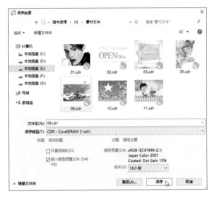

图2-82 "保存绘图"对话框

边学边练：将编辑后的图形进行存储

本实例应用编辑图形的方法对所打开的图形进行编辑，然后将图形存储到其他的文件夹中，并且设置新的文件名。处理前后的对比效果如图 2-83 所示。

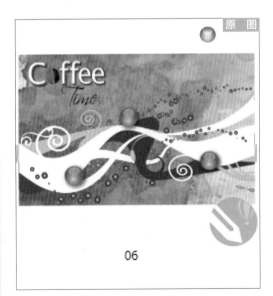

图2-83 对比效果

01 启动CorelDRAW X8，执行"文件>打开"命令，打开"随书资源\02\素材文件\06.cdr"，效果如图2-84所示。单击属性栏中的"横向"按钮，将页面设置为横向，效果如图2-85所示。

02 将图形边缘修饰整齐，应用"选择工具"选取超出边缘的图形，并向中间拖动，使其贴近图形的边缘，如图2-86所示。

图2-84 打开图像

图2-85 转换为横向效果

图2-86 对齐图形边缘

03 选取所有图形，并调整到合适大小，再设置页面的宽度和高度，分别设置为284 mm 和175 mm，然后将图形调整到页面中心位置，如图 2-87所示。

图2-87 调整图形大小和位置

04 执行"文件>保存"菜单命令，打开"保存绘图"对话框。在该对话框中设置文件的存储路径及文件名，设置完成后单击"保存"按钮，保存文件，如图2-88所示。

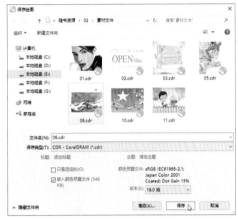
图2-88 设置存储选项

05 在文件的存储路径中可以将图形打开，并且可以看出存储后的图形大小和页面大小相同，如图2-89所示。

图2-89 查看存储的文件

2.4 工具箱的使用方法

对于工具箱的使用方法，这里主要介绍如何对工具箱的位置进行移动，打开工具箱中隐藏的工具并选择新的工具，以及应用所选择的工具对图形进行编辑。具体操作方法如下。

用鼠标在工具箱的顶端单击，并按住鼠标左键将工具箱向绘图窗口中拖动，如图 2-90 所示。此时可以看到工具箱随着鼠标移动，释放鼠标后，即可将工具箱移动到图像的上方，如图 2-91 所示。

图2-90 拖动工具箱

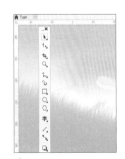
图2-91 更改工具箱的位置

按住鼠标左键将工具箱向绘图窗口上方的区域拖动，释放鼠标后，即可将工具箱移到绘图窗口上方，并将工具箱转换为横栏，如图2-92所示。此时向下拖动，则会将工具箱拖出并以横栏方式浮于图像上，如图2-93所示。

图2-92　将工具箱转换为横栏

图2-93　更改工具箱的位置

单击工具箱中"缩放工具"按钮 🔍 右下角的倒三角形图标，在打开的隐藏工具中可选择所需的工具，这里选择"缩放"工具，如图2-94所示。

图2-94　选择"缩放"工具

用"缩放"工具在图中单击，对图形进行放大显示的操作，如图2-95所示。

图2-95　放大显示的效果

在工具箱的空白处右击鼠标，在弹出的快捷菜单中执行"锁定工具栏"命令，即可将工具栏锁定，如图2-96所示。这样用户就不能随意拖动工具箱了。

图2-96　锁定工具栏

边学边练：应用"裁剪工具"裁剪位图

应用"裁剪工具"可以对位图图像和矢量图形进行裁剪。使用该工具在要裁剪的图形中拖动，未被选入裁剪框的图形将会被裁剪掉。通过调整裁剪框的边框，可以调整所要裁剪对象的边缘。本实例的前后效果对比如图2-97所示。

图2-97　对比效果

01 创建新文档，执行"文件>导入"菜单命令，导入"随书资源\02\素材文件\08.jpg"，然后单击工具箱中的"裁剪工具"按钮，如图2-98所示。

图2-98　选择"裁剪工具"

02 应用所选择的工具在页面中拖动，将会形成裁剪框，未被选入裁剪框的图形会呈彩色色块，图形以外的空白区域显示为灰色，如图2-99所示。

图2-99　绘制裁剪框

03 使用鼠标将裁剪框向图形下方的花朵位置拖动，调整裁剪框的位置，如图2-100所示。

图2-100　调整裁剪框的位置

04 将所要裁剪的图形调整至合适大小后，使用鼠标双击图形中间区域，即可应用裁剪。操作完成后，将图形放置到页面的中心位置，如图2-101所示。

图2-101　裁剪图像

2.5　属性栏的作用

属性栏主要用于设置所选工具的参数值。默认情况下，在启动CorelDRAW X8时，会选中"选择工具"，此时属性栏中显示的是页面的相关信息，如页面的高度、宽度、方向等。如果单击工具箱中的其他工具，那么在属性栏中的所显示的选项也会随着工具的改变而产生变化。

创建一个空白文件后，选择"艺术笔工具"，在窗口中将会显示出艺术笔对象喷涂的属性栏，如图2-102所示。其中可以设置艺术笔的种类，以及所应用喷涂效果的样式等。

图2-102　"艺术笔工具"属性栏

1. **应用属性栏设置页面方向**

在属性栏中设置页面方向的方法为：用鼠标单击相应的方向按钮，即可在横向或者纵向之间进行切换。首先新建默认的横向文件，并将素材文件导入，如图2-103所示。单击属性栏中的"纵向"按钮，即可将页面由横向更改为纵向效果，如图2-104所示。

图2-103 导入素材

图2-104 更改页面方向

2. 应用属性栏的设置工具

使用属性栏中的设置工具可以对所选择工具的选项进行设置，并通过设置选项得到不同的图形效果。下面以"艺术笔工具"为例，讲解如何绘制艺术画笔效果。选择"艺术笔工具"后，在属性栏中单击"喷涂"按钮，在"类别"下拉列表框中选择"食物"选项，并选择糖果喷涂图案，然后在图中拖动鼠标，绘制出糖果图形，如图2-105所示。

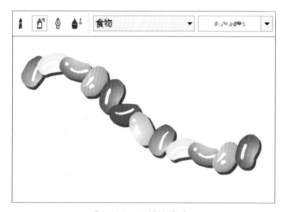

图2-105 绘制糖果图形

在属性栏的"类别"下拉列表框中选择其他的喷涂样式，设置后可以看到图形效果由原来的糖果变为了圣诞帽，如图2-106所示。

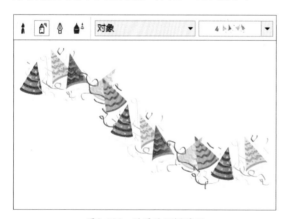

图2-106 设置圣诞帽图形

应用属性栏中的设置工具可以对之前所绘制的图形进行修改，其中有与所绘制图形相关的一些参数，更改部分参数将会得到不同的图形效果。

打开"随书资源\02\素材文件\10.cdr"，应用"星形工具"在图中拖动，并填充为白色。此时在属性栏中可以看出所绘制的星形为默认的五角星图形，"锐度"为53，如图2-107所示。

图2-107 绘制的五角星

在属性栏中将边数设置为10，"锐度"设置为70，设置后可以看到更改后的图形效果，如图2-108所示。

图2-108 设置后的图形效果

边学边练：应用属性栏设置页面方向

一般情况下，属性栏中显示的是页面的属性，包括页面的大小和方向等，可以直接通过在属性栏中进行设置来控制页面的大小和方向。本实例的前后效果对比如图2-109所示。

图2-109　对比效果

01 启动CorelDRAW X8应用程序，并创建一个空白的纵向文档，如图2-110所示。

图2-110　新建文档

02 打开"随书资源\02\素材文件\11.cdr"，通过复制、粘贴的方法将其放置到新建的空白文档中，如图2-111所示。

图2-111　复制图形

03 在属性栏中单击"横向"按钮回，将纵向页面设置为横向页面，分别设置宽度和高度为270 mm、200 mm，如图2-112所示。

图2-112　设置页面方向和大小

04 设置完成后，选取所有图形，并按Ctrl+G键群组图形，再按P键将图形放置到中心位置，完成图像的设置，如图2-113所示。

图2-113　调整图像

第3章
页面设置和辅助工具

页面设置是指在应用 CorelDRAW X8 绘制图形之前的基本设置，根据需要将页面设置为合适的大小，这样所绘制的图形才能更符合实际的需要。另外，在绘制图形时还可以利用辅助工具，对绘制的图形进行精确定位。

3.1 页面的设置

页面设置的主要内容包括页面方向、尺寸、背景等设置，以及基础操作，包括添加或删除页面、应用文档导航器向前或者向后翻页等。这些关于页面的基础设置都可以在"选项"对话框中完成。

3.1.1 页面选项设置

在 CorelDRAW X8 中可以通过"选项"对话框对页面的大小、方向及出血等进行设置。执行"布局 > 页面设置"菜单命令，即可打开"选项"对话框，在右侧的"页面尺寸"选项卡中可以对页面的大小等进行设置，其中所包含的各项参数以及各自所控制的页面属性如图 3-1 所示。

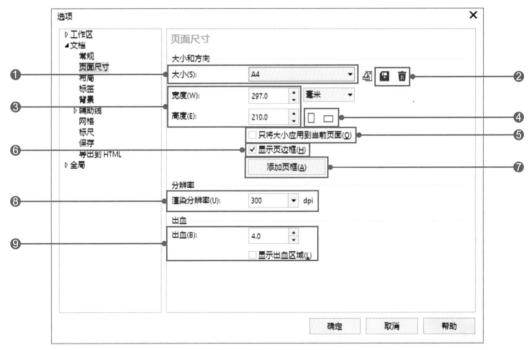

图3-1 "选项"对话框

❶大小：用于设置页面的类型，其下拉列表中包含常用的页面纸张类型。

❷"保存"和"删除"："保存"按钮用于对设置的页面类型进行保存，"删除"按钮用于删除当前页面类型。

❸"宽度"和"高度"："宽度"用于设置纸张横向的尺寸，"高度"用于设置纸张纵向的尺寸。

❹方向：有两种方向可供选择，分别为"纵向"和"横向"。

❺只将大小应用到当前页面：勾选此复选框后，

对页面所做的相关设置只作用于当前所选择的页面，对其余页面不起作用。

❻显示页边框：勾选此复选框后，在页面四周会显示出页面的边框。

❼添加页框：单击"添加页框"按钮后，可以在所选择的页面中添加一个和页面相同大小的边框图形。

❽渲染分辨率：用于设置页面的色彩分辨率。

❾出血：用于设置出血线与页面边缘的距离，超过出血线的图形将不会被打印出来。

3.1.2　页面的方向

页面的方向主要是指横向或纵向。CorelDRAW X8中新建文件的默认方向为纵向，用户可以通过设置将其转换为横向。

新建一个默认的纵向页面，并导入素材文件，如图 3-2 所示。此时单击属性栏中的"横向"按钮□，即可将页面变为横向，效果如图3-3 所示。

图3-2　导入素材图形　　　图3-3　更改页面方向

3.1.3　页面的尺寸

页面的尺寸是指页面大小，包括高度和宽度。在 CorelDRAW X8 中，可以通过属性栏设置页面的高度和宽度，也可以选择系统自带的尺寸，还可以在高度和宽度数值框中直接输入相应的数值进行设置。

1. 应用默认的尺寸

在属性栏中单击"页面大小"下三角按钮▾，打开下拉列表，如图 3-4 所示。该下拉列表中常用的纸张类型有信纸、连环画、A4、A3 等国际通用尺寸，选择对应的纸张类型后，即可将页面设置为相应的大小，如图 3-5 所示。若要更换为其他的尺寸，可以再次打开"页面大小"下拉列表，选择其他的纸张类型即可。

图3-4　选择纸张类型　　　图3-5　设置信纸尺寸

在 CorelDRAW X8 中，执行"文件 > 新建"菜单命令，打开"创建新文档"对话框。在该对话框中单击"大小"下三角按钮，在展开的列表中同样可以选用系统预设的纸张大小，以快速创建特定大小的文档。

2. 自定义尺寸

自定义尺寸是指在属性栏中直接输入相应的数值来设置页面尺寸。在宽度和高度数值框中输入相应的数值即可更改尺寸，如果将高度和宽度设置为相同的数值，则可以将页面设置为正方形，如图 3-6 所示；如果将其中一项的数值设置得较大，则可以将页面设置为长方形，如图 3-7 所示。

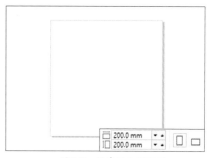

图3-6　新建正方形页面

图3-7　新建长方形页面

边学边练：更改页面的尺寸

　　新建的页面大小和所绘制的图形文件大小可能有差异，此时要通过设置将两者的大小统一。通过在属性栏中进行页面尺寸的更改，在高度和宽度数值框中输入相应的数值，可使页面大小更适合打开的图形。本实例的前后效果对比如图3-8所示。

图3-8　前后效果对比

01 打开"随书资源\03\素材文件\02.cdr"，从中可看出页面的方向为纵向，如图3-9所示。

图3-9　打开素材文件

02 应用"选择工具"选取所打开图形的背景，在属性栏中将会显示出所选背景图形的宽度和高度。该图形的宽度为212.744 mm，高度为191.606 mm，如图3-10所示。

03 单击空白区域，在属性栏中设置页面的高度和宽度。将宽度设置为210 mm，高度设置为190 mm，从图中可以看出页面被设置为与图形大致相同的大小，如图3-11所示。

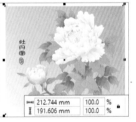

图3-10　查看参数

图3-11　设置参数

04 应用"选择工具"选取所有图形，并按P键，将图形放置到页面的中心位置，如图3-12所示。

图3-12　调整图形的位置

3.1.4 页面的背景

页面背景的设置是指为绘图页面填充不同的背景效果，在 CorelDRAW 中提供了"无背景""纯色"和"位图"3 种填充方式，默认状态下会选择"无背景"填充方式，如果需要更改填充方式，需要打开"选项"对话框，在对话框中重新设置并应用设置填充绘图页面。

1. 无背景

无背景是 CorelDRAW X8 新建背景时默认的设置，是指背景为空白效果，没有被填充其他的颜色或者内容。执行"文件 > 新建"菜单命令，即可创建一个新的空白文档，可看到背景为无填充内容的效果，如图 3-13 所示。

图3-13　新建空白文档

2. 纯色

纯色背景是指为绘图页面填充指定的纯色背景。执行"布局 > 页面背景"菜单命令，打开"选项"对话框。在该对话框中选择"纯色"单选按钮后，可以对背景的颜色进行重新设置，在打开的颜色列表中单击所需的颜色，如图 3-14 所示。

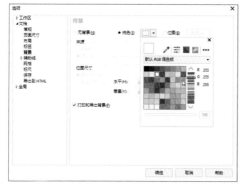

图3-14　选择合适的背景颜色

设置后单击对话框中的"确定"按钮，即可将页面背景设置为纯色，如图 3-15 所示。

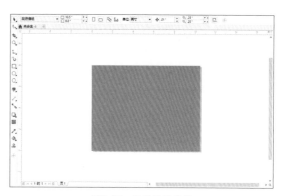

图3-15　设置纯色背景

> **技巧>>设置其他颜色**
>
> 在打开的"选项"对话框中，设置纯色时可以在颜色列表中选择相应的颜色。如果对系统所提供的颜色不满意，可以通过单击颜色列表中的"显示颜色查看器"按钮■，显示颜色查看器，如图 3-16 所示。在颜色查看器中单击或输入颜色值重新设置颜色，设置完成后单击"关闭"按钮，返回"选项"对话框。此时可以在"纯色"选项后面看到新设置的颜色，如图 3-17 所示。
>
>
>
> 图3-16　重新设置颜色　　图3-17　新设置的颜色

3. 位图

位图也可以设置为背景，即将特定的位图通过设置后显示在页面中。打开"选项"对话框，选择"位图"单选按钮，再单击"浏览"按钮，如图 3-18 所示，即可打开"导入"对话框。

图3-18　单击"浏览"按钮

在"导入"对话框中可以选择所要设置为背景的位图的存储路径，并进行预览，如图3-19所示。选择完成后单击"导入"按钮，返回"选项"对话框，从对话框中可以看到所选择导入位图的存储路径，然后单击"确定"按钮，即可在绘图窗口中看到所设置的页面背景图像，如图3-20所示。

图3-19 "导入"对话框

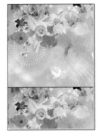

图3-20 新生成的背景

边学边练：创建横向有背景图案的页面

创建有背景图案的页面需要通过"选项"对话框来完成。将素材图形变为页面中的背景，而且背景的大小和页面大小相同，均不需要通过裁剪等进行调整。图3-21所示为创建的横向有背景图案的页面效果。

图3-21 最终效果显示

01 启动CorelDRAW X8应用程序后，执行"文件>新建"菜单命令，打开"创建新文档"对话框，如图3-22所示。使用系统默认的各项参数，单击"确定"按钮，创建一个空白的纵向页面，如图3-23所示。

02 单击属性栏中的"横向"按钮 □，将纵向的页面变为横向的，如图3-24所示。

图3-22 设置新建文件选项

图3-23 新建页面

图3-24 转换为横向页面

03 对页面背景进行设置。执行"布局>页面背景"菜单命令，如图3-25所示。

04 执行上一步的操作后，即可打开"选项"对话框。在该对话框中选择"位图"单选按钮，再单击其右侧的"浏览"按钮，如图3-26所示，即可打开"导入"对话框。

图3-25　执行命令　　　图3-26　"选项"对话框

05 在"导入"对话框中将所要导入的位图选中，完成后单击"导入"按钮，如图3-27所示。

图3-27　"导入"对话框

06 返回"选项"对话框。在该对话框中将显示所选择位图图像的存储路径，并可以对图像的尺寸重新进行设置，如图3-28所示。

图3-28　显示路径

07 设置完成后单击"确定"按钮，返回绘图窗口，即可看到背景已显示为所选择的位图图像了，如图3-29所示。

图3-29　最终效果

3.1.5　添加与删除页面

添加页面是指在绘图窗口中新建多个页面，并且可以设置成不同的大小。执行"布局 > 插入页面"菜单命令，即可打开"插入页面"对话框，如图 3-30 所示。在该对话框中可以选择插入页面的数量、在前或在后插入新页面，也可以选择所插入页面的大小，或者自定义所需的大小。删除页面是指将指定的页面删除。

图3-30　"插入页面"对话框

1. 添加页面

添加页面还可以通过快捷菜单来完成。选择当前所打开的页面，右击鼠标，在弹出的快捷菜单中选择不同命令可实现相应操作，如图3-31 所示。使用"重命名页面"命令可更改选中页面的名称；使用"在后面插入页面"命令可以在当前所选择页面的后面新建一个页面；使用"在前面插入页面"命令则可以在当前所选择页面的前面插入新的页面。

图3-31　快捷菜单

下面通过具体的操作步骤来说明如何使用菜单命令新建页面。首先打开"随书资源\03\素材文件\05.cdr"，并在该页面的名称处右击鼠标，打开相应的快捷菜单，然后执行"在前面插入页面"命令，如图3-32所示。

图3-32　执行"在前面插入页面"命令

执行命令后可在选中页面的前面新建一个页面，即"页1"，如图3-33所示。

图3-33　在前面插入页面

技巧>>应用快捷按钮创建页面

启动 CorelDRAW X8 应用程序后，创建一个横向的页面，并导入素材图形，将素材调整为和页面相同大小的效果，然后在文档导航器中使用鼠标单击后面的按钮，即可在当前所显示页面的后面创建一个新的页面，如图3-34所示。

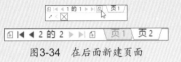

图3-34　在后面新建页面

2.　删除页面

删除页面的操作也可以通过快捷菜单来完成。首先选择要删除的页面，在该页面的名称处右击鼠标，打开相应的快捷菜单，然后执行"删除页面"命令，如图3-35所示。即可删除该页面，留下最开始打开的图形页面，如图3-36所示。

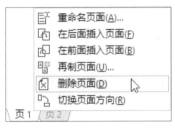

图3-35　执行"删除页面"命令

图3-36　删除页面后的效果

边学边练：在所打开的图形之前创建新的页面

创建新的页面可用于制作有多个图形的文件。默认新建的图形文件大小相同，并可通过导入图形的方法对文件进行编辑。本实例的前后效果对比如图 3-37 所示。

图3-37 对比效果

01 启动CorelDRAW X8应用程序后，新建一个横向的图形文件，导入"随书资源\03\素材文件\06.jpg"，并将页面设置成和图像相同的大小，如图3-38所示。

图3-38 导入素材文件

02 选择该页面，在页面名称处右击鼠标，在弹出的快捷菜单中执行"在前面插入页面"命令，如图3-39所示。

图3-39 执行"在前面插入页面"命令

03 执行步骤02的操作后，即可在选中页面的前面新建一个页面，新建的页面名称为"页1"，而之前的页面名称会自动更改为"页2"，如图3-40所示。

图3-40 插入页面

04 将"随书资源\03\素材文件\07.jpg"导入到"页1"中，并将页面和图像设置为相同的大小，如图3-41所示。

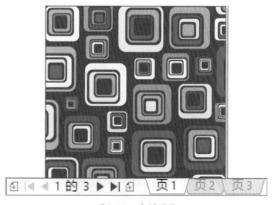

图3-41 最终效果图

3.1.6 向前或者向后翻页

打开"随书资源\03\ 素材文件\08.cdr"，图中可以看出该图形文件包含 3 个页面，如图 3-42 所示。通过文档导航器可以进行翻页等操作。

图3-42 素材图像

单击文档导航器中的▶按钮，可以将图形向后翻一页，在绘图窗口中会显示"页 2"中的图形，如图 3-43 所示。

通过文档导航器，还可以直接选择最后一页的图形。首先打开第一页中的图形，然后单击▶|按钮，如图 3-44 所示。

此时可显示"页 3"中的图形，如图 3-45 所示。如果图形文件中只有两个页面，单击▶|按钮和▶按钮会选择同一个页面。

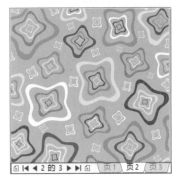

图3-43 选择"页2"

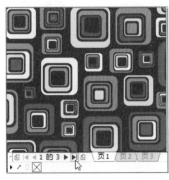

图3-44 选择"页1"

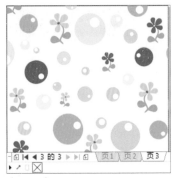

图3-45 选择"页3"

3.2 绘图页面的显示

绘图页面的显示包括视图的显示方式、预览的显示方式及视图的缩放等，在绘制图形时可通过不同的显示方式选择最合适的查看方法。绘图页面的显示比例可通过下拉列表中提供的参数进行设置，或者直接输入所需显示比例的数值。

3.2.1 视图的显示方式

视图的显示方式是指图形在 CorelDRAW X8 窗口中的显示效果，共提供了 6 种常见的方式，分别为"简单线框""线框""草稿""普通""增强"和"像素"。其中，"线框"和"简单线框"的效果无明显差异；"增强"和"像素"在图形比例较小时无明显差异，将图形放大到一定比例后，在"像素"方式下可看到明显的像素块。

执行"视图 > 简单线框"菜单命令，即可将图形显示为"简单线框"方式。该方式下所有矢量图形都会加上外框，色彩以所在图层的颜色进行显示，所有变形对象都显示原始图形的外框，而位图会显示为灰度效果，如图 3-46 所示。

图3-46 "简单线框"方式

执行"视图 > 草稿"菜单命令，即可将图形显示为"草稿"方式。该方式下所有页面中的图形均以分辨率形式显示，填充的颜色都以基本的效果显示，如图 3-47 所示。

图3-47 "草稿"方式

"普通"方式下的图形效果会丢失很多细节，图形显示为应用的基本效果，图形的轮廓呈锯齿形，不清晰，如图 3-48 所示。

图3-48 "普通"方式

"增强"方式显示的图像效果为图像的原始效果，是 CorelDRAW X8 默认的视图方式。该方式下系统会以高分辨率优化图形的方式显示所有图形，并使对象的轮廓更加光滑，过渡更加自然，得到高质量的显示效果，如图 3-49 所示。

图3-49 "增强"方式

3.2.2 预览的显示方式

预览的显示方式是指在绘图窗口中查看所绘制图形的方式。根据图形的排列顺序和用途可以将其分为 3 种类型，分别为"页面排序器视图""全屏预览"和"只预览选定的对象"。

1. 页面排序器视图

"页面排序器视图"可以查看多个页面的图形，通过缩略图的形式分别在绘图窗口中显示出来。执行"视图 > 页面排序器视图"菜单命令即可使用该方式，如图 3-50 所示。

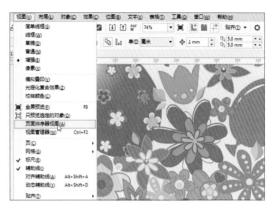

图3-50 执行"页面排序器视图"命令

执行命令后会以相应的视图方式显示，并且在缩略图的下方会显示相应的页面名称，效果如图 3-51 所示。这种视图又被称为分页预览。

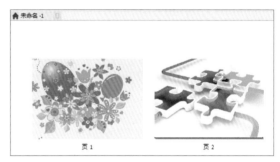

图 3-51 页面排序器视图效果

2. 全屏预览

"全屏预览"是将所要预览的图形以全屏的方式显示出来。执行"视图 > 全屏预览"菜单命令，即可将绘图窗口周边的标题栏、工具箱等进行隐藏，放大显示中间绘图页面中的图形，如图 3-52 所示。进行全屏预览时，按 Esc键或者使用鼠标单击屏幕，即可返回原来的视图状态。

图3-52 全屏预览效果

3．只预览选定的对象

"只预览选定的对象"是指预览单个的图形效果。应用这种视图方式可以将细小的图形进行放大显示。其操作方法为，首先应用"选择工具"选取要预览的对象，如图 3-53 所示。

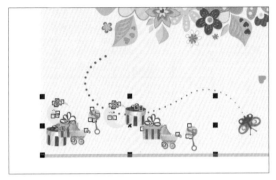

图3-53　选择预览对象

选择对象后，执行"视图 > 只预览选定的对象"菜单命令，即可对选定的对象进行放大预览，如图 3-54 所示。

图3-54　只预览选定的对象

3.2.3　视图的缩放

视图的缩放可以改变视图的显示范围。在应用 CorelDRAW X8 绘制图形的过程中，可以根据需要调整视图比例，方便查看图形的细节部分。在"标准"工具栏中可以通过设置"缩放级别"的数值来调整视图的显示比例。

1．"到合适大小"和"到选定部分"

"到合适大小"是指在绘图窗口以最完整、最大的显示比例显示绘制的图形，在"缩放级别"下拉列表框中选择"到合适大小"选项即可进行设置，如图 3-55 所示。此显示比例通常用于查看完整的图形效果。

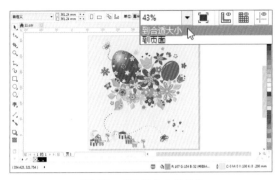

图3-55　到合适大小的效果

"到选定部分"是指在绘图窗口中，用"选择工具"将所选取的部分图形进行放大显示，如图 3-56 所示。此显示比例通常用于查看局部的细节效果。

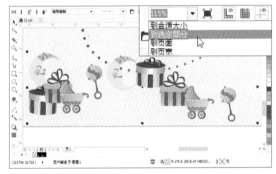

图3-56　到选定部分的效果

2．"到页宽"和"到页高"

"到页宽"是指在绘图窗口中，以页面的宽度为标准来显示，也就是在绘图窗口中显示完整的图形宽度，如图 3-57 所示。

图3-57　到页宽的效果

"到页高"是指以页面的高度来显示，即在绘图窗口中显示完整的图形高度，如图 3-58 所示。

图3-58 到页高的效果

3. "到页面"和设置具体的比例

"到页面"是指在绘图窗口的中心位置显示出完整的图形效果，但不是进行满屏显示，图形周围会留有空白，如图 3-59 所示。

图3-59 到页面的效果

设置具体的比例是在"缩放级别"下拉列表框中输入所需的数值，图形将按照所输入的比例来显示。输入的数值越大，图形放大的比例也越大。图 3-60 所示为设置比例为 200% 时在窗口中显示的图形效果。

图3-60 以200%的比例显示的效果

边学边练：显示选定的图形

显示选定图形的基本操作是将没有群组的图形打开，用"选择工具"选取所要放大显示的部分，然后在"缩放级别"下拉列表框中进行设置。本实例即为显示选定图形，设置前后的效果对比如图 3-61 所示。

图3-61 前后效果对比

01 打开"随书资源\03\素材文件\12.cdr",效果如图3-62所示。

02 使用"选择工具"选中图形后，单击鼠标右键，在弹出的快捷菜单中执行"撤销组合"命令，如图3-63所示。

图3-62 打开素材文件　　图3-63 执行"撤销组合"命令

03 执行"撤销组合"命令后，所有对象都将被独立开来。使用"选择工具"选择留声机图形，在"缩放级别"下拉列表框中选择"到选定部分"选项，如图3-64所示。

图3-64 到选定部分

04 执行步骤03的操作后，即可将所选定的图形在绘图窗口中放大显示，并且图形的高度与绘图窗口的高度相同，如图3-65所示。

图3-65 显示效果

技巧>>设置显示比例的数值

　　在"标准"工具栏的"缩放级别"下拉列表框中输入相应数值后，图形的显示比例将会随之发生变化。当输入50%时，图形一般能显示完整的效果，如图3-66所示。

图3-66 以50%显示图形

　　如果将数值设置为200%，图形将会进行放大显示，如图3-67所示。

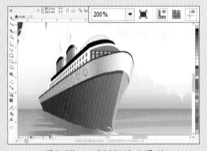

图3-67 以200%显示图形

3.3　使用页面的辅助功能

　　页面辅助功能的主要作用是在绘制图形时规范图形的位置和形状等，通过设置辅助线、网格及标尺等，达到精确定位的目的。打印时，这些添加的辅助线条、网格等都将会被隐藏，不会显示出来。

3.3.1　辅助线

　　辅助线是直的虚线，其作用主要是对所绘制的图形进行规范。执行"视图 > 辅助线"菜单命令，就可以用鼠标添加辅助线。把所绘制的图形向添加的辅助线拖动，应用该操作可以使图形贴齐辅助线。在 CorelDRAW X8 中，不仅可以创建水平或者垂直的辅助线，还可以创建旋转一定角度的辅助线。

1. 添加辅助线

在 CorelDRAW X8 中，添加辅助线的操作主要通过鼠标完成。具体方法为，首先执行"视图＞标尺"命令，将标尺显示出来，然后用鼠标在标尺处向窗口中拖动，即可形成一条黑色的虚线，如图 3-68 所示；释放鼠标后，即可创建一条辅助线，辅助线在选取状态下呈红色，如图 3-69 所示，取消选取后呈蓝色。添加辅助线时要确定主要辅助线的方向，从垂直标尺处向页面区域拖动，可以创建垂直的辅助线；从水平标尺处向绘图窗口拖动，可以创建水平位置的辅助线。对于旋转的辅助线，可以用鼠标将所要旋转的辅助线选取，单击鼠标，在周围出现的控制点处向所需的角度进行旋转。

图3-68 应用鼠标拖动　　图3-69 添加辅助线

2. 删除辅助线

删除辅助线的方法和删除图形的方法相似，应用鼠标选取将要删除的辅助线，按 Delete 键即可将其删除；也可以右击鼠标，在弹出的快捷菜单中执行"删除"命令（见图 3-70），删除辅助线，如图 3-71 所示。删除后，被删除的辅助线不能再通过显示辅助线的方法显示出来，只能重新创建。

图3-70 执行命令　　图3-71 删除辅助线

3. 隐藏辅助线

隐藏辅助线是指将绘图窗口中创建的辅助线隐藏起来，但是辅助线并未消失，可以重新显示，这和删除辅助线是不同的。执行"视图＞辅助线"菜单命令，如图 3-72 所示，可隐藏添加的辅助线。通过执行该命令也可以重新显示隐藏的辅助线，并且辅助线位置不会发生变化，如图 3-73 所示。

图3-72 执行命令　　图3-73 重新显示辅助线

边学边练：将图形靠齐辅助线

应用辅助线可以将目标对象靠齐辅助线，辅助线可用于对齐多个图形，按照顺序设置图形的相关位置即可。本实例即为应用对齐辅助线的方法将花朵和人物图形对齐所创建的辅助线，使整个图形效果更整齐，前后效果对比如图 3-74 所示。

 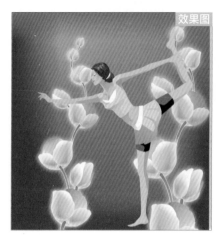

图3-74　前后效果对比

01 打开"随书资源\03\素材文件\15.cdr"，效果如图3-75所示。

02 使用鼠标从垂直标尺处向绘图窗口中拖动辅助线，释放鼠标后可以看到新建的辅助线，如图3-76所示。

 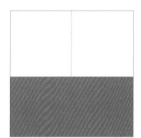

图3-75　打开素材　　　图3-76　新建辅助线

03 再创建水平位置的辅助线。使用鼠标从水平标尺处向下拖动，释放鼠标后会生成新的辅助线，连续拖动可以创建多条辅助线，如图3-77所示。

04 打开"随书资源\03\素材文件\16.cdr"，复制后粘贴到背景图形中，并调整到合适大小，如图3-78所示。

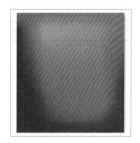 

图3-77　创建多条辅助线　　　图3-78　打开素材并粘贴

05 执行"视图>贴齐>辅助线"菜单命令，使对象贴齐辅助线，如图3-79所示。

06 使用鼠标选取花朵图形，并向前面所创建的辅助线位置拖动，拖动时会显示出图形移动的形状和轨迹，如图3-80所示。

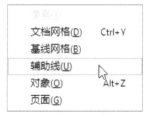 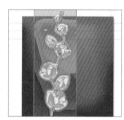

图3-79　执行菜单命令　　　图3-80　拖动图形

07 使图形靠齐辅助线后释放鼠标，图形效果如图3-81所示。

图3-81　靠齐辅助线后的效果

08 再复制并粘贴一个花朵图形到背景图形中，用同样的方法将花朵图形靠齐右侧的辅助线，如图3-82所示。

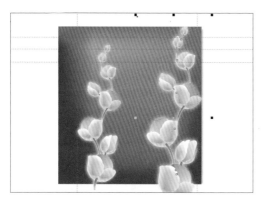

图3-82　靠右侧辅助线对齐图形

09 打开"随书资源\03\素材文件\17.cdr"，通过拖动的方法，将人物图形应用到背景图形中，如图3-83所示。

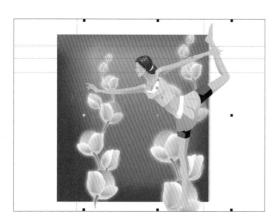

图3-83　添加人物图形

10 应用"选择工具"选取人物图形，将其向左侧的辅助线位置拖动，可以看到人物移动的轮廓和轨迹，如图3-84所示。

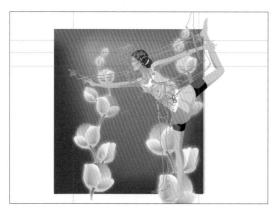

图3-84　调整人物图形位置

11 将人物图形调整到合适大小，并向辅助线周围移动，贴齐辅助线，如图3-85所示。

图3-85　调整后的效果

12 执行"视图>辅助线"菜单命令，将辅助线隐藏，完成本实例的制作，如图3-86所示。

图3-86　隐藏辅助线

3.3.2　网格

CorelDRAW X8 中的网格由水平和垂直的线条交叉组成，呈单元格排列的形状。默认情况下，网格不会显示在绘图窗口中，要通过设置才能显示出来。网格的主要作用是让绘图者在绘制图形时能将目标准确地对准对象，使所绘制的图形更精确。

1. 显示/隐藏网格

显示网格可以通过执行"视图＞网格"级联菜单中的命令来完成。如果当前已经显示了网格，可通过执行相同的命令，将显示出来的网格进行隐藏。如图 3-87 所示，这张正在编辑的图像为隐藏网格效果。

图3-87 隐藏网格效果

执行"视图＞网格＞文档网格"菜单命令，可显示隐藏的网格效果，如图3-88所示。

图3-88 显示网格效果

2.设置网格

执行"布局＞页面设置"菜单命令，打开"选项"对话框。单击"网格"选项，显示"网格"选项卡。用户可以在其中调整网格的间距、颜色、不透明度等的设置，如图3-89所示。如果要在绘图窗口中显示出所设置的网格，可勾选"显

示网格"复选框；如果要使所绘制的图形贴齐网格，则需勾选"贴齐网格"复选框。

图3-89 设置网格选项

设置完成后，单击对话框中的"确定"按钮，返回绘图窗口。此时可以看到调整后的网格效果，如图3-90所示。

图3-90 显示设置效果

边学边练：应用网格绘制标志图形

套用网格绘制图形可以准确规定集合图形的位置以及它们之间的距离等。本实例即为应用网格绘制圆角矩形，快速得到均匀的图形，并且在移动图形时快速地移动出等比的距离，效果如图3-91所示。

图3-91 编辑后的最终效果

01 启动CorelDRAW X8应用程序后，执行"文件>新建"菜单命令，在打开的"创建新文档"对话框中设置相关参数，如图3-92所示。

图3-92　"创建新文档"对话框

02 确认上一步操作后，即可在绘图窗口中创建一个A4尺寸的空白文档，如图3-93所示。

图3-93　新建空白文档

03 执行"工具>选项"菜单命令，打开"选项"对话框。在该对话框中单击"网格"选项，展开"网格"选项卡，对网格的各项参数进行设置，如图3-94所示。

图3-94　"网格"选项卡

04 通过步骤03的操作，在文档中显示了网格线，如图3-95所示。

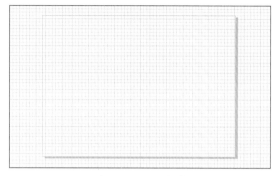

图3-95　显示网格线

05 在工具箱中选择"矩形工具"，在属性栏中设置圆角半径为5.00 mm，然后在文档中单击并拖动鼠标，绘制出一个圆角矩形，如图3-96所示。

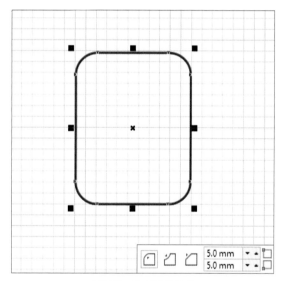

图3-96　绘制圆角矩形

06 执行"视图>贴齐>文档网格"菜单命令，然后使用"矩形工具"绘制出两个等间距的圆角矩形，如图3-97所示。

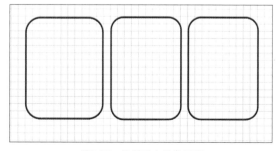

图3-97　绘制两个圆角矩形

07 单击"选择工具"按钮，同时选取3个矩形，按快捷键Ctrl+C复制图形，再按Ctrl+V键粘贴图形，并调整图形的位置，如图3-98所示。

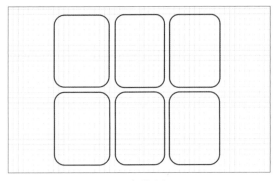

图3-98　复制圆角矩形

08 继续复制图形，并调整图形的位置，使每个图形间的间距相等，如图3-99所示。

09 使用"选择工具"逐个选取矩形图形，并为每个图形填充不同的颜色，如图3-100所示。

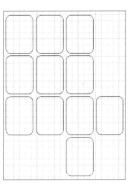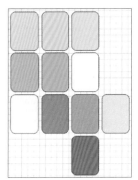

图3-99　调整图形间距　　　图3-100　填充颜色

10 颜色填充完成后，使用"选择工具"框选所有图形，如图3-101所示。单击鼠标右键，执行"组合对象"命令，将所有对象群组，如图3-102所示。

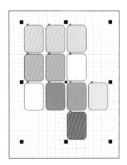

图3-101　选中所有图形　　　图3-102　执行菜单命令

11 在属性栏中单击"轮廓宽度"下三角按钮，在展开的下拉列表中选择"无"选项，去除所有图形的轮廓，如图3-103所示。

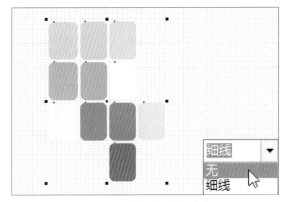

图3-103　清除图形的轮廓线

12 单击"选择工具"按钮右下角的倒三角形图标，在打开的隐藏工具中选择"自由变换工具"，并在属性栏中单击"自由倾斜"按钮，然后按图3-104所示拖动图形，使图形倾斜，如图3-105所示。

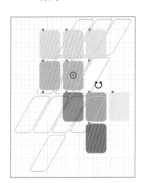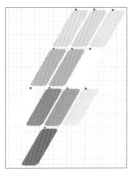

图3-104　拖动图形　　　图3-105　倾斜效果

13 执行"效果>添加透视"菜单命令，将在图形周围出现编辑框，拖动编辑框的各节点，对图形的透视效果进行调整，如图3-106所示。

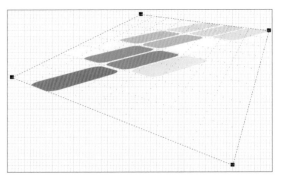

图3-106　添加透视

14 调整完成后，使用"选择工具"单击图形，对图形的大小进行调整，然后双击图形，对图形进行旋转等操作，如图3-107所示。

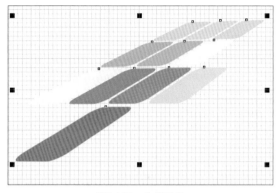

图3-107　旋转图形

15 单击工具箱中的"文本工具"按钮，在图中拖动鼠标，绘制文本框，然后在文本框中输入相关文字，并调整字体和文字大小，如图3-108所示。

图3-108　添加文本

16 单击"标准"工具栏中的"显示网格"按钮，隐藏页面中的网格线，如图3-109所示。

图3-109　隐藏网格线

17 选取绘制的图形，单击工具箱中的"阴影工具"按钮，然后在属性栏的"预设列表"中选择"平面右下"选项，设置投影效果，如图3-110所示。

图3-110　设置投影效果

3.3.3　标尺

标尺用于规范绘制的图形。从标尺中可以看出所绘制图形的位置和图形的大小。

1. 显示/隐藏标尺

显示/隐藏标尺时，首先要确认当前绘图窗口中有没有显示标尺。如图 3-111 所示，这张打开的图像中已显示了标尺效果。

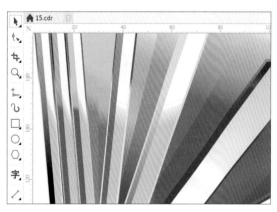

图3-111　显示标尺

执行"视图 > 标尺"菜单命令，如图 3-112 所示，即可隐藏显示的标尺。如果当前绘图窗口中的标尺未显示出来，则可以通过执行"视图 > 标尺"菜单命令，将标尺显示在绘图窗口中。

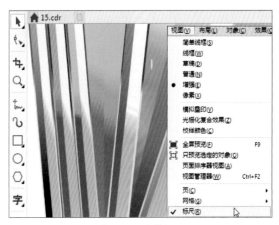

图3-112　隐藏标尺

2. 设置标尺

在"选项"对话框中可以设置标尺的刻度。执行"布局 > 页面设置"菜单命令，即可打开"选项"对话框。在该对话框中单击"辅助线"中的"标尺"选项，即可打开"标尺"选项卡，如图 3-113 所示。其中可以设置的内容包括微调、水平和垂直的单位以及原点，还可以设置刻度之间的间距等。若要在绘图窗口中显示出标尺，则需勾选对话框中的"显示标尺"复选框。

图3-113　"标尺"选项卡

3.3.4　动态辅助线

动态辅助线和前面所讲述的辅助线功能相同，都是用于在移动对象时对位移、角度等进行规范，只是动态辅助线仅在移动图形时才会显示出来，不会像辅助线一样一直存在于绘图页面中。

执行"视图 > 动态辅助线"菜单命令，即可启用动态辅助线。应用"选择工具"选择所要编辑的图形，向水平位置移动，可以查看移动的相对距离，如图 3-114 所示。

图3-114　显示水平距离

如果将图形向其他位置或者角度进行移动，还会显示出垂直距离和旋转的角度辅助线，如图 3-115 所示。

图3-115　显示倾斜角度

第 4 章
基础图形的绘制

基础图形的绘制包括常见几何图形的绘制和不规则图形的绘制。CorelDRAW X8 中有多种绘制图形的工具，在工具箱中选择相应的工具进行绘制即可。另外，还可对所绘制的图形进行编辑或者填充等相关操作。

4.1 矩形工具组

矩形工具组的作用是绘制矩形或正方形图形。单击工具箱中的"矩形工具"按钮，将鼠标放置在该按钮处，将会打开相关的隐藏工具条，在工具条中可以选择所需的工具。矩形工具组中共包括两种工具，分别为"矩形工具"和"3 点矩形工具"，如图 4-1 所示。

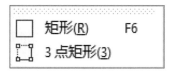

图4-1　矩形工具组

4.1.1　矩形工具

"矩形工具"的主要作用是绘制矩形图形。单击工具箱中的"矩形工具"按钮 □，即可在属性栏中显示出相关的控制参数，如图 4-2 所示。

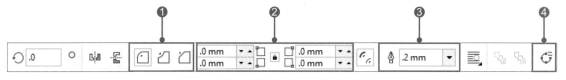

图4-2　"矩形工具"属性栏

❶选择矩形的角类型：CorelDRAW X8 中的"矩形工具"包括圆角、扇形角和倒棱角 3 种矩形的角变换类型。单击"圆角"按钮 □，可创建圆角矩形，效果如图 4-3 所示。单击"扇形角"按钮 □，可创建扇形角矩形，效果如图 4-4 所示。单击"倒棱角"按钮 □，可创建倒棱角矩形，效果如图 4-5 所示。

❷设置圆角半径：在"转角半径"数值框中输入数值，可用于控制每个边角的圆滑程度。在图中绘制矩形，如图 4-6 所示。单击"圆角"按钮 □，在"转角半径"数值框中输入数值 10.0 mm，单击"同时编辑所有角"按钮 █，此时 4 个角都会被设置为圆角，如图 4-7 所示。此时应用"交互式填充工具" 对设置后的图形进行填充，效果如图 4-8 所示。

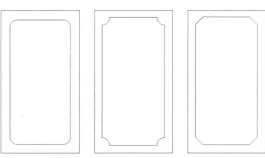

图4-3　圆角矩形　图4-4　扇形角矩形　图4-5　倒棱角矩形

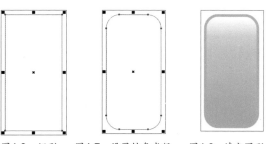

图4-6　矩形　图4-7　设置转角半径　图4-8　填充图形

❸轮廓宽度：在"矩形工具"属性栏中可以通过设置数值来调整图形的边框。应用"选择工具"选取所绘制的矩形图形，如图 4-9 所示。在属性栏中将"轮廓宽度"设置为 3.0 mm，然后在右侧的调色板中用鼠标单击蓝色，即可将矩形的边框设置为较宽的蓝色，如图 4-10 所示。

图4-9　选取图形　　　　图4-10　设置边框

❹转换为曲线：通常情况下，不能直接使用其他工具对应用"矩形工具"所绘制的矩形进行编辑，

但是可以通过将其转换为曲线的方法对转换后的矩形图形进行编辑。如图 4-11 所示，选取所绘制的矩形图形，并单击属性栏中的"转换为曲线"按钮，即可将其转换为曲线，然后在矩形边缘单击选取形状，并添加节点，调整为弯曲的边缘，如图 4-12 所示。再对其余边框也应用相同的方法进行编辑，直至都调整为弯曲的图形为止，得到如图 4-13 所示的图形效果。

图4-11　选取矩形　图4-12　编辑图形　图4-13　调整效果

边学边练：应用"矩形工具"制作相框

　　"矩形工具"最基本的作用就是绘制矩形图形。本实例应用这一功能绘制出相框的大致轮廓，然后将其转换为曲线，应用"形状工具"将其编辑成不同的形状，再通过图框精确剪裁的方法将相片放置到所绘制的矩形中。绘制背景图形时，也是应用添加矩形图形后进行编辑的方法来完成的。设置前后的效果对比如图 4-14 所示。

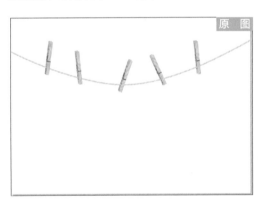 

图4-14　编辑前后的对比效果

01 启动CorelDRAW X8应用程序后，按下快捷键Ctrl+O，打开"随书资源\04\素材文件\03.cdr"，如图4-15所示。

02 单击"矩形工具"按钮，应用该工具在页面的中心位置拖动，绘制出一个合适大小的矩形，如图4-16所示。

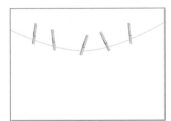 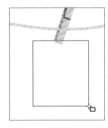

图4-15　打开素材文件　　　图4-16　绘制矩形

03 应用"选择工具" 选取所编辑的图形，单击属性栏中的"转换为曲线"按钮，并应用"形状工具" 对图形进行编辑，如图4-17所示。

04 用步骤02和步骤03的方法，绘制出另一个矩形图形，如图4-18所示。

图4-17 转换为曲线　　　图4-18 绘制矩形

05 在步骤04所绘制的矩形底部再绘制一个小矩形，将其作为相片和背景的分界面，如图4-19所示。

06 应用"选择工具" 分别选取矩形，并填充自己喜欢的颜色，如图4-20所示。

图4-19 绘制矩形　　　图4-20 填充颜色

07 将"随书资源\04\素材文件\04.jpg"导入到绘图页面中，如图4-21所示。

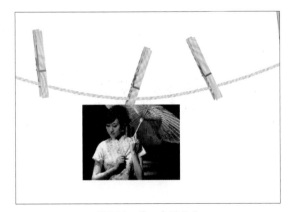

图4-21 导入素材文件

08 右击中间白色的矩形，在弹出的快捷菜单中执行"PowerClip内部"命令，将鼠标指针移至人物图像上，此时鼠标指针会转换为实心的黑色箭头，在白色矩形中单击，即可将人物图像置入到矩形内，如图4-22所示。

图4-22 调整素材大小

技巧>>调整置入图形的大小和位置

　　将导入的图像置入到矩形中以后，如果要对图像的大小和位置进行调整，需要右击矩形中的图像，在弹出的快捷菜单中执行"编辑PowerClip"命令，显示图像，并进行图像的编辑操作，如图 4-23 所示。

图4-23 编辑PowerClip

09 绘制一个矩形相框，并应用转换为曲线后编辑的方法，制作出另一个相框，如图4-24所示。

图4-24 绘制相框

10 将"随书资源\04\素材文件\05.jpg"导入到绘图页面中，应用将图像放置到容器中的方法，将人物图像放置到新绘制的相框中，并调整位置，如图4-25所示。

图4-25 导入并调整素材

11 继续将其余的相框图形绘制出来。同样先绘制矩形，并将其转换为曲线，然后应用"形状工具" 将其编辑成弯曲的相框图形，如图4-26所示。

图4-26 绘制其他的相框

12 应用相同的操作方法，将其余图像（随书资源\04\素材文件\06.jpg～08.jpg）也放置到相框中，如图4-27所示。

图4-27 导入其他素材并调整

13 应用"选择工具"将夹子图形选中，放置到相片的上方，形成立体效果，如图4-28所示。

图4-28 形成立体效果

14 导入"随书资源\04\素材文件\09.jpg"，执行"对象>顺序>到图层后面"菜单命令，将导入图像调整至前面制作好的人像照片后面，如图4-29所示。

图4-29 导入背景素材

15 单击工具箱中的"裁剪工具"按钮 ，在绘图窗口中绘制一个和页面相同大小的裁剪框，如图4-30所示。

图4-30 调整素材

16 双击裁剪框中的图像，去除多余部分，裁剪后的效果如图4-31所示。

图4-31 裁剪图像

4.1.2　3点矩形工具

利用"3点矩形工具"可以一定的角度绘制矩形。其使用方法和"矩形工具"有很大差异，选取"3点矩形工具"，在图中拖动形成直线，如图 4-32 所示。释放鼠标向左或者向右拖动，即可调整矩形的宽度，如图 4-33 所示。

使用该工具绘制矩形后，还可以对所绘制的 3 点矩形进行填充等操作，最后形成如图 4-34 所示的图形效果。

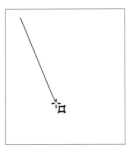

图4-32 应用鼠标拖动

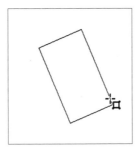

图4-33 绘制矩形

图4-34 绘制的图形效果

4.2　椭圆形工具组

椭圆形工具组包括两种工具，分别为"椭圆形工具"和"3点椭圆形工具"，如图 4-35 所示。这两种工具都可以用于绘制椭圆图形。

图4-35 椭圆形工具组

4.2.1　椭圆形工具

"椭圆形工具"用于绘制椭圆和正圆图形，绘制正圆图形时需要按住 Ctrl 键在图中拖动。单击工具箱中的"椭圆形工具"按钮 ○，可以显示与之相关的属性栏，如图 4-36 所示。在属性栏中有多种选项可以控制所选择的工具。

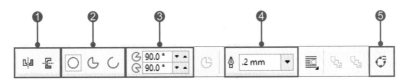

图4-36 "椭圆形工具"属性栏

❶水平镜像和垂直镜像：如图 4-37 所示，选取图形，单击"水平镜像"按钮 ，可对绘制的图形进行水平翻转，如图 4-38 所示；单击"垂直镜像"按钮 ，即可对选取的图形进行垂直翻转，如图 4-39 所示。

图4-37　选取图形　　图4-38　水平镜像　　图4-39　垂直镜像

❷椭圆类型：椭圆类型共包括"椭圆形""饼图"和"弧"3 种，绘制椭圆形后，选取所绘制的椭圆，可在属性栏中设置为其他类型。单击"椭圆形"按钮 ，可绘制椭圆形或者正圆，如图 4-40 所示；单击"饼图"按钮 ，可将椭圆设置为饼图，如图 4-41 所示；单击"弧"按钮 ，可以将所绘制的椭圆形变为圆弧，如图 4-42 所示。

图4-40　椭圆形　　图4-41　饼图　　图4-42　圆弧

❸饼图度数：饼图度数的默认值为 270°，可以通过设置不同的数值来进行编辑。选择已绘制好的饼图，然后在数值框中设置度数为 80°，图形将变为较小的饼图，如图 4-43 所示；设置度数为 180°，图形变为半圆效果，如图 4-44 所示；设置度数为 0°，图形变为完整的圆，若中间有线条的轮廓，可以去除其轮廓线，如图 4-45 所示。

图4-43　设置为80°　　　图4-44　设置为180°

图4-45　设置为0°

❹轮廓宽度：对边框的设置可以直接在"轮廓宽度"下拉列表框中进行。选择已绘制好的椭圆，

将图形的边框设置为 2 mm，设置后的图形效果如图 4-46 所示；如果将边框设置为 5 mm，则会得到加粗的边框效果，如图 4-47 所示。

图4-46　2 mm边框效果　　图4-47　5 mm边框效果

也可以单击"轮廓笔"按钮 ，或者按 F12 键，打开"轮廓笔"对话框。在对话框中设置选项，对椭圆的轮廓样式进行变换，并选择其他不同的边框类型。图 4-48 所示为将轮廓线改为虚线的效果。

图4-48　设置为虚线效果

❺转换为曲线：通常要在图形转换为曲线的情况下才能编辑椭圆图形。如图 4-59 所示，首先选取所绘制的椭圆图形，并按下快捷键 Ctrl+Q，将其转换为曲线，然后应用"形状工具" 对转换后的曲线进行编辑，形成其他的形状，如图 4-50 所示。

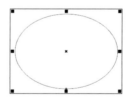 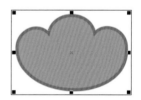

图4-49　选取椭圆图形　　图4-50　编辑后的图形

通过使用这样的方法，可以制作出完整的人物图形效果，如图 4-51 所示。

图4-51　完成绘制的图形

边学边练：应用"椭圆形工具"制作简单图形

"椭圆形工具"最主要的作用是绘制椭圆形图形。在下面的实例中，主要应用"椭圆形工具"绘制多个椭圆，并通过"合并"功能创建云朵形状的图形，然后根据云朵的颜色特点，应用"交互式填充工具"对其进行填充，创建渐变的云朵色彩，最后通过复制，得到更多的云朵图形，将这些云朵移至不同的位置，能够得到更丰富的画面效果。图形绘制前后的效果对比如图 4-52 所示。

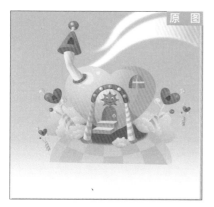

图4-52 编辑前后的对比效果

01 打开"随书资源\04\素材文件\14.cdr"，效果如图4-53所示。

图4-53 打开素材文件

02 连续应用"椭圆形工具"在图中拖动，绘制多个椭圆图形，如图4-54所示。

图4-54 绘制椭圆

03 应用"选择工具"选取所有绘制的椭圆，并单击属性栏中的"合并"按钮，合并为一个图形，如图4-55所示。

图4-55 合并选取的椭圆

04 应用"交互式填充工具"对图形进行填充，填充从白色到C50、M2、Y15、K0的渐变，如图4-56所示。

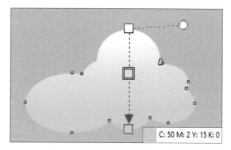

C: 50 M: 2 Y: 15 K: 0

图4-56 填充渐变色

05 选取步骤04所填充的图形，将其多次复制后，变换不同大小并放置到页面的合适位置，如图4-57所示。

图4-57　复制并调整图形

06 继续使用"椭圆形工具"○在图中拖动，绘制出多个椭圆图形，如图4-58所示。

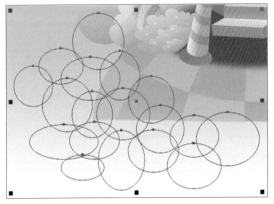

图4-58　绘制椭圆

07 选取步骤06所绘制的椭圆图形，单击属性栏中的"合并"按钮⌐，合并为一个图形，如图4-59所示。

图4-59　合并选取的图形

08 单击"交互式填充工具"按钮◇，在属性栏中设置填充颜色和填充的方式等选项，为图形填充渐变颜色。选中填充后的图形，在属性栏中设置图形的"轮廓宽度"为"无"，如图4-60所示。

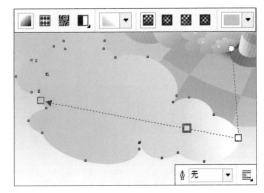

图4-60　填充图形

09 复制填充的图形，调整图形至合适大小，并放置到页面中的合适位置，如图4-61所示。

图4-61　复制并调整图形

10 选中页面中的云朵图形和背景图形，应用"裁剪工具"裁去多余图形，得到最终的图形效果，如图4-62所示。

图4-62　最终效果

4.2.2 3 点椭圆形工具

"3 点椭圆形工具" 📷 可以绘制任意角度的椭圆图形。选择该工具后,在图中单击,由起点向终点拖动,如图 4-63 所示,释放鼠标后左右进行拖动即可形成有一定宽度的图形,如图 4-64 所示。

连续应用此方法在其他位置拖动,可以创建不同角度的多个椭圆图形,共同组成花朵图形,如图 4-65 所示。

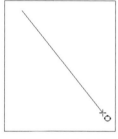

图4-63 左右拖动鼠标

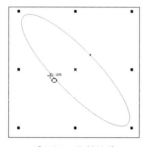

图4-64 绘制椭圆

图4-65 绘制的花朵图形

4.3 多边形工具组

"多边形工具"用于绘制由多个边缘组成的图形。在多边形工具组中包括"多边形工具""星形工具""复杂星形工具""图纸工具""螺纹工具""基本形状工具""箭头形状工具""流程图形状工具""标题形状工具""标注形状工具"10 种工具,如图 4-66 所示。应用这些工具可以绘制特定的多边形、星形、箭头等特殊形状的图形。

图4-66 多边形工具组

4.3.1 多边形工具

应用"多边形工具"可以绘制由多个线条组成的多边形,在属性栏中可以设置多边形的边数和轮廓的宽度,还可以将所绘制的图形直接转换为曲线。其属性栏如图 4-67 所示。

图4-67 "多边形工具"属性栏

❶边数:在"多边形工具"属性栏中可以通过设置边数来控制多边形的边数。选取已绘制好的多边形,并在属性栏中输入所需的多边形边数即可,即使对已经填充的图形也同样适用。但是对于已经转换为曲线并重新编辑后的多边形,则不能直接在属性栏中设置其边数。图 4-68 和图 4-69 所示分别为设置边数为 6 和 8 时绘制的多边形效果。

图4-68 六边形

图4-69 八边形

❷**转换为曲线**：多边形图形的编辑主要包括轮廓和颜色的编辑。应用"多边形工具"◯ 在图中拖动，绘制多边形图形，如图 4-70 所示。按下快捷键 Ctrl+Q，将图形转换为曲线，然后应用"形状工具"⬚ 在图形中通过单击添加节点的方法调整为平滑的曲线，如图 4-71 所示。

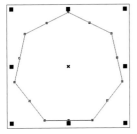 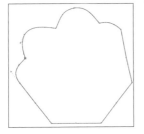

图4-70　绘制多边形　　　图4-71　编辑多边形

进一步对编辑后的图形进行设置，填充射线渐变颜色，并设置轮廓宽度，制作出如图 4-72 所示的效果。

图4-72　填充后的图形效果

4.3.2　星形工具

"星形工具"主要用于绘制星形图形，可以绘制常见的五角星，也可以通过设置绘制出其他边数的星形图形。应用"星形工具"绘制图形时，主要通过属性栏对其进行设置，如图 4-73 所示。

图4-73　"星形工具"属性栏

❶**边数**：边数控制的是组成星形图形的轮廓数值，主要通过属性栏中的数值框进行设置。设置的数值越大，所绘制的星形图形的边数就越多。如图 4-74 所示，应用"星形工具"在图中绘制边数为 5 的星形图形。

图4-74　边数为5时的图形效果

在数值框中输入数值 8，输入后绘制的图形如图 4-75 所示。新设置边数后的星形图形和未设置边数时的星形图形的锐度相同。

图4-75　边数为8时的图形效果

❷**锐度**：锐度指的是五角星向内缩进的距离，缩进的幅度越大，星形尖度将会越突出，反之图形的角度就越平滑。应用"星形工具"绘制图形时，可以对已绘制图形的锐度重新进行设置。系统默认的锐度为 53，用于绘制标准的五角星，也可以根据需要将锐度调整至任意大小。图 4-76 和图 4-77 所示分别为设置"锐度"为 80 和 25 时的绘制效果。

图4-76　"锐度"为80时的图形效果

图4-77　"锐度"为25时的图形效果

边学边练：应用"星形工具"绘制五角星图形

五角星图形的绘制是通过"星形工具"完成的。在属性栏中设置所需的边数后，应用所设置的工具在图中拖动，即可绘制五角星图形。通过转换为曲线的方法，可以重新应用"形状工具"对转换后的曲线进行编辑，调整为所需的形状，然后为图形添加其他装饰图形，组成立体效果。编辑后的最终效果如图4-78所示。

图4-78　最终效果

01 创建一个正方形页面，并应用"矩形工具"绘制一个和页面相同大小的正方形，再将矩形的轮廓线设置为"无"，然后应用"交互式填充工具" 🔍 将矩形填充为从白色到C64、M0、Y2、K0的椭圆形渐变，如图4-79所示。

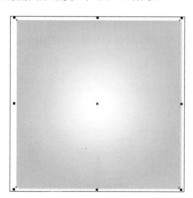

图4-79　绘制渐变矩形

02 单击工具箱中的"星形工具"按钮 ☆，设置边数为5、"锐度"为40，在页面中拖动鼠标绘制一个星形图形，如图4-80所示。

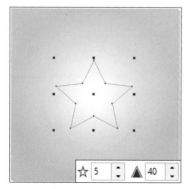

图4-80　绘制星形

03 按下快捷键Ctrl+Q，将所绘制的图形转换为曲线，并应用"形状工具" 🖍 对五角星图形进行编辑，将其调整成不规则图形，如图4-81所示。

图4-81　编辑星形

04 将所绘制的图形填充为白色，并在属性栏中单击"轮廓宽度"右侧的下三角按钮，在展开的下拉列表中选择"无"选项，去除其轮廓线，如图4-82所示。

图4-82　填充星形

05 选中要复制的图形并按住鼠标左键拖动，停止拖动的同时按住右键，再释放左键即可完成复制，然后将粘贴的图形变换至合适大小，放置到页面中的适当位置，如图4-83所示。

图4-83　复制多个星形

06 应用"钢笔工具" 在图中拖动，绘制不规则图形，如图4-84所示。

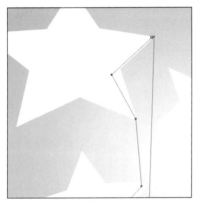

图4-84　绘制不规则图形

07 按照步骤06的方法，应用"钢笔工具"绘制出星形图形延伸出去的图形，并分别填充颜色，如图4-85所示。

图4-85　为图形填充颜色

08 将每个五角星都绘制上底部的装饰图形，并填充颜色，完成图形的绘制，如图4-86所示。

图4-86　完成效果

4.3.3　复杂星形工具

利用"复杂星形工具"绘制的图形具有不稳定性，其形状可以进行任意编辑。"复杂星形工具"属性栏中只有两个参数可供设置，即设置星形边数和设置星形锐度。如图4-87所示，选取所绘制的复杂星形图形，然后在属性栏中设置锐度为1，获得边缘更为平滑的图形效果，如图4-88所示。

图4-87　选中图形

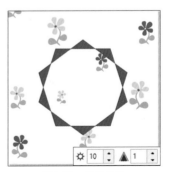

图4-88　设置锐度

也可以应用"形状工具" 直接选择中间的节点,向中间拖动,调整星形的形状,如图4-89所示,效果如图4-90所示。

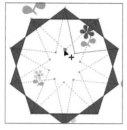 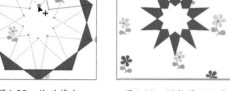

图4-89 拖动节点　　　图4-90 调整图形效果

4.3.4 图纸工具

"图纸工具"用于绘制表格图形。在工具箱中单击"图纸工具"按钮 ，并在属性栏中设置相应数值,即可应用所选择的"图纸工具"绘制出表格图形。但是不能对已绘制好的表格图形的相关数值重新进行设置。图4-91和图4-92所示分别为在属性栏中设置不同数值时绘制出的表格图形效果。

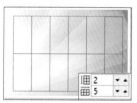 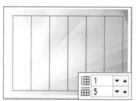

图4-91 绘制表格　　图4-92 设置后绘制的新表格

4.3.5 螺纹工具

"螺纹工具"用于绘制螺纹形的线条,所绘制的线条从中心向四周旋转扩展。单击工具箱中的"螺纹工具"按钮 ,即可在属性栏中查看相关参数,如图4-93所示。在该工具的属性栏中主要有3个控制参数,分别为"螺纹回圈"的数量、螺纹的类型和"螺纹扩展参数"。

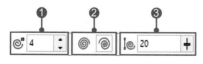

图4-93 "螺纹工具"属性栏

❶螺纹回圈:"螺纹回圈"控制的是所环绕的

螺纹的数值,数值越大,所回旋的圈数越多,反之越少。使用"螺纹工具"绘制图形时,可以先设置"螺纹回圈"的数值,然后进行绘制,不能对已绘制好的螺纹重新设置回圈数量。绘制等比例的螺纹图形时要按住 Ctrl 键拖动鼠标。图4-94所示为设置"螺纹回圈"为6时绘制的图形效果,图4-95所示为设置"螺纹回圈"为4时绘制的图形效果。

图4-94 数值为6时的图形　　图4-95 数值为4时的图形

❷螺纹类型:"螺纹工具"可以绘制两种类型的螺纹,应用"螺纹工具"绘制图形时,要先单击不同的按钮,确定所绘制螺纹的形状。单击"对称式螺纹"按钮 ,可以绘制出对称式螺纹,此类型的螺纹会按照均匀的距离向外进行扩展,每个回圈之间的距离相等,如图4-96所示;单击"对数螺纹"按钮 ,则可以绘制出对数螺纹,这类图形按照不断增大的距离向外进行扩展,如图4-97所示。

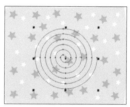 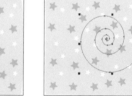

图4-96 对称式螺纹　　　图4-97 对数螺纹

❸螺纹扩展参数:螺纹扩展是指对数螺纹向外扩展的速率。应用"螺纹工具"绘制图形时,要先设置好扩展的参数再进行绘制,此参数设置对已绘制好的螺纹图形无效。设置的螺纹扩展参数值越大,图形越靠近中心位置旋转,如图4-98所示;参数值越小则越接近对称螺纹的效果,如图4-99所示。

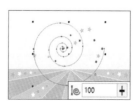 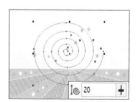

图4-98 设置为100时的效果　　图4-99 设置为20时的效果

4.3.6　基本形状工具

基本形状工具中所包含的都是常见的矢量图形，如心形、笑脸等图形。对于这类图形，可以用选择的图形在图中拖动，并应用"交互式填充工具"等对其进行填充或者编辑。若要对图形进行编辑，则要先将其转换为曲线，然后才能应用"形状工具"对图形的轮廓进行重新编辑。如图 4-100 所示，单击"基本形状"按钮 ，打开属性栏上的"完美形状"挑选器，选择笑脸形状，在画面中单击并拖动，绘制笑脸图形，如图 4-101 所示。

绘制好后，使用"交互式填充工具"为图形填充渐变颜色，如图 4-102 所示。通过转换为曲线并变形，可以变换图形效果，如图4-103 所示。

图4-100　选择形状

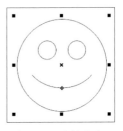

图4-101　绘制图形

图4-102　填充图形

图4-103　编辑图形

边学边练：绘制心形图形

心形图形主要是应用"基本形状工具"进行绘制，通过属性栏打开"完美形状"挑选器，选择心形形状并进行绘制，要对图形形状进行改变时，应先将图形转换为曲线，应用"形状工具"将其转换为合适的形状，然后用填充图形的方法对图形进行填充，制作成心形图形效果，如图 4-104 所示。

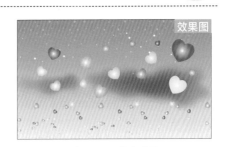

图4-104　最终效果

01 启动CorelDRAW X8应用程序，创建一个宽度为197.5 mm、高度为118.8 mm的空白文档，如图4-105所示。

02 单击工具箱中的"基本形状工具"按钮 ，单击属性栏中"完美形状"按钮，打开"完美形状"挑选器。在其中选择心形图形，应用所选择的工具在页面中间拖动，绘制图形，如图4-106所示。

图4-105　创建空白文档

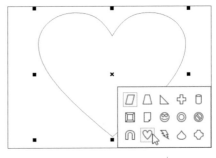

图4-106　绘制图形

03 按下快捷键Ctrl+Q，将所绘制的心形图形转换为曲线，然后应用"形状工具" 对其进行编辑，使图形效果更饱满，如图4-107所示。

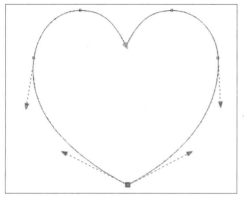

图4-107 编辑图形

04 去除图形的轮廓并填充图形，应用"交互式填充工具"在图形中拖动，为心形图形填充射线渐变效果，如图4-108所示。

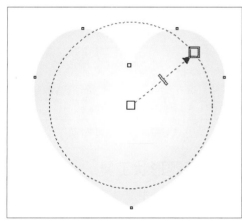

图4-108 填充图形

05 打开"随书资源\04\素材文件\23.cdr"，将前面绘制完成的心形图形放置到素材上方，如图4-109所示。

图4-109 打开背景素材

06 选取并复制多个心形图形，用"选择工具" 调整各图形的大小，并再次在对象属性的"渐变填充"里为各个图形设置不同的颜色，如图4-110所示。

图4-110 复制并调整图形

07 应用"选择工具" 分别选取绘制的图形，将各图形进行旋转，适当调整图形的角度和位置，如图4-111所示。

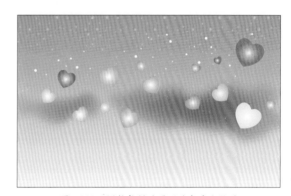

图4-111 调整复制的图形的角度和位置

08 应用"3点曲线工具" 在图像下方拖动，绘制出多个弯曲的线条，并设置线条的颜色为绿色，如图4-112所示。

图4-112 绘制线条

09 选取心形图形，并复制出多个心形图形，调整图形的大小、位置和角度，将其放置在曲线的端点处，如图4-113所示。

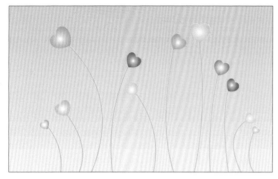

图4-113　放置心形图形

10 复制绘制出的曲线和心形图形，在图像下方调整位置，完成本实例的制作，效果如图4-114所示。

图4-114　调整图形

4.3.7　箭头形状工具

"箭头形状工具"通常用于绘制各种类型的箭头。选取"箭头形状工具"，打开"完美形状"挑选器，单击相应的箭头符号，如图4-115所示；然后在页面中拖动，即可绘制出所选择的图形形状，如图4-116所示。

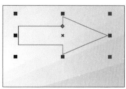

图4-115　选择形状　　　图4-116　绘制图形

绘制的箭头图形也可以填充颜色，如图4-117所示；还可以对图形的轮廓等进行重新

设置，如图4-118所示。处理方法与矩形和椭圆形的处理方法相同。

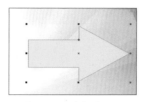
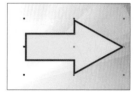

图4-117　填充图形　　　图4-118　设置图形边框

4.3.8　流程图形状工具

"流程图形状工具"的主要作用是表述特殊流程图效果。在CorelDRAW X8中可以根据需要绘制出适用于不同流程效果的流程图形状。另外，还可以为绘制的流程图填充纯色或者渐变色，并用"文本工具"在绘制的流程图上添加文字，以说明流程的方向和步骤。图4-119所示为应用"流程图形状工具"绘制的流程图形，绘制后填充颜色并添加文字，得到如图4-120所示的图形效果。

图4-119　绘制流程形状　　　图4-120　完善流程图

4.3.9　标题形状工具

CorelDraw X8 中文版利用"标题形状工具"可绘制多种丝带对象和爆发形状效果。选中"标题形状工具"后，单击属性栏中的"完美形状"挑选器，在其中选择要绘制的标题形状，在图像中单击并拖曳就可以绘制出标题形状。对于绘制的标题形状，可以为它填充上不同的颜色，图4-121所示为应用"标题形状工具"绘制的爆炸形状图形，绘制后填充颜色，得到如图4-122所示的图形效果。

图4-121　绘制形状　　　图4-122　填充后的效果

4.3.10 标注形状工具

"标注形状工具"是为了突出表现图像中的某个特殊区域，可以通过对所制作的图形添加标注和文字来进行具体的说明，也可以为绘制的标注形状填充颜色，还可以重新设置轮廓的宽度及颜色。如果要移动标注形状所指示的位置，可以用"形状工具"选择标注形状的节点进行拖动，并且还可以将所绘制的标注形状变为文本框，还可在其中输入文字。使用"标注形状工具"绘制标注形状，如图 4-123 所示。绘制后为图形填充颜色并设置边框效果，如图 4-124 所示。

图4-123 绘制标注形状　图4-124 填充图形及设置边框

边学边练：制作图表

图表的制作除了要处理图形外，还包括图表的说明文字。但是直接输入文字会显得较为突兀，可以通过添加标注图形的方法来进行操作。先选取"标注形状工具"，在属性栏中选择合适的标注图形，应用鼠标在图中拖动绘制图形，然后为标注图形填充合适的颜色及轮廓等，最后应用"文本工具"为标注形状添加说明文字，形成完整的图表效果，如图 4-125 所示。

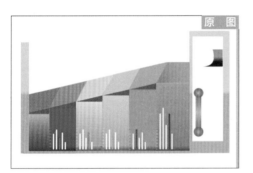 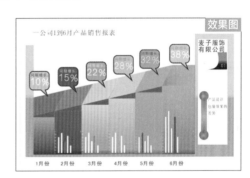

图4-125 编辑前后的对比效果

01 打开"随书资源\04\素材文件\27.cdr"，效果如图4-126所示。

02 应用"文本工具"在页面中单击并输入不同的文字，放置到页面中的相应位置，如图4-127所示。

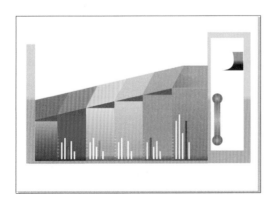 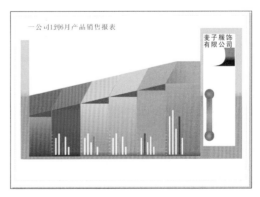

图4-126 打开素材　　　　　　　图4-127 输入文字

03 单击工具箱中的"标注形状工具"按钮 ，再打开"完美形状"挑选器，选择合适的标注图形，在页面中拖动鼠标进行绘制，并填充颜色和设置1 mm的边框效果，如图4-128所示。

图4-128　绘制标注图形

04 下面为标注图形添加文字。使用"文本工具"在相应的图形中单击，然后输入文字及数值，分别设置为不同的颜色和字体大小，如图4-129所示。

图4-129　输入文字

05 选取绘制完成的标注形状进行复制，拖动所复制的图形，放置到图表中的合适位置，如图4-130所示。

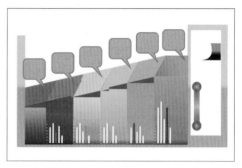

图4-130　复制形状

06 为各个标注形状填充不同的颜色，在不同的标注上添加文字，并设置相应的颜色，完成本实例的制作，如图4-131所示。

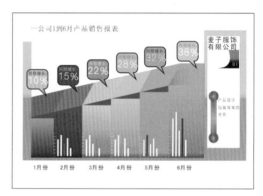

图4-131　最终效果

4.4　手绘工具组

手绘工具组中主要有7种工具，分别为"手绘工具""2点线工具""贝塞尔工具""钢笔工具""B样条工具""折线工具"和"3点曲线工具"，如图4-132所示。使用手绘工具组中的工具可以绘制出多种线条效果。

图4-132　手绘工具组

4.4.1　手绘工具

"手绘工具"主要用于绘制曲线和直线线段。使用"手绘工具"时，可以对闭合后的曲线进行填充和编辑，还可以通过对属性栏中的"手绘平滑"进行设置，来调整绘制线条的平滑度。

1. 闭合曲线

应用"手绘工具"可以随意地绘制线条，并且可以将末端和起点不相连的曲线制作成闭合的路径，还可以对闭合后的路径进行填充和编辑等。应用"手绘工具"在图中拖动，绘制出任意的线条图形，如图4-133所示；然后单击属性栏中的"闭合曲线"按钮 ，即可将末端与起点相连，连接线为直线，如图4-134所示。

图4-133　绘制线条

图4-134　闭合曲线

2. 手绘平滑

在"手绘工具"属性栏中可以通过设置平滑度来得到弯曲的线条。所设置的数值越大，得到的线条越平滑。如图 4-135 所示，将"手绘平滑"设置为 10，然后应用"手绘工具"在图中拖动，所形成的线条中间有很多节点，不平滑。如果将其值设置为 100，再应用"手绘工具"在图中拖动，即可创建平滑的线条图形，如图 4-136 所示。

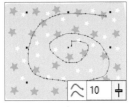

图4-135　平滑度为10

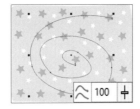

图4-136　平滑度为100

4.4.2　2点线工具

"2 点线工具"用于连接起点和终点，从而绘制出一条直线，与平常使用的直线工具相似。其具体操作方法为：应用鼠标在图中单击确认起点，如图 4-137 所示；然后拖动鼠标到终点位置，如图 4-138 所示。释放鼠标后，

即可连接起点和终点，绘制出一条直线，如图4-139 所示。

图4-137　确定起点

图4-138　确定终点

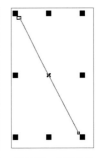

图4-139　绘制直线

4.4.3　贝塞尔工具

"贝塞尔工具"可以在图中单击并拖动，形成有节点的平滑曲线，以绘制轮廓较为复杂的图形。其具体操作方法为：单击"贝塞尔工具"按钮，应用鼠标在图中单击后，在要绘制的方向上单击，并按住鼠标左键拖动，调整控制线，如图 4-140 所示；然后在另外的位置单击并连续拖动，形成完整的曲线图形，如图 4-141 所示。单击起点可将路径闭合，如图4-142 所示。

图4-140　绘制图形

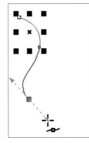

图4-141　弯曲图形

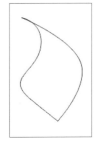

图4-142　连接图形

边学边练：应用"贝塞尔工具"绘制花朵图形

"贝塞尔工具"可以绘制出具有复杂轮廓的图形，本实例就是应用这一特点来绘制花朵图形的。先使用"贝塞尔工具"绘制出花朵的各个部分，然后应用"合并"功能合并图形，并应用"交互式填充工具"进行填充，最后复制多个绘制完成的花朵图形，并将其放置到页面中适当的位置，效果如图 4-143 所示。

图4-143　绘制的图形效果

01 创建一个空白文档，然后单击工具箱中的"贝塞尔工具"按钮，使用该工具在图中单击并拖动，形成有多个节点的图形，如图4-144所示。

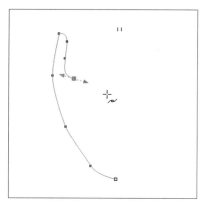

图4-144 绘制图形

02 继续应用"贝塞尔工具"在图中拖动，直至绘制出一个闭合的不规则图形，如图4-145所示。

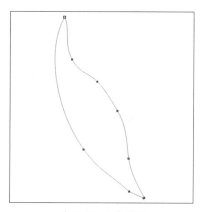

图4-145 闭合图形

03 反复使用此方法绘制完整的形状，如图4-146所示。

图4-146 绘制图形

04 右边的图形也应用"贝塞尔工具"进行绘制，绘制的图形均为闭合的曲线，如图4-147所示。

图4-147 绘制右边的图形

05 将花朵图形中其余的细节部分图形也编辑完成，制作出完整的花朵图形，如图4-148所示。

图4-148 完善图形

06 选取所有绘制完成的花朵图形，合并图形。然后应用"交互式填充工具"在花朵图形上从左下往右上拖动，填充从白色到C7、M62、Y13、K0的渐变色，并去除轮廓线，效果如图4-149所示。

图4-149 填充图形

07 打开"随书资源\04\素材文件\28.cdr"，效果如图4-150所示。

图4-150 打开背景素材

08 将填充完成的花朵图形调整至合适大小并复制图形，将其粘贴到背景素材的中间位置，如图4-151所示。

图4-151 调整图形

09 在页面中复制更多的花朵图形，并调整大小和角度，如图4-152所示。

图4-152 复制并调整图形

10 选取绘制的所有花朵图形，应用"裁剪工具"绘制一个与背景图大小相同的裁剪框，将多余的花朵图形修剪掉，完成整个图形的制作，如图4-153所示。

图4-153 修剪图形

4.4.4 钢笔工具

"钢笔工具"可以绘制出弯曲或垂直的线条图形。在该工具的属性栏中主要有两个按钮用于控制绘图时的操作，分别为"预览模式"按钮 和"自动添加或删除节点"按钮 。

单击属性栏中的"预览模式"按钮 ，应用"钢笔工具"绘制图形时，可以预览下一步绘制图形时的效果，如图4-154所示。如果取消此按钮的选择，则不能预览所要绘制的下一步操作。单击属性栏中的"自动添加或删除节点"按钮 ，可以应用"钢笔工具" 在绘制好的图形中添加节点或者删除已创建的节点，如图4-155所示。

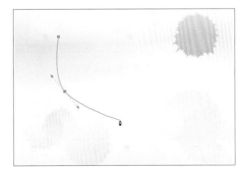

图4-154 预览下一步操作

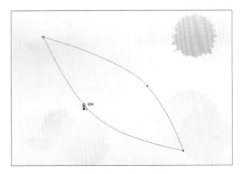

图4-155 增加节点

边学边练：应用"钢笔工具"绘制椰树图形

效果图

图4-156　最终效果

　　"钢笔工具"可以随意地在图中绘制出弯曲或垂直的图形及线条，利用该工具可以绘制较为复杂的图形。在绘制图形的过程中，可以应用"钢笔工具"直接对绘制的路径进行编辑。本实例制作的效果如图4-156所示。

01 创建一个横向的A4尺寸的空白文档。使用"钢笔工具"在图中单击，绘制出树叶轮廓，如图4-157所示。

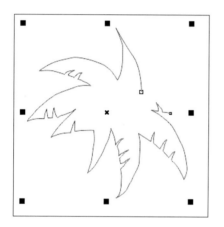

图4-157　绘制图形

02 绘制完成后单击起点，闭合图形，如图4-158所示。

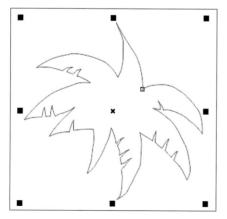

图4-158　闭合图形

03 应用"交互式填充工具"为所绘制的图形填充渐变颜色，把起始点和末尾处分别设置为不同深浅的绿色，如图4-159所示。

图4-159　最终效果

04 继续使用"钢笔工具"绘制出其他的椰树叶图形，并均匀地填充黄绿色，如图4-160所示。

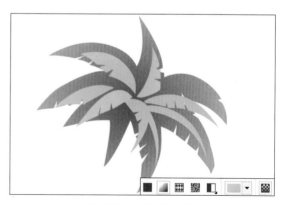

图4-160　绘制黄绿色树叶

05 继续应用"钢笔工具"🖊在图中绘制出椰树的树干部分，并对其进行渐变填充，如图4-161所示。

图4-161　绘制树干

06 调整各图形的大小，连接树叶和树干。使用"椭圆形工具"绘制椰果，并填充渐变颜色，效果如图4-162所示。

图4-162　绘制椰果图形

07 将步骤06所绘制的椰果图形变换至合适大小，然后复制多个图形，放置到页面中的合适位置，如图4-163所示。

图4-163　复制椰果图形

08 按住Shift键的同时，使用"选择工具"单击所有图形，复制图形，并调整复制后图形的大小、位置和角度，如图4-164所示。

图4-164　复制图形

09 使用"钢笔工具"绘制草地轮廓，并填充为绿色。使用"椭圆形工具"绘制出云朵图形，并填充为淡黄色，如图4-165所示。

图4-165　绘制草地和云朵

10 打开"随书资源\04\素材文件\ 31.cdr"，复制并粘贴到前面编辑的椰树图形中，调整图形的顺序，完成本实例的制作，如图4-166所示。

图4-166　最终效果

4.4.5 B 样条工具

"B 样条工具"能够通过设置控制点给曲线造型来绘制曲线，而不需要分成若干线段来绘制。其具体操作方法为：在图中单击确定起点，移动鼠标确认曲线的弯曲方向，然后继续单击并移动鼠标，可绘制出各种曲线造型，如图 4-167 所示。单击起点可闭合图形，如图 4-168 所示。

图4-167 绘制心形图形　　　图4-168 闭合图形

4.4.6 折线工具

"折线工具"用于快速绘制包含交替曲线段和直线段的复杂线条。如果要用"折线工具"绘制曲线段，则在要开始绘制线段的位置单击，然后在绘图页面中进行拖曳，当拖曳到合适的位置后，双击鼠标即完成曲线段的绘制，如图 4-169 所示为绘制曲线组成的图形效果；如果要绘制直线段，则在要开始绘制的位置单击，然后在要结束该线段的位置单击，此时在两点中间就能通过直线连接，如图 4-170 所示即为用"折线工具"绘制的直线图形。

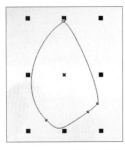 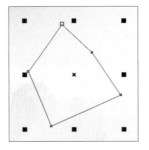

图4-169 绘制弯曲图形　　　图4-170 绘制直线图形

4.4.7 3 点曲线工具

"3 点曲线工具"的主要作用是绘制弯曲的线条图形，也可以将所绘制的图形进行连接，形成闭合的曲线。选取"3 点曲线工具"，在要开始绘制的位置单击，然后将鼠标拖曳至要结束的位置，松开鼠标，再单击并向旁边其他

位置拖曳，即可形成有一定弧度的线条，如图 4-171 所示。绘制闭合的图形时，先绘制其中的弯曲图形，然后在绘制图形的起点处单击，在末尾处再单击并调整弧度，即可形成闭合的图形，如图 4-172 所示。

图4-171 绘制不规则曲线

图4-172 绘制闭合的图形

4.4.8 智能绘图工具

"智能绘图工具"相当于手绘工具，能够自动识别许多形状，如圆形、矩形、箭头、菱形等。使用"智能绘图工具"绘制时，它能对自由的手绘线条重新组织优化，通过自动平滑和修饰曲线，使设计者能够快速、流畅地完成图形的绘制。单击工具箱中的"智能绘图工具"按钮，然后在要绘制图形的位置单击并拖动鼠标，如图 4-173 所示，当拖曳至起点位置时，单击鼠标就能根据鼠标移动的轨迹创建闭合的图形，如图 4-174 所示。

  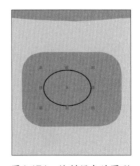

图4-173 单击并拖曳　　　图4-174 绘制闭合的图形

4.5 艺术笔工具

"艺术笔工具"是 CorelDRAW X8 提供的一种具有固定或可变宽度及形状的特殊的画笔工具，可以创建具有特殊艺术效果的图形。在工具箱中选取"艺术笔工具"后，属性栏中将会显示与之相关的参数设置，如图 4-175 所示。

图4-175　"艺术笔工具"属性栏

❶笔的类型："艺术笔工具"属性栏提供了 5 个功能各异的笔形按钮，选择笔形并设置好宽度等选项后，在绘图页面中单击并拖动鼠标，即可绘制出丰富多彩的图形效果。单击"预设"按钮 ，可应用默认的艺术笔形式在图中进行绘制，如图 4-176 所示。单击"笔刷"按钮，可应用所设置的笔刷形状进行绘制，如图 4-177 所示。

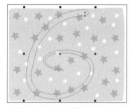
图4-176　绘制预设图形

图4-177　绘制笔刷图形

单击"喷涂"按钮 ，在页面中拖动，可绘制沿线条喷射的一组预设对象，如图 4-178 所示。应用"喷涂"绘制图形时，可以选择不同的喷射图样，如图 4-179 所示为选择小草图样进行绘制的效果。

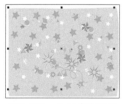
图4-178　绘制喷涂图形

图4-179　绘制草地图形

单击"书法"按钮 ，在页面中拖动可模拟使用压感笔绘制的图形效果，如图 4-180 所示。单击"压力"按钮，可取消模拟压感笔绘制状态，绘制出相同宽度的图案，如图 4-181 所示。

图4-180　绘制书法图形

图4-181　绘制压力图形

❷喷涂类别：喷涂类别下拉列表中包括多种图案类型，如"对象""其他""植物""食物""脚印"等。选择不同的选项，可在右侧的"喷射图样"下拉列表框中选取不同的图案进行绘制。图 4-182～图 4-185 所示分别为选择不同类别所绘制的图案效果。

图4-182　"对象"类别

图4-183　"其他"类别

图4-184　"植物"类别

图4-185　"食物"类别

❸喷射图样：属性栏中的"喷射图样"用于设置所喷涂的不同形状，可以将之前绘制好的喷涂形状更改为其他的图形。方法是应用"选择工具" 选取所绘制的形状，如图 4-186 所示。

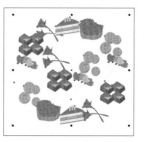
图4-186　绘制喷涂图形

打开"喷射图样"下拉列表，单击其他的图形样式，如图 4-187 所示。即可看到喷涂效果随之发生了改变，如图 4-188 所示。

图4-187　选择其他样式

图4-188　更改后的图形

❹喷涂列表选项：单击属性栏中的"喷涂列表选项"按钮，可以打开"创建播放列表"对话框，如图 4-189 所示。在该对话框中可以编辑所喷涂的图案种类，选择所要编辑的图案，单击"添加"按钮可设置播放列表中的效果。还可以选择要删除的图案，单击"移除"按钮，即可将图案从播放列表中删除。

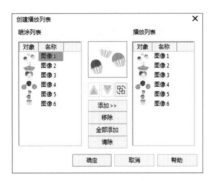

图4-189　"创建播放列表"对话框

❺喷涂对象大小：喷涂对象的大小可以通过在"喷涂对象大小"数值框中输入数值来进行控制。设置数值为 30%，应用在属性栏中所设置的喷涂图形在图中拖动，绘制出较小形状的图形，如图 4-190 所示；设置数值为 50%，绘制的图形变大一些了，如图 4-191 所示；设置数值为 89%，绘制的图形变得更大了，如图 4-192 所示。

图4-190　设置为30%

图4-191　设置为50%

图4-192　设置为89%

❻喷涂顺序："喷涂顺序"下拉列表框中有 3 个选项，分别为"随机""顺序""按方向"。"顺序"通常针对的是喷涂的图案，绘制的预设等效果不能应用此选项进行设置。选择所绘制的喷涂图案，将其喷涂顺序设置为"随机"，所绘制的图案也会随之改变。图 4-193 和图 4-194 所示为设置不同的喷涂顺序时绘制出的图案效果。

图4-193　"随机"排列　　图4-194　"按方向"排列

❼旋转：单击属性栏中的"旋转"按钮，即可打开"旋转角度"面板，在其中可以设置旋转的角度。数值越大，图形旋转的角度越明显，图案效果的差异也就越大。选择所要编辑的图形，设置其"旋转角度"为 50°，可以看到该图案以设置的角度进行了旋转，如图 4-195 所示。

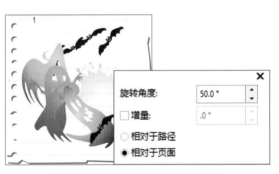

图4-195　"旋转角度"为50°时的效果

设置"旋转角度"为 100°时，喷涂的图案将会沿着新设置的角度进行旋转，如图 4-196 所示。

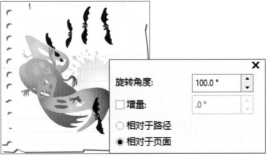

图4-196　"旋转角度"为100°时的效果

❽偏移："偏移"控制的是图案之间的间距，数值越大，图案之间的距离也就越大。如图 4-197 所示，选择喷涂得到的图案，然后在属性栏中单击"偏移"按钮 ⅏，勾选"使用偏移"复选框并设置偏移的数值，即可对图案进行偏移，如图 4-198 所示。

图4-197　默认的图案　　　图4-198　偏移后的图案

边学边练：应用"艺术笔工具"绘制背景图形

使用"艺术笔工具"可以绘制出多种艺术线条及图案。本实例即应用"艺术笔工具"绘制出宽度不一的曲线线条，将线条与绘制的树叶图形组合，并添加装饰效果，制作出背景图形，效果如图 4-199 所示。

图4-199　最终效果

01 启动CorelDRAW X8后，创建一个宽度为600 mm、高度为400 mm的空白文档，如图4-200所示。

图4-200　新建空白文档

02 应用"矩形工具" □绘制一个和页面相同大小的矩形，应用"交互式填充工具" ⧉填充从白色到C0、M80、Y40、K0的渐变色，如图4-201所示。

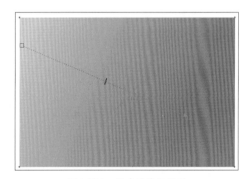

图4-201　创建并填充图形

03 应用"B样条工具"在图中绘制出曲线图形，并为所绘制的图形均匀地填充渐变效果，轮廓线设置为"无"，如图4-202所示。

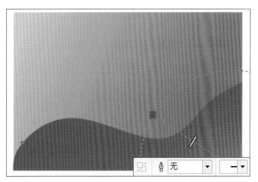

图4-202　创建图形

04 单击工具箱中的"艺术笔工具"按钮↳，在属性栏中单击"预设"按钮⋈，设置宽度值后，运用鼠标在页面中拖动，绘制曲线图形，如图4-203所示。

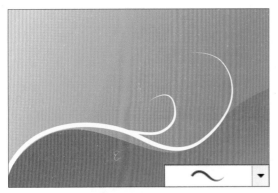

图4-203　绘制图形

05 调整笔触的宽度值和颜色，继续在图中绘制出更多的曲线图形，如图4-204所示。

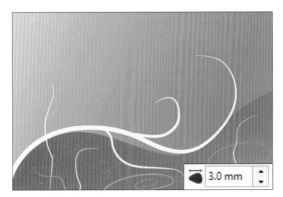

图4-204　绘制更多图形

06 单击"B样条工具"按钮↳，在图中单击并拖动鼠标，绘制出树叶形状，如图4-205所示。

07 将所绘制的树叶图形填充为白色，复制多个图形，并调整图形的大小和位置，将图形放置在曲线的端点处，并更改部分图形的颜色，如图4-206所示。

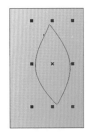 

图4-205　绘制形状　　图4-206　填充并复制图形

08 选择"椭圆形工具"，在图中单击并拖动鼠标，绘制出多个大小不等的正圆，并将所有的圆形填充为白色，去除轮廓，如图4-207所示。

图4-207　绘制圆形

09 应用"基本形状工具"在图中适当的位置绘制出心形图形，并为图形填充和背景图相近的颜色，去除轮廓，如图4-208所示。

图4-208　绘制心形

10 选取并复制心形图形，将图形的颜色调整为较浅的粉红色，然后调整图形的大小和角度，完成本实例的制作，如图4-209所示。

图4-209　调整图形

4.6 度量工具组

CorelDRAW X8 将度量工具提取了出来，组成一个单独的工具组。度量工具组中主要有 5 种工具，分别为"平行度量工具""水平或垂直度量工具""角度量工具""线段度量工具"和"3 点标注工具"，如图 4-210 所示。使用这些工具可对图形中的线段、角进行度量，或者绘制标注箭头等。

╱	平行度量
╚	水平或垂直度量
◿	角度量
⊥	线段度量
⌐	3 点标注(3)

图4-210 度量工具组

4.6.1 平行度量工具

"平行度量工具"用于测量图形中两条平行线之间的距离。单击工具箱中的"平行度量工具"按钮 ╱，在图中需要测量距离的一端单击，然后拖动鼠标到另一端，如图 4-211 所示；单击并移动鼠标，即可测量出这两条平行线之间的距离，如图 4-212 所示。

图4-211 单击并拖动鼠标

图4-212 确认测量

4.6.2 水平或垂直度量工具

"水平或垂直度量工具"用于测量水平或者垂直方向两点之间的长度。在工具箱中单击"水平或垂直度量工具"按钮 ╚，若需要进行水平测量，则在水平方向单击并拖动鼠标，即可测量出两点之间的水平距离，如图 4-213 所示；若需要进行垂直测量，则在垂直方向单击并拖动鼠标即可，如图 4-214 所示。

图4-213 测量水平距离

图4-214 测量垂直距离

4.6.3 角度量工具

"角度量工具"用于测量图形的角度。在工具箱中单击"角度量工具"按钮 ◿，在图中单击鼠标，确认中心位置，然后沿着需要测量的角的一边拖动鼠标，如图 4-215 所示。此时会显示出一条直线，随意移动鼠标到测量的终点，单击鼠标，可显示出测量的角的度数，如图 4-216 所示。

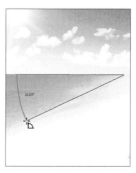
图4-215 拖动鼠标

图4-216 测量角度

4.6.4 线段度量工具

"线段度量工具"专门用于测量线段上节点间的距离。绘制出线段后，单击工具箱中的"线段度量工具"按钮 ⊥，移动鼠标到一条线段上，单击并移动鼠标，如图 4-217 所示；即可测量出该线段的长度，如图 4-218 所示。

图4-217 单击并移动鼠标

图4-218 测量长度

4.6.5　3点标注工具

　　"3点标注工具"是通过应用两段导航线绘制出带箭头的折线,而且可以在线段终点处添加标注文字。单击工具箱中的"3点标注工具"按钮 ☑,在图形中需要添加标注的位置单击,然后移动并单击鼠标,绘制出一条导航线,如图4-219所示;再次移动并单击鼠标,在闪烁的光标处添加标注文字,即可完成标注,如图4-220所示。

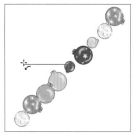

图4-219　单击并拖动鼠标

图4-220　添加标注文字

　　添加标注后,可以对标注的颜色和文字大小等进行调整。图4-221所示为调整标注颜色和文字大小后的效果。

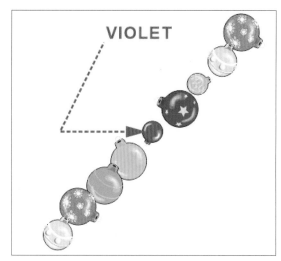

图4-221　调整标注的颜色和文字大小

读书笔记

第5章
对象的基本编辑

前面章节中学习了基础的图形绘制方法，在本章中将主要介绍对象的基本编辑与操作方法，包括仿制和再制对象，撤销、重做与重复，插入对象，图形轮廓的设置等内容。

5.1 对象的常规操作

对象的常规操作是指对图形位置、大小、旋转角度等的基本设置，应用这些操作可以对图形的大小、位置进行变换，但是不会影响图形的填充效果等内容。选择对象是所有操作的基础，要对图形进行操作，首先要做的就是选取图形。更改图形大小可以通过拖曳鼠标的方法来完成，缩放和旋转图形则可以通过鼠标拖曳对象的对角点来实现。

5.1.1 选择对象

选择对象是图形编辑的基础，主要通过"选择工具"来完成。选择对象有选择全部图形、选取单独的对象以及取消选择对象3种方式。

1. 选择全部图形

选择全部图形可以应用"选择工具"在图中拖曳框选所有图形，也可以按下快捷键Ctrl+A或者双击工具箱中的"选择工具"按钮 ▶ 完成这一操作。图5-1所示为打开的素材图像，选择全部图形的效果如图5-2所示。

图5-1 打开素材图形

图5-2 选择全部图形

2. 选择单独的对象

选择单独的对象时，直接应用"选择工具"在要选择的图形对象上单击即可，如图5-3所示。要选择另一对象，应用鼠标单击该图形即可，如图5-4所示。

图5-3 选择左边的人物图形　图5-4 选择右边的人物图形

3. 取消选择对象

取消选取对象主要指的是不选择绘图窗口中的任何图形，对于已选取的图形，可以通过单击空白区域来取消选取，原来出现的控制框会随之消失。图5-5所示为选中中间的人物图形效果，图5-6所示为取消选择后的效果。

图5-5 选择中间人物图形

图5-6　取消选择后的图形

5.1.2　调整对象的大小

调整对象大小是指将所选取的图形放大或者缩小，可以按照缩放后的效果将其分为等比例调整大小和调整至任意大小。这两种效果的区别在于，前一种将图形缩小后不会产生变形，而后一种调整后的图形将会产生变形。

1. 等比例调整大小

等比例调整大小的主要特点是不会影响图形的效果，只会将图形的大小进行变化。将鼠标放置在控制边框的对角点上，按住 Shift 键和鼠标左键的同时，向内或者向外拖动，如图 5-7 所示。向内拖动可以将图形缩小，向外拖动可以将图形放大。图 5-8 所示为向外拖动放大图形的效果。

图5-7　调整图形　　　　图5-8　放大后的效果

2. 任意调整对象大小

任意调整对象大小也是通过鼠标来进行编辑的。移动鼠标到控制边框的中点位置，当鼠标指针变为双向箭头↔时，将图形向内或向外拖曳，如图 5-9 所示。将图形向外拖曳，使图形放大，从图中可以看出编辑后人物图形的比例产生了扭曲，如图 5-10 所示。将图形向内拖曳，可使图形变小。

图5-9　拖曳中间点　　　图5-10　设置后的效果

5.1.3　旋转对象

旋转对象是将所选择的对象按照所设置的角度进行旋转，但是旋转图形对图形本身没有影响。CorelDRAW 中有两种旋转图形的方法。

1. 利用属性栏缩放对象

"选择工具"属性栏中提供了一个"旋转角度"选项，通过应用此选项能够按照指定的角度快速旋转选中的对象。用"选择工具"单击画面中需要旋转的图形，如图 5-11 所示。在"旋转"数值框中输入旋转角度值，按下 Enter 键，即可按输入的数值旋转图像，效果如图 5-12 所示。

图5-11　选中图形

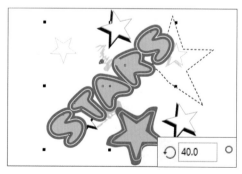

图5-12　旋转后的图形效果

2. 通过拖曳旋转对象

　　除了使用"旋转角度"选项旋转对象，也可以通过鼠标拖曳的方式任意旋转选中的对象。选取所要旋转的对象，单击图形的中点，形成旋转的箭头，如图 5-13 所示，单击并拖曳鼠标，当拖曳到合适的角度后，释放鼠标，就可以完成对象的旋转操作，如图 5-14 所示。

图5-13　旋转并拖曳对象

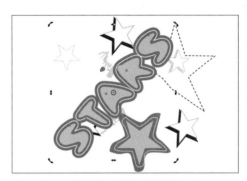

图5-14　旋转后的效果

5.2　仿制和再制对象

　　仿制和再制对象是指对所选择的图形进行复制和变换，得到经过编辑后的新图形，但是图形改变的效果并不明显。常见的有复制对象、再制对象及复制属性等 3 种操作，其中最主要的是再制对象，通过打开"变换"泊坞窗对所选图形的位置等进行编辑和调整，可节省单独操作图形的时间。

5.2.1　认识"变换"泊坞窗

　　"变换"泊坞窗的主要作用是对图形的位置、角度等进行调整，还可以在其余位置或者角度上新生成一个同样的图形，并按照所设置的距离或者角度等进行排列。通过连续应用"变换"泊坞窗再制图形的方法可以制作出多个图形排列的效果。执行"窗口 > 泊坞窗 > 变换 > 位置"菜单命令，如图 5-15 所示，将打开如图5-16 所示的"变换"泊坞窗。

图5-16　"变换"泊坞窗

1. 变换位置

　　变换位置是指将所选择的图形再制或者移动到其他位置，图形的基本属性不发生变化，移动时按照水平或者垂直位置进行移动。首先应用"选择工具"选择所要编辑的图形，如图5-17 所示。打开"变换"泊坞窗，在 X 数值框中设置数值为 25 mm，如图 5-18 所示。

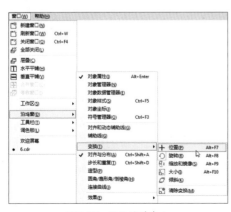

图5-15　执行菜单命令

图5-17　选取图形

图5-18　设置"变换"选项

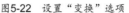

图5-22　设置"变换"选项

图5-23　旋转图形

设置完成后，单击"应用"按钮，可以看到所选图形已按指定距离向右移动，如图 5-19 所示。

图5-19　变换位置后的图形

若在"副本"数值框中输入数值 2，如图 5-20 所示。单击"应用"按钮，即可在原图形右侧新建两个移动相等距离的图形，效果如图 5-21 所示。

图5-20　设置"变换"选项

图5-21　变换后的图形

2. 旋转变换

旋转变换是指将图形以指定的角度旋转，可以单独对指定的图形进行旋转，也可以旋转并再制所选择的图形。选择要旋转的图形，打开"变换"泊坞窗，单击"旋转"按钮 ○，可以设置与旋转相关的选项，设置角度为 40°，如图 5-22 所示。单击"应用"按钮，即可旋转图形，效果如图 5-23 所示。

3. 缩放和镜像

缩放图形可以将原本正常显示的图形通过变换后得到等比例缩放或任意变换的图形。选取所要编辑的图形，打开"变换"泊坞窗，单击"缩放和镜像"按钮 ，设置相应的参数值，如图 5-24 所示。完成后单击"应用"按钮，得到水平方向缩放后的效果，如图 5-25 所示。

图5-24　设置变换的数值

图5-25　变换后的图形

如果同时将水平和垂直都设置为 50°，如图 5-26 所示，则可以得到等比例缩小的新图形，如图 5-27 所示。

图5-26　设置变换的数值

图5-27　等比例缩放图形

镜像图形也可以在"变换"泊坞窗内实现，镜像后可以得到向水平方向或者垂直方向翻转的新图形。选择要镜像的图形，并在"变换"泊坞窗中单击"水平镜像"按钮 ，如图 5-28 所示。再单击"应用"按钮，可以得到在水平方向上翻转后的图形，如图 5-29 所示。

图5-28 单击"水平镜像"按钮　图5-29 水平镜像

单击"垂直镜像"按钮 📄，如图 5-30 所示，则会得到在垂直方向上翻转后的图形，如图 5-31 所示。

图5-30 单击"垂直镜像"按钮　图5-31 垂直镜像

4. 变换大小

变换大小是指将图形在水平方向或者垂直方向上进行收缩或放大，得到变换后的新图形。在"变换"泊坞窗中单击"大小"按钮 📄，设置相关的选项，将 X 的大小设置为 70 mm，如图 5-32 所示。完成后单击"应用"按钮，可以在图中看到再制的图形已经在水平方向上发生了改变，如图 5-33 所示。

图5-32 选项设置　　图5-33 变换后的图形

5. 倾斜变换

倾斜变换是指将所选择的图形按照水平和垂直方向进行倾斜，输入的数值决定了倾斜的度数。打开"变换"泊坞窗，单击"倾斜"按钮，设置 X 为 20°、"副本"为 1，如图

5-34 所示。单击"应用"按钮，得到向左倾斜的图形，如图 5-35 所示。

图5-34 设置倾斜的数值　图5-35 水平倾斜后的图形

如图 5-36 所示，将 Y 设置为 20°，可得到向右倾斜的图形，如图 5-37 所示。

图5-36 设置倾斜的数值　图5-37 垂直倾斜的图形

5.2.2 复制对象

应用"编辑"菜单中的相关命令或者使用"标准"工具栏中的相应按钮来复制对象。首先应用"选择工具"选取要编辑的图形，如图 5-38 所示。单击"标准"工具栏中的"复制"按钮 📄，然后单击"粘贴"按钮 📄，在原图形的位置上将会粘贴一个同样大小的图形，原图无明显变化，如图 5-39 所示。

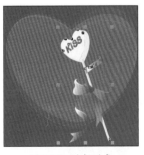 

图5-38 选择对象　　图5-39 复制图形

将所复制的新图形进行旋转操作，放置到页面中合适的位置上，将得到如图 5-40 所示的效果。继续应用同样的方法，可复制出更多

的图形，并排列成合适的形状，效果如图 5-41 所示。

图5-40　变换旋转图形

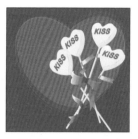

图5-41　复制更多图形

击"应用"按钮，可以在图中显示出再制的新图形，如图 5-44 所示。

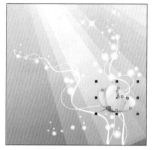

图5-42　选择对象

图5-43　设置参数

5.2.3　再制对象

再制对象是通过"变换"泊坞窗中的"副本"功能在指定的位置上显示出另外相同的图形，它主要是通过复制图形并调整其位置或角度来实现的。其具体操作方法为，应用"选择工具"选择要再制的对象，如图 5-42 所示。打开"变换"泊坞窗，设置 X 为 -20 mm、Y 为 50 mm、"副本"为 1，如图 5-43 所示。设置完成后单

图5-44　再制后的图形效果

边学边练：应用再制对象制作图形背景

使用再制对象的方法可以创建多个相同大小、属性的图形，并且可以制作出由相同图形所组成的背景图形。具体操作过程中，首先绘制出单个图形，通过变换的方法制作出整体图形，然后布满整个画面，最后添加图形效果中的线条和主体图形，完成后的效果如图 5-45 所示。

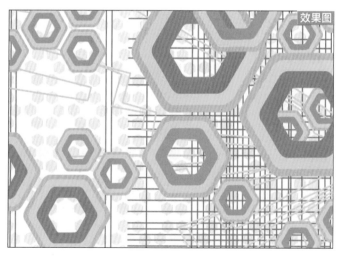

图5-45　图形背景效果

01 启动CorelDRAW X8应用程序后，创建一个空白文档。选择"多边形工具"，在属性栏中设置边数为6，在图中绘制一个六边形，如图5-46所示。

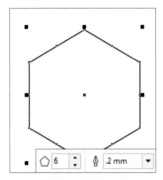

图5-46 绘制六边形

02 复制绘制的六边形，并应用"选择工具"将复制的图形放置到合适的位置，如图5-47所示。

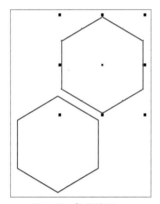

图5-47 复制图形

03 双击复制的图形，并将中心点移动至原图形上，打开"变换"泊坞窗，单击"旋转"按钮，设置"旋转角度"为60°，然后单击"应用"按钮，如图5-48所示。

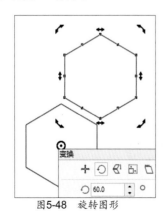

图5-48 旋转图形

04 执行步骤03的操作后，可以对所选择的图形位置进行变换，如图5-49所示。

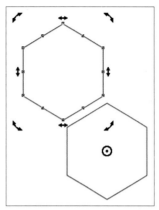

图5-49 变换图形位置

05 在"副本"数值框中设置数值为5，单击"应用"按钮，可以在图中再添加5个相同的多边形，如图5-50所示。

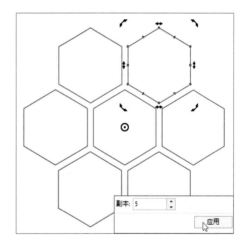

图5-50 再制图形

06 分别选取各个多边形，并为它们填充合适的颜色，如图5-51所示。在属性栏中设置"轮廓宽度"为"无"，去除轮廓线，如图5-52所示。

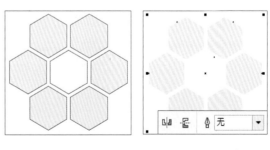

图5-51 填充颜色　　　图5-52 去除轮廓线

07 选取所有图形，并按下快捷键Ctrl+G，群组图形，然后打开"变换"泊坞窗，如图5-53所示。设置X为40 mm，单击"应用"按钮，在原图形右侧再制一个相同的图形，如图5-54所示。

图5-53 设置参数

图5-54 再制图形

08 连续应用"变换"泊坞窗，在页面中再制出多个组合多边形，并排列各个图形的位置，如图5-55所示。

图5-55 排列图形

09 应用"钢笔工具"随意地在图中拖动，绘制出垂直、水平及不规则的线条，并设置不同的轮廓颜色，如图5-56所示。

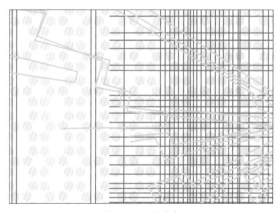

图5-56 绘制线条

10 应用"多边形工具"绘制六边形，单击属性栏中的"转换为曲线"按钮，转换为曲线。应用"形状工具"把六边形的角转换为圆角效果，如图5-57所示。

11 使用"选择工具"选中图形，复制多个图形并调整图形的大小和位置，得到层叠的图形效果，如图5-58所示。

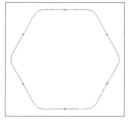

图5-57 转换为圆角效果

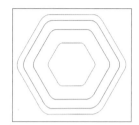

图5-58 复制图形

12 分别选取所绘制的图形，并填充不同的颜色，如图5-59所示。

13 将所填充的图形进行复制和变换，放置到页面中合适的位置上，得到如图5-60所示的图形效果。

图5-59 填充图形

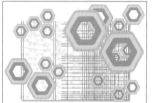

图5-60 复制图形

14 选取填充后的图形，去除轮廓线，并将超出页面边缘的图形修剪掉，完成本实例的制作，如图5-61所示。

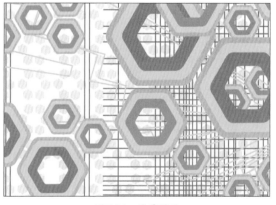

图5-61 修剪图形

5.2.4 复制属性

复制属性是指将所选择的图形填充为和目标对象相同的颜色、轮廓等，对于文字对象，则可以应用目标文字对象的颜色、字体及大小等。复制属性主要在"复制属性"对话框中完成。执行"编辑 > 复制属性自"菜单命令，即可打开"复制属性"对话框。在该对话框中勾选不同的复选框，可以复制不同的属性，如图 5-62 所示。

图5-62 "复制属性"对话框

❶轮廓笔：勾选"轮廓笔"复选框后，可以将所选择的图形轮廓设置为与目标对象相同的轮廓样式和宽度。

❷轮廓色：勾选"轮廓色"复选框后，可以将所选择的图形轮廓设置为和目标对象相同的轮廓颜色。

❸填充：勾选"填充"复选框后，可以将所选择的图形填充为和目标对象相同的颜色。

❹文本属性：勾选"文本属性"复选框后，可以将所选择的文字属性设置为和目标文字的一样，包括文字的颜色和字体。

边学边练：应用复制属性为图形填充颜色

复制属性可以将所打开的任意图形属性应用到目标对象中，包括颜色、轮廓等。本实例即应用这一特性将所打开的图形属性应用到线稿图形中，为线稿图形的各个部分填充不同的颜色，完成线稿图形的上色操作，效果对比如图 5-63 所示。

图5-63 前后效果对比

01 打开"随书资源\05\素材文件\08.cdr、09.cdr"，从图中可以看出该图形未被填充颜色，轮廓为黑色，如图5-64所示。

图5-64 打开素材文件

02

将09.cdr复制到08.cdr的绘图窗口中，选取星形图形，如图5-65所示。执行"编辑>复制属性自"菜单命令，打开"复制属性"对话框，如图5-66所示。

图5-65　选取要填充的图形

图5-66　"复制属性"对话框

03

在对话框中勾选"轮廓笔""轮廓色"和"填充"复选框，鼠标将会变为黑色箭头，用箭头指向粘贴的图形的红色区域，如图5-67所示。

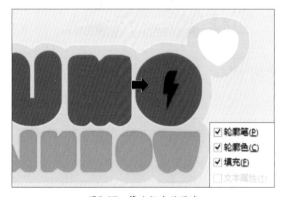

图5-67　箭头指向该区域

04

执行步骤04的操作后，可以将所选择的星形图形填充为和目标对象相同的颜色，并且轮廓线消失不见，如图5-68所示。

图5-68　复制属性

05

应用复制属性的方法，将其他位置的一些图形也填充红色，如图5-69所示。

图5-69　填充红色

06

将其余的一些图形也通过复制属性的方法填充黄色，如图5-70所示。

图5-70　填充黄色

07

继续为局部图形填充蓝色，效果如图5-71所示。

图5-71　填充蓝色

08 选取人物的外形图形，应用复制属性的方法将其填充为黑色，如图5-72所示。

09 选取中间的未填充区域，分别应用复制属性的方法填充合适的颜色，完成本实例的制作，如图5-73所示。

图5-72 填充黑色

图5-73 最终效果

5.3 撤销、重做与重复

　　撤销、重做与重复都是针对图形所做的基础操作，撤销与重做是指在绘制图形时将操作的步骤向前或者向后调整，并重做图形效果；重复动作可以有效地节省时间，对于已经应用过的动作，可以应用重复动作的方法反复对图形进行编辑。

5.3.1 撤销操作

　　撤销可以将图形返回上一步的操作，如果持续应用此操作，可以将图形返回最原始的状态，即未编辑时的状态。下面简单讲解"撤销"命令的基本操作。以删除图像为例，首先应用"选择工具"选取要删除的图形，如图5-74所示。按下 Delete 键，删除选中的图形，如图 5-75 所示。

图5-76 选择相应操作　　　图5-77 撤销后的效果

图5-74 选择图形　　　图5-75 删除选中图形

　　删除图形后，单击"标准"工具栏中的"撤销"下三角按钮，在打开的列表中单击删除图形时的操作，如图 5-76 所示。即可将图形返回选择图形时的状态，已被删除的图形将重新显示出来，如图 5-77 所示。

技巧>>撤销多步操作

　　撤销多步操作可以通过打开撤销列表来进行设置。以绘制图形为例，应用所选择的"星形工具"连续在图中拖动，绘制出多个图形，如图 5-78 所示。打开撤销列表，使用鼠标单击所要返回的操作，如图 5-79 所示。

图5-78 绘制多个五角星　　　图5-79 选择相关操作

返回指定的操作效果，如图 5-80 所示；如果单击最开始创建图形的操作，可以将页面返回最开始的状态，如图 5-81 所示。

图5-80　返回指定操作

图5-81　返回初始状态

5.3.2　重做操作

重做是返回所撤销的相关操作，将制作的效果留在绘图窗口中。前面已经返回删除后的图形，可以通过重做的方法再次将所选择的图形进行删除。如图 5-82 所示，单击"标准"工具栏中的"重做"下三角按钮，再在打开的列表中单击"删除"选项，即可返回删除后的图形效果，如图 5-83 所示。

图5-82　选择要"重做"的操作

图5-83　调整后的图形

5.3.3　重复动作

重复动作就是将所记录的动作重复进行操作，可以连续对图形进行编辑和操作。以前面删除图形的效果为例，应用"选择工具"重新选取一个要删除的图形，如图 5-84 所示。执行"编辑 > 重复删除"菜单命令，如图 5-85 所示。

图5-84　选择图形

图5-85　执行菜单命令

由于重复动作已经记录了删除图形的操作，所以执行命令后，即可将新选择的图形删除，如图 5-86 所示。可以运用同样的方法，再选取其他图形，执行菜单命令，删除更多的图形。

图5-86　重复动作后的结果

5.4　插入对象

插入对象是指在绘图窗口中添加其他程序的图标或者图形，以丰富画面效果，最主要的内容包括插入条形码和插入新对象。插入条形码是指为图形添加不同行业的条形码，对商品进行区别；而插入新对象是在 CorelDRAW 中插入由其他程序创建的文件，并以图标或链接的方式显示出来。

5.4.1　插入条形码

条形码技术是在计算机应用和实践中产生并发展起来的一种广泛应用于商业、邮政、图书管理、仓储、工业生产过程控制、交通等领域的自动识别技术，具有输入速度快、准确度高、成本低和可靠性强等优点，在当今的自动识别技术中占有重要的地位。鉴于条形码的重要作用，在 CorelDRAW X8 中可以通过插入条形码的方法，在图形中添加条形码，此操作主要通过打开并设置"条码向导"对话框来完成。图 5-87 所示为打开的"条码向导"对话框。

图5-87　"条码向导"对话框

边学边练：添加杂志封面上的条形码

条形码的添加是通过"条码向导"对话框来完成的，本实例将学习为杂志封面添加条形码。操作方法为创建新文件，在文件中添加人物图像，并在图像上添加合适的文字信息，得到封面版式效果，再通过"条码向导"中的相关提示在处理好的封面中添加条形码。图 5-88 和图 5-89 所示分别为编辑前后的效果。

图5-88 素材图像

图5-89 杂志封面效果

01 新建空白文档，并使用"矩形工具"绘制一个和页面大小相同的矩形，如图5-90所示。

02 导入"随书资源\05\素材文件\11.jpg"，如图5-91所示。

图5-92 调整图形

图5-93 添加文字

05 应用"文本工具"在图中输入文字，并分别设置为不同的颜色和大小，如图5-94所示。

06 继续用相同方法输入文字，并设置文字的颜色和大小，如图5-95所示。

图5-90 绘制矩形

图5-91 打开素材

03 应用图框精确裁剪的方法将人物图像放置到所绘制的矩形中，如图5-92所示。

04 为封面添加主题，应用"文本工具"输入文字，并将所输入的文字设置为较大字号，颜色设为醒目的黄色，如图5-93所示。

图5-94 输入文字

图5-95 调整文字

07 执行"对象>插入条码"菜单命令，打开"条码向导"对话框，选择所添加条形码的行业并输入条形码上的数值，如图5-96所示。设置完成后，单击"下一步"按钮。

图5-96　设置条形码参数

08 在弹出的对话框中设置条形码的粗细、宽度等，如图5-97所示。设置完成后，单击"下一步"按钮。

图5-97　设置参数

09 继续在"条码向导"对话框中设置参数，如图5-98所示。

图5-98　设置参数

10 设置完成后，单击"完成"按钮，即可在页面中添加所设置的条形码，如图5-99所示。

图5-99　生成条形码

11 选取所添加的条形码，将其变换到合适大小，并放置到页面底部的左侧位置，如图5-100所示。

12 应用工具箱中的"基本形状工具"在图中绘制出心形图形，并填充不同的颜色，如图5-101所示。

图5-100　调整条形码　　图5-101　绘制心形

13 将心形图形放置到页面中合适的位置，调整图形的顺序，将红色心形图形放置于文字下方，完成本实例的制作，如图5-102所示。

图5-102　最终效果

5.4.2 插入新对象

插入新对象是指在 CorelDRAW X8 绘图窗口中插入由其他程序创建的文件，可以将插入的新对象以图标或链接的方式在窗口中显示。其具体操作方法为，首先执行"对象 > 插入新对象"菜单命令，打开"插入新对象"对话框。在该对话框中选择所要插入的对象类型，如图 5-103 所示；或者选中"由文件创建"单选按钮，选择创建文件的路径，如图 5-104 所示。

图5-103　选择对象类型

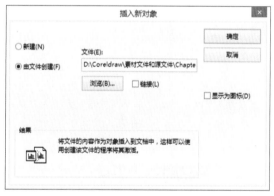

图5-104　选择创建文件的路径

在"插入新对象"对话框中可以将存储的文件导入。选中"由文件创建"单选按钮，选择要创建的文件的路径后，勾选对话框中的"显示为图标"复选框，单击"更改图标"按钮，如图 5-105 所示。

图5-105　勾选"显示为图标"复选框

打开"更改图标"对话框，对添加的图标进行重新设置，如图 5-106 所示，设置后单击"确定"按钮，返回"插入新对象"对话框，在对话框中将显示新的图标效果，如图 5-107 所示，单击此"确定"按钮，即能完成新对象的插入操作。

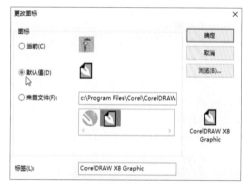

图5-106　选择要更改的图标

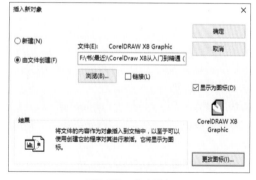

图5-107　更改图标

5.5　图形轮廓的设置

图形轮廓的设置主要包括 3 个方面，分别为图形轮廓样式的设置、轮廓宽度的设置及轮廓颜色的设置。在 CorelDRAW X8 中，可以通过"轮廓笔"对话框对轮廓的样式及颜色等进行设置，而且"轮廓色"工具也可以用于设置图形的轮廓颜色。

5.5.1　轮廓工具组

　　轮廓工具组中包括多种有关图形轮廓的操作。初次安装 CorelDRAW 软件时，在工具栏中未显示轮廓笔工具组，需要单击工具箱下方的"快速自定义"按钮 ⊕，在展开的列表中勾选"轮廓展开工具栏"复选框，勾选后在工具栏最下方就能看到"轮廓笔"工具。单击工具栏中的"轮廓笔"按钮 ✎，即可展开该工具组，包括设置画笔和颜色的相关工具，也可以直接选择设置宽度的工具，如图 5-108 所示。

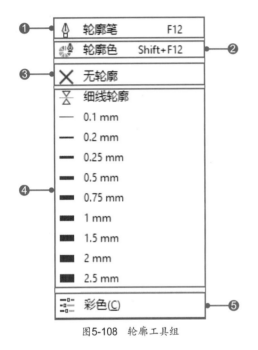

图5-108　轮廓工具组

　　❶轮廓笔：单击打开"轮廓笔"对话框，对图形轮廓进行编辑。

　　❷轮廓色：单击打开"选择颜色"对话框，设置图形轮廓的颜色。

　　❸无轮廓：去除所选择的图形的轮廓。

　　❹预设轮廓宽度：将图形的轮廓设置为预设的宽度。

　　❺彩色：单击打开"颜色泊坞窗"。

5.5.2　"轮廓笔"工具

　　单击工具箱中"轮廓笔"按钮 ✎，在打开的工具组中单击"轮廓笔"按钮 ✎，可打开"轮廓笔"对话框；也可以通过按 F12 键打开"轮廓笔"对话框。在该对话框中可以设置图形轮廓的颜色、宽度及样式等，如图 5-109 所示。

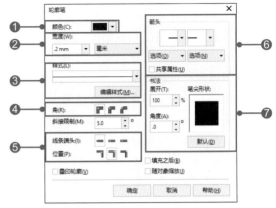

图5-109　"轮廓笔"对话框

　　❶颜色：用于设置纯色的轮廓，单击"颜色"右侧的下三角按钮 ⊡，在展开的下拉列表中可设置新的颜色。

　　❷宽度：用于设置图形轮廓的宽度，可直接通过设置数值的方法进行编辑。

　　❸样式：用于设置图形轮廓的样式，可在"样式"下拉列表中选择预设样式，也可以单击"编辑样式"按钮自定义轮廓线样式。

　　❹角：用于设置轮廓节点处的形状，有 3 种选项可供选择。

　　❺线条端头：用于设置线条起始端点的样式，有 3 种选项可供选择。

　　❻箭头：用于为所绘制的线条的末端或者起始处添加箭头图形，可以选择任意所需的箭头形状。勾选"共享属性"复选框后，可以让起始箭头和终止箭头具有相同的大小、偏移、旋转角度和方向等。

　　❼书法：主要用于将轮廓设置为书法效果，并对笔尖的形状重新进行设置。

5.5.3　"轮廓色"工具

　　"轮廓色"工具主要用于对轮廓设置颜色，但所选择的图形必须已经添加图形轮廓。如果图形没有轮廓，则不能使用"轮廓色"工具对轮廓颜色进行设置。在轮廓工具组中单击"轮廓色"按钮 ✎，即可打开"选择颜色"对话框，如图 5-110 所示。

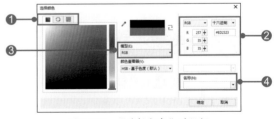

图5-110　"选择颜色"对话框

❶模型 / 混合器 / 调色板：单击不同的标签，将展开不同的选项卡，用于对所选路径或轮廓线的颜色进行进一步的编辑设置。

❷组件：组件设置区域可以直接输入相应的颜色值来设置所需颜色。

❸模型：单击"模型"下三角按钮，在展开的下拉列表中可选择所使用的色彩模式，如 CMYK、RGB 等。

❹名称：可以直接选择其下拉列表中的预设颜色名称。

如果需要对图形的轮廓色进行更改，首先选取要设置的图形，如图 5-111 所示。应用"轮廓色"工具打开"选择颜色"对话框，在对话框中单击或输入颜色，如图 5-112 所示。设置完成后单击"确定"按钮，即可完成轮廓色的设置。

图5-111 选择图形

图5-112 改变轮廓颜色

边学边练：制作多种轮廓的图形

制作多种轮廓的图形主要应用设置轮廓的"轮廓笔"对话框。通过绘制线条或者图形的工具在页面中的合适位置绘制图形，然后在"轮廓笔"对话框中对图形轮廓的颜色、样式等进行设置，制作出各种样式和颜色的图形轮廓，效果如图 5-113 所示。

图5-113 最终效果

01 新建一个空白文档，并绘制和页面大小相同的矩形，选择"交互式填充工具"，在选项栏中单击"渐变填充"按钮，再单击"椭圆形渐变填充"按钮，为图形填充渐变效果，如图5-114所示。

02 应用"钢笔工具"和"形状工具"绘制出弯曲的图形，绘制效果如图5-115所示。

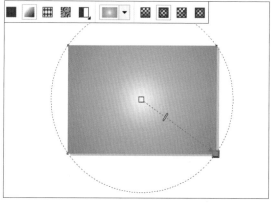

图5-114 填充渐变色

图5-115 绘制弯曲的图形

03 分别为所绘制的图形填充不同的颜色，再绘制出更多的图形，如图5-116所示。

图5-116 填充颜色并绘制更多图形

04 继续应用"选择工具"选取所绘制的图形，分别为其填充不同的颜色，如图5-117所示。

图5-117 为图形填充颜色

05 选取所绘制的图形，按下快捷键Ctrl+G，群组选取的图形。单击工具箱中的"透明度工具"按钮，在属性栏中设置透明度为30，如图5-118所示。

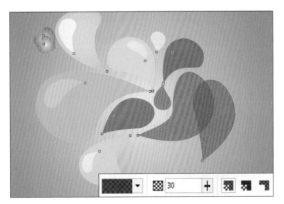

图5-118 设置透明度

06 继续在图中的其他位置绘制弯曲的图形，并分别变换图形的角度和大小，如图5-119所示。

图5-119 绘制弯曲的图形

07 分别选取步骤06所绘制的图形，为其填充不同的颜色，并放置到页面中合适的位置，如图5-120所示。

图5-120 为图形填充颜色

08 应用"椭圆形工具"在图中连续拖动，绘制出多个椭圆图形，如图5-121所示。

09 选取步骤08所绘制的图形，并单击属性栏中的"合并"按钮，对图形进行合并，如图5-122所示。

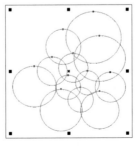 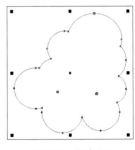

图5-121 绘制椭圆形　　　图5-122 合并图形

10 绘制中间的线条图形。用"2点线工具"绘制一条直线，如图5-123所示。

图5-123 绘制直线

11 按F12键，打开"轮廓笔"对话框。在该对话框中设置需要的轮廓宽度和样式，如图5-124所示。

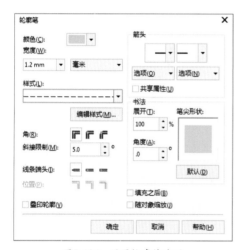

图5-124 设置轮廓笔选项

12 设置完成后单击"确定"按钮，将直线的轮廓线设置为虚线效果，如图5-125所示。

图5-125 转换轮廓线效果

13 打开"变换"泊坞窗，设置X值为5.0 mm，"副本"为36，如图5-126所示。单击"应用"按钮，再制更多线条，如图5-127所示。

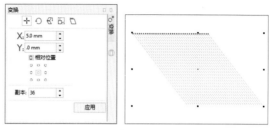

图5-126 设置"变换"选项　　图5-127 再制虚线

14 将再制的线条编组，执行"对象>Power Clip>置于图文框内部"菜单命令，在组合的圆形中间单击，将绘制的线条放置到合并的椭圆图形中，再将图形放置到合适的位置，如图5-128所示。

图5-128 将线条置于合并的椭圆形中

15 选中图形，在属性栏中设置"轮廓宽度"为"无"，去除轮廓线，并调整图形顺序，将其置于下层，如图5-129所示。

图5-129 去除轮廓线

16 继续用"钢笔工具"在图中的其他位置绘制线条，分别将线条设置为不同的颜色和样式，完成本实例的操作，如图5-130所示。

图5-130　最终效果

边学边练：绘制卡通摩天轮

绘制图形后，通过对图形的轮廓线和颜色进行设置，再对各种图形进行组合排列，可制作出各种有趣的图形。绘制卡通摩天轮时，通过应用"轮廓笔"和"轮廓色"工具，对绘制的正圆图形等进行设置，然后对图形进行组合，最终制作出色彩鲜艳的卡通图形，效果如图5-131所示。

图5-131　最终效果

01 创建新文档，绘制和页面大小相同的矩形，应用"交互式填充工具"填充渐变色，如图5-132所示。

02 应用"钢笔工具"和"形状工具"绘制出闭合的不规则图形，如图5-133所示。

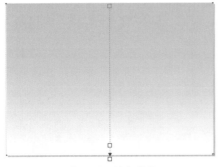

图5-132　填充图形

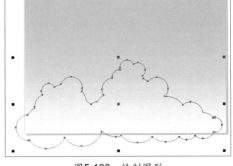

图5-133　绘制图形

03 将所绘制的图形填充为白色，并在属性栏中设置"轮廓宽度"为"无"，去除图形的轮廓线，如图5-134所示。

图5-134　填充图形

04 选择"椭圆形工具",在图中拖曳鼠标,绘制两个同心圆,如图5-135所示。

05 使用"选择工具"选取绘制的两个圆形,单击"修剪"按钮🖳,对图形进行修剪操作。使用"交互式填充工具"对修剪后的图形进行填充,并将图形的轮廓去除,如图5-136所示。

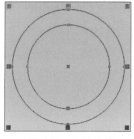 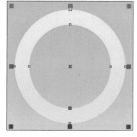

图5-135 绘制圆形　　　　图5-136 填充图形

06 使用"椭圆形工具"在图中适当的位置绘制一个较小的圆形,并填充为灰色,如图5-137所示。

07 使用"2点线工具"在图中绘制出6条交叉的灰色直线,如图5-138所示。

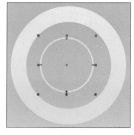 

图5-137 绘制灰色图形　　　图5-138 绘制直线

08 继续使用"椭圆形工具"在图中绘制一个正圆,并使用"交互式填充工具"为其填充渐变色,如图5-139所示。

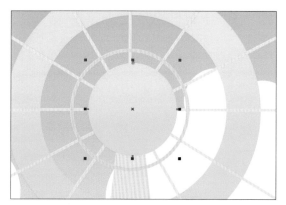

图5-139 填充渐变色

09 使用"钢笔工具"绘制出不规则的多边形形状,并填充为白色,如图5-140所示。

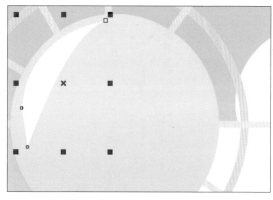

图5-140 绘制图形并填充颜色

10 单击"透明度工具"按钮🔲,然后在属性栏中对各项参数进行设置,使图形呈现半透明效果,如图5-141所示。

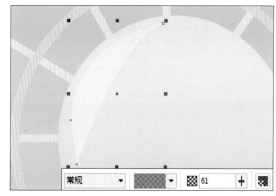

图5-141 设置图形的透明度

11 继续使用"钢笔工具"在图中绘制梯形图形,并填充渐变色,如图5-142所示。

12 使用"选择工具"选取多个图形,执行"对象>顺序>到页面前面"菜单命令,调整图形之间的顺序,如图5-143所示。

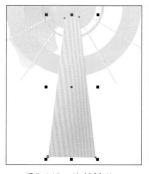 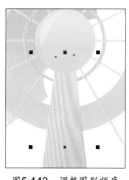

图5-142 绘制梯形　　　图5-143 调整图形顺序

13 继续使用"钢笔工具"在图中绘制多边形图形，填充为白色，并调整其"透明度"为85，如图5-144所示。

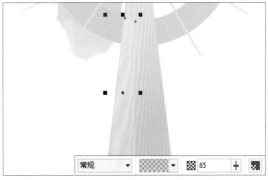

图5-144 绘制图形并调整透明度

14 使用"矩形工具"在摩天轮的支撑柱上绘制出多个小矩形，并填充为浅灰色，如图5-145所示。

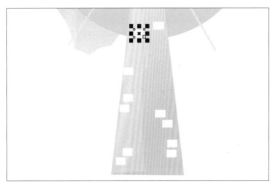

图5-145 绘制图形

15 使用"椭圆形工具"在图中拖曳鼠标，绘制出一个正圆图形，并将其填充为紫色，如图5-146所示。

16 使用"钢笔工具"绘制一个不规则图形，并为其填充较深的颜色，如图5-147所示。

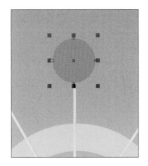

图5-146 绘制圆形

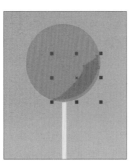

图5-147 绘制阴影

17 继续使用"钢笔工具"在图中的其他位置绘制出窗户图形，并填充颜色，如图5-148所示。

18 使用"钢笔工具"绘制出一个不规则图形，填充为白色，并调整其透明度，再使用"椭圆形工具"绘制出一个小的正圆图形，并填充渐变色，如图5-149所示。

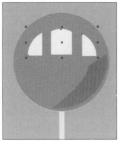

图5-148 绘制窗户

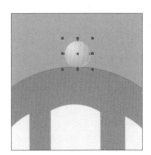

图5-149 绘制圆形

19 使用相同的方法，在图中绘制出更多的正圆图形，并填充不同的颜色，完成本实例的制作，如图5-150所示。

图5-150 最终效果

第 6 章
组织和控制对象

组织和控制对象主要是指对象的顺序调整、对齐 / 分布、运算、群组、合并 / 拆分、锁定等操作。通过这些操作，可以调整对象之间的堆叠关系以改变画面效果，可以快速让对象在页面上整齐、均匀地排布，可以以多个图形为基础组合或修剪出新的图形，可以将多个对象作为一个整体来方便地同时移动、变形等，还可以将对象冻结以防止误操作。

6.1 对象的顺序

对象的顺序是指多个对象的堆叠顺序，通过设置顺序可以改变对象之间的相互遮挡关系，从而获得不同的画面效果。改变对象顺序时，可以以页面、图层或其他对象为基准。

6.1.1 页面与对象的顺序

页面与对象的顺序主要包括"到页面前面"和"到页面背面"两种情况。这两种情况都用于调整所选择对象和页面之间的关系，即将选择对象移到当前页面所有其他对象前面或移到当前页面所有其他对象后面。

1. 到页面前面

"到页面前面"命令是将选定对象移到页面上所有其他对象的前面。其具体操作方法为：选择要编辑的图形，如图 6-1 所示，从"对象管理器"泊坞窗中可以看出所选择的图形位于"图层 2"最底层，如图 6-2 所示。

图6-1 选择图形

图6-2 查看图形位置

右击鼠标，在弹出的快捷菜单中执行"顺序 > 到页面前面"菜单命令，如图 6-3 所示。执行菜单命令后，"卡通形象 1"对象被移至"图层 2"图层最上层，亦即当前页面的最上层，如图 6-4 所示。

图6-3 执行菜单命令

图6-4 调整顺序效果

2. 到页面背面

"到页面背面"命令是将选定对象移到页面上所有其他对象的后面。应用"选择工具"单击要编辑的图形，如图 6-5 所示，可以看出该图形位于"页面 1"所有对象的最前面，如图 6-6 所示。

图6-5 选择图形

图6-6 查看图形位置

执行"对象 > 顺序 > 到页面背面"菜单命令，将所选择的"卡通形象 3"对象移至"页面 1"中所有对象的最下面，同时将此对象移到了下一图层中，如图 6-7 所示，效果如图 6-8 所示。

图6-7　查看移动后的位置

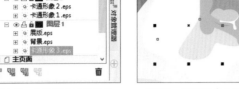

图6-8　调整顺序效果

6.1.2　图层与对象的顺序

图层与对象的顺序是将对象在同一个图层中的顺序进行变换，或者将对象移动到其他图层，相关命令包括"到图层前面""到图层后面""向前一层"和"向后一层"。

1. 到图层前面

"到图层前面"命令是将选定对象移到活动图层上所有其他对象的前面。此调整只在同一图层中进行。应用"选择工具"选取要编辑的图形，如图6-9所示。在"对象管理器"泊坞窗中查看图层，如图6-10所示。

图6-9　选择图形

图6-10　查看图层

执行"对象 > 顺序 > 到图层前面"菜单命令后，可以将所选图形放置到当前图层的最上方，如图6-11所示。如图6-12所示，在"对象管理器"泊坞窗中可以看到图形被放置到了最上方，之前被遮挡的部分此时显示出来了。

图6-11　执行菜单命令

图6-12　查看图层

2. 到图层后面

"到图层后面"命令是将选定对象移到活动图层上所有其他对象的后面，与"到图层前面"相同，只在同一图层中调整对象顺序。选择要编辑的车子图形，如图6-13所示。右击鼠标，在弹出的快捷菜单中执行"顺序 > 到图层后面"命令，如图6-14所示。即可将车子图形移动到当前图层的最下方，被其他图形遮挡，如图6-15所示。在"对象管理器"泊坞窗中显示了调整后的顺序，如图6-16所示。

图6-13　选中图形

图6-14　执行菜单命令

图6-15　调整顺序效果

图6-16　查看图层

3. 向前一层

"向前一层"命令是将选定的对象向前移动一层。如果选定对象位于活动图层上所有其他对象的前面，则将移到活动图层上方的图层中去。选中要编辑的图形，如图6-17所示。右击图形，在弹出的快捷菜单中执行"顺序 > 向前一层"命令，即可将所选择的图形向前移动一层，并将后面一层的图形遮住，如图6-18所示。

图6-17　选取图形

图6-18　调整顺序效果

4. 向后一层

"向后一层"命令是将选定的对象向后移动一层。如果选定对象位于活动图层上所有其他对象的后面，则将会移到活动图层下方的图层中去。首先选取要移动的图形，如图6-19所示。右击鼠标，在弹出的快捷菜单中执行"顺序>向后一层"命令，所选图形将向后移动一层，并被原先位于其后面的图形遮住，如图6-20所示。在"对象管理器"泊坞窗中可清楚地看到图形的顺序变化。

图6-19　执行菜单命令　　图6-20　调整顺序效果

6.1.3　两个对象之间的顺序

两个对象间的顺序是指前后顺序的变换是以其中一个对象为参照物，将另一个对象放置到该对象的前一层或者后一层，顺序的变换只限于这两个对象，而不会影响其他对象。常用的命令为"置于此对象前"和"置于此对象后"。

1. 置于此对象前

"置于此对象前"命令是将选定对象移到在绘图窗口中单击的对象的前面。其具体操作方法为：应用"选择工具"选择要调整顺序的图形，如图6-21所示。执行"对象>顺序>

置于此对象前"菜单命令，如图6-22所示。

图6-21　选中图形　　　　图6-22　执行菜单命令

执行菜单命令后，鼠标将会变为黑色箭头，如图6-23所示。使用该箭头单击目标对象，即可将前面选择的图形移动到目标对象的前面，如图6-24所示。

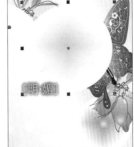

图6-23　单击对象　　　　图6-24　调整顺序效果

2. 置于此对象后

"置于此对象后"命令是将选定对象移到在绘图窗口中单击的对象的后面。其具体操作方法为，应用"选择工具"选择要调整顺序的图形，如图6-25所示。执行"对象>顺序>置于此对象后"菜单命令，如图6-26所示。

图6-25　选中图形　　　　图6-26　执行菜单命令

执行菜单命令后，鼠标将会变为黑色箭头，如图6-27所示。使用该箭头单击目标对象，即可将前面选择的图形放置到目标对象的后面，如图6-28所示。

图6-27　单击对象

图6-28　调整顺序效果

边学边练：调整两个图形之间的顺序

调整两个图形之间的顺序主要是指将图形向前或者向后移动。选择对象后，执行相应的菜单命令，即可对图形之间的顺序进行调整，前后对比效果如图 6-29 和图 6-30 所示。

图6-29　编辑前

图6-30　编辑后

01 启动CorelDRAW X8应用程序后，按下快捷键Ctrl+O，打开"随书资源\06\素材文件\05.cdr"，如图6-31所示。

02 使用"选择工具"单击人物图形，如图6-32所示。

03 执行"对象>顺序>置于此对象前"菜单命令，如图6-33所示。

04 鼠标变为黑色箭头，使用箭头单击遮住人物的星光图形，如图6-34所示。

图6-31　打开素材文件

图6-32　选中人物图形

	到页面前面(F)	Ctrl+主页
到页面背面(B)	Ctrl+End
到图层前面(L)	Shift+PgUp
到图层后面(A)	Shift+PgDn
向前一层(O)	Ctrl+PgUp
向后一层(N)	Ctrl+PgDn
置于此对象前(I)...	
置于此对象后(E)...	
逆序(R)	

图6-33　执行菜单命令

图6-34　单击目标对象

05 执行步骤04的操作后，即可将人物图形放置到不规则图形的上方，如图6-35所示。

06 应用"选择工具"单击绘图窗口中的空白区域，取消选取图形，完成后的效果如图6-36所示。

图6-35 调整图形顺序　　　图6-36 最终效果

6.2 对齐与分布对象

对齐与分布对象主要用于设置页面中图形之间的位置，包括图形之间的对齐方式和图形在页面中的分布位置。对齐方式要通过设置对齐选项进行设置，分布方式要通过设置分布选项进行设置，这两种操作都可以在"对齐与分布"泊坞窗中实现。

6.2.1 "对齐与分布"泊坞窗

对象的对齐与分布操作均可以通过"对齐与分布"泊坞窗中的按钮或选项来设置。执行"对象>对齐和分布>对齐与分布"菜单命令，即可打开"对齐与分布"泊坞窗，如图6-37所示。"对齐与分布"泊坞窗中各个选项的作用如下。

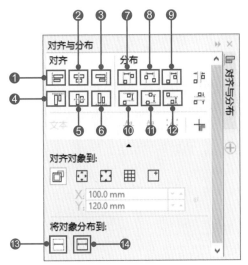

图6-37 "对齐与分布"泊坞窗

❶**左对齐**：对齐对象的左边缘。
❷**水平居中对齐**：水平对齐对象的中心。
❸**右对齐**：对齐对象的右边缘。
❹**顶端对齐**：对齐对象的顶端。
❺**垂直居中对齐**：垂直对齐对象的中心。
❻**底端对齐**：对齐对象的底边。

❼**左分散排列**：从对象的左边缘起以相同间距排列对象。
❽**水平分散排列中心**：从对象的中心起以相同间距水平排列对象。
❾**右分散排列**：从对象的右边缘起以相同间距排列对象。
❿**顶部分散排列**：从对象的顶边起以相同间距排列对象。
⓫**垂直分散排列中心**：从对象的中心起以相同间距垂直排列对象。
⓬**底部分散排列**：从对象的底边起以相同间距垂直排列对象。
⓭**选定的范围**：将对象分布排列在包围这些对象的方框内。
⓮**页面范围**：将对象分布排列在整个页面上。

6.2.2 对象的对齐

对象的对齐主要是指将所选择的图形按照一定的规则进行正确排列，常见的对齐方式有6种，分别为"左对齐""右对齐""顶端对齐""底端对齐""水平居中对齐"和"垂直居中对齐"。各种对齐方式的效果和具体操作方法如下。

1. 左对齐

左对齐是对齐方式中最常见的一种，应用"左对齐"命令可以将图形对齐对象的左边缘。首先选择要对齐的对象，如图6-38所示。

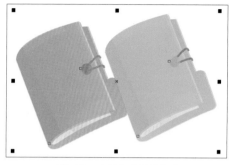

图6-38　选择要对齐的图形

　　然后执行"对象>对齐和分布>左对齐"菜单命令，如图 6-39 所示。即可将选中图形按照左对齐的方式进行排列，如图 6-40 所示。

图6-39　执行菜单命令

图6-40　对齐后的效果

2. 右对齐

　　右对齐的效果和左对齐相似，都是将图形向一侧对齐，只是"左对齐"命令是将图形向左边移动，而"右对齐"命令是将图形向右边移动，并且图形的右边缘都在垂直方向上。

3. 顶端对齐

　　"顶端对齐"命令是将所选择的图形进行顶部对齐，也就是使图形的顶部位于一条水平线上，图形将会以首先选择的图形对象为标准进行对齐。应用"选择工具"将所要对齐的图形都选取，如图 6-41 所示。执行"对象>对齐和分布>顶端对齐"菜单命令，即可将所选图形顶部对齐，如图 6-42 所示。

图6-41　选择要对齐的图形

图6-42　对齐后的效果

4. 底端对齐

　　"底端对齐"命令是将所选择的对象底部放置到一条水平线上，将底部对齐。其具体操作方法为：选取要对齐的图形，如图 6-43 所示。执行"对象>对齐和分布>底端对齐"菜单命令，即可将图形底端对齐，如图 6-44 所示。

图6-43　选择对象　　　　图6-44　对齐后的效果

5. 水平居中对齐

　　"水平居中对齐"命令是指将图形在水平位置上对齐成一条直线，图形的上下位置不一定一致，但中心点都在一条水平线上。其具体操作方法为：选取所要编辑的图形，如图 6-45 所示。

图6-45　打开并选中对象

执行"对象>对齐和分布>水平居中对齐"菜单命令，如图 6-46 所示。执行该命令后，即可将所有图形在水平方向上居中对齐，如图 6-47 所示。

图6-46 执行菜单命令

图6-47 对齐后的效果

6. 垂直居中对齐

"垂直居中对齐"命令和"水平居中对齐"命令的操作方法和原理类似。将要编辑的图形都选中，如图 6-48 所示。

图6-48 选中要对齐的图形

执行"对象>对齐和分布>垂直居中对齐"菜单命令，如图 6-49 所示。图形将在垂直方向上居中对齐，此时右侧的图形向左侧移动，使对齐后的图形在一条垂直线上，如图 6-50 所示。

图6-49 执行菜单命令　图6-50 对齐后的效果

技巧>>同时应用多种对齐方式

可以同时应用多种对齐方式对图形进行编辑。打开要编辑的素材图形，应用"选择工具"将要编辑的图形同时选取，如图 6-51 所示。

图6-51 打开素材文件

执行"对象 > 对齐和分布 > 对齐与分布"菜单命令，打开"对齐与分布"泊坞窗，如图 6-52 所示。在该泊坞窗中单击多种对齐方式按钮，即可将图形按照所设置的对齐方式进行排列，如图 6-53 所示。

图6-52 设置对齐方式　图6-53 设置后的效果

6.2.3 对象的分布

对象的分布是指所选择的图形在页面中排列位置的变换，常见的分布方式有 3 种，分别为"在页面居中""在页面水平居中"和"在页面垂直居中"。从分布上来看，主要对图形与页面之间的关系进行设置，可以将图形按照设置的分布规律放置到页面中。

1. 在页面居中

"在页面居中"是常见的图形分布方式，可以将页面中其他位置上的图形通过在页面居中的方法，将图形的中心点和页面的中心点重合，聚集观者的视线。其具体操作方法为：应用"选择工具"选取所要放置到中心位置的图形，如图 6-54 所示。执行"对象 > 对齐和分布 > 在页面居中"菜单命令，将所选择的图形放置到页面的中心位置，如图 6-55 所示。注意要选取群组后的图形，单独的某个图形放置到中心位置后会影响原图形的整体效果。

图6-54 打开并选择图形

图6-55 居中后的效果

2. 在页面水平居中

"在页面水平居中"命令可以将选中的所有图形在水平方向上与页面对齐，并使对象中心与页面中心对齐。其具体操作方法为：应用"选择工具"选取所要编辑的图形，如图 6-56 所示。执行"对象 > 对齐和分布 > 在页面水平居中"菜单命令，即可将所选图形移动到页面中居中的位置，并且将所有图形的中心与页面中心对齐，如图 6-57 所示。

图6-56 选取图形

图6-57 水平居中后的效果

3. 在页面垂直居中

"在页面垂直居中"命令是将图形的中心点与页面的中心点放在一条垂直线上，但是图形在水平方向上不一定位于页面的中心位置，只是保持垂直方向一致。选择要移动的图形，如图 6-58 所示。执行"对象 > 对齐和分布 > 在页面垂直居中"菜单命令，即可将图形移动到页面中心的垂直线上，如图 6-59 所示。

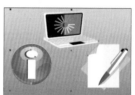
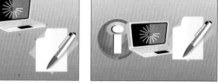

图6-58 选中图形

图6-59 垂直居中后的效果

边学边练：将页面中的图形对齐

把页面中杂乱的图形通过设置摆放整齐可以获得更为整洁美观的画面效果。操作方法为：同时选取要调整顺序和位置的图形，打开"对齐与分布"泊坞窗，单击泊坞窗中对应的按钮，即可将图形按照所设置的位置移动，前后对比如图 6-60 所示。

图6-60 编辑前后的对比效果

01 启动CorelDRAW X8，按下快捷键Ctrl+O，打开"随书资源\06\素材文件\14.cdr"，如图6-61所示。

02 按住Shift键并单击背景图形和草地图形，同时选取这两个图形，如图6-62所示。

图6-61 打开素材文件　　　图6-62 选取图形

图6-65 选取图形　　　图6-66 单击对齐按钮

03 执行"对象>对齐和分布>对齐与分布"菜单命令，打开"对齐与分布"泊坞窗，在泊坞窗中单击"底端对齐"按钮 ⬚，如图6-63所示。

07 在泊坞窗中设置完成后，即可看到草丛图形和背景图形对齐了，效果如图6-67所示。

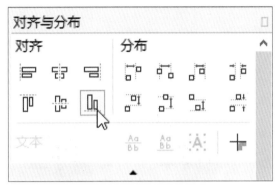

图6-63 单击"底端对齐"按钮

04 在泊坞窗中设置完成后，即可看到将草地图形和背景图形底部对齐了，效果如图6-64所示。

图6-67 设置后的效果

08 选中左侧的草丛和背景图形，如图6-68所示，单击"底端对齐"按钮，对齐左侧的草丛和背景图形，如图6-69所示。

图6-68 选择要对齐的对象　　　图6-69 对齐后的效果

图6-64 设置后的效果

09 应用"选择工具"选中左侧的草丛图像，执行"对象>顺序>向前一层"菜单命令，如图6-70所示，让草丛置于花朵和草地之间，效果如图6-71所示。

05 应用"选择工具"同时选取绿色的草丛图形和背景图形，如图6-65所示。

06 打开"对齐与分布"泊坞窗，再次单击"底端对齐"按钮 ⬚，如图6-66所示。

图6-70 执行菜单命令　　　图6-71 设置后的效果

6.3 对象的运算

对象的运算是指通过对多个图形之间的编辑，将所绘制的图形进行合并、修剪等操作。通过运算可以将多个图形合成一个图形，也可以将所选择的图形从一个图形中剪去，形成新的图形。

6.3.1 合并对象

合并对象是将所选择的多个矢量图形合并为一个图形对象，合并后的图形共用一个轮廓线，并且合并后图形的颜色也相同。其具体操作方法为：应用"选择工具"选取多个要合并的图形，如图6-72所示。单击属性栏中的"合并"按钮 🔄，即可将图形合并为一个图形，如图6-73所示。

图6-72 选取图形　　　图6-73 合并后的效果

合并后图形的边缘添加了多个合并的节点，如图6-74所示。合并的图形越多，产生的节点也就越多。

图6-74 查看合并图形上的节点

将绘制的图形与位图进行合并时，所选择的图形边缘将显示为位图的边缘，即无轮廓，并且填充图形的颜色也显示为无。其具体操作方法为，选取绘制的图形和位图，如图6-75所示。单击属性栏中的"合并"按钮，如果后选择的是位图图像，从得到的最终效果中可以看出图形的颜色和轮廓都不再显示，变为透明的，如图6-76所示。

图6-75 选择图形　　　图6-76 后选择位图的效果

如果后选择的是矢量图形，则合并后的图形和矢量图形相同，如图6-77所示。

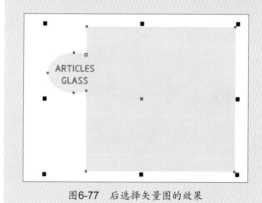

图6-77 后选择矢量图的效果

边学边练：应用合并对象制作图标

本实例应用合并对象的方法，将所绘制的多个图形合并为一个图形，制作图标效果。首先绘制图标的底部颜色，应用"钢笔工具"和"交互式填充工具"为图形填充底色，然后添加图案，完成后的图形效果如图6-78所示。

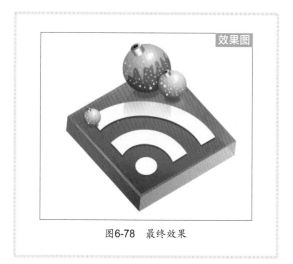

图6-78 最终效果

01 启动CorelDRAW X8应用程序后，创建一个合适大小的横向页面，并应用"钢笔工具"在图中拖曳，绘制出不规则图形，如图6-79所示。

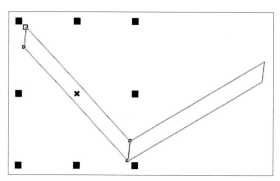

图6-79 绘制图形

02 应用"交互式填充工具"分别为所绘制的图形填充渐变色，如图6-80所示。

图6-80 填充渐变色

03 继续应用"钢笔工具"在图中绘制出多个不规则图形。分别选取不同的图形，应用"交互式填充工具"对图形进行填充，如图6-81所示。

04 对其余边缘的轮廓也应用前面讲述的绘制图形的方法绘制出来，填充颜色后，应用"透明度工具"对图形进行编辑，设置半透明效果，如图6-82所示。

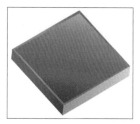
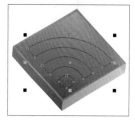

图6-81 填充图形　　　　图6-82 设置透明度

05 应用"钢笔工具"绘制图形，并用"形状工具"将绘制的图形调整为平滑的曲线，如图6-83所示。

06 应用"选择工具"将刚才所绘制的不规则图形同时选中，单击属性栏中的"合并"按钮，将其合并为一个图形，如图6-84所示。

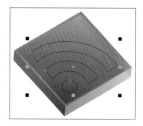

图6-83 绘制图形　　　　图6-84 合并图形

07 将合并后的图形填充为白色，然后在属性栏中设置"轮廓宽度"为"无"，如图6-85所示。

08 复制步骤07中的图形，为其填充深红色，放置到白色图形的底部，并移动到合适位置，制作为投影效果，如图6-86所示。

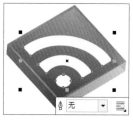

图6-85 填充图形　　　　图6-86 制作投影

09 应用"椭圆形工具"绘制出多个圆形图形，如图6-87所示。

10 应用"交互式填充工具"为步骤09所绘制的图形分别填充渐变色，如图6-88所示。

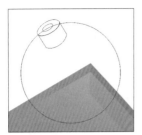

图6-87　绘制图形

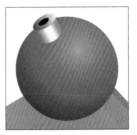

图6-88　填充图形

图6-93　设置选项

图6-94　转换为位图

11 在圆形图形上用"贝塞尔工具"绘制不规则的装饰图形，并结合"交互式填充工具"对其填充渐变，如图6-89所示。

12 与绘制红色装饰图形的方法相同，绘制一个绿色的装饰图形，并缩放到合适大小，如图6-90所示。

16 执行"位图＞模糊＞高斯式模糊"菜单命令，打开"高斯式模糊"对话框，设置"半径"为3像素，如图6-95所示。

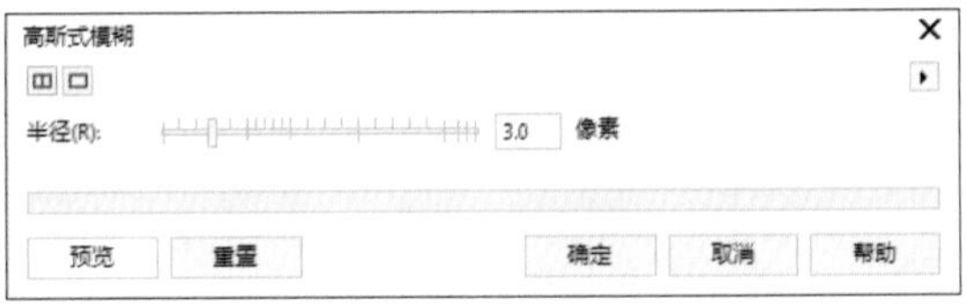

图6-95　"高斯式模糊"对话框

17 设置完成后单击"确定"按钮，模糊图像，效果如图6-96所示。

18 选取前面所绘制的球体图形的外形，将其复制后放置到图中适当的位置，并向后移动一层，如图6-97所示。

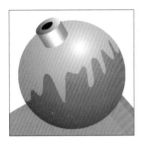

图6-89　绘制不规则图形

图6-90　绘制圆形

13 应用"椭圆形工具"在图中连续拖曳，绘制出不同大小的圆形，并将绘制的图形进行合并后填充上相同的颜色，如图6-91所示。

14 继续使用相同的方法，在红色的圆球上也添加小圆装饰，效果如图6-92所示。

图6-96　应用滤镜模糊图像

图6-97　复制图形调整位置

19 选择"透明度工具"，运用鼠标单击并拖曳，为下方的圆球设置渐变的透明效果，如图6-98所示。

20 应用步骤19的方法，为绿色圆球也设置渐变的透明效果，如图6-99所示。

图6-91　绘制圆形

图6-92　添加小圆

15 选取所有绘制的圆形图形，执行"位图＞转换为位图"菜单命令，在弹出的对话框中设置"分辨率"为300 dpi，如图6-93所示。即可将图形转换为位图，如图6-94所示。

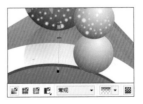

图6-98　设置透明效果

图6-99　设置透明效果

21 应用"椭圆形工具"绘制椭圆形，置于图形下方作为投影，并参考步骤16的操作，设置"高斯式模糊"效果，如图6-100所示。

22 应用步骤21的操作，在图中适当的位置绘制其他的投影，完成本实例的制作，如图6-101所示。

图6-100 绘制投影 　　　图6-101 最终效果

技巧>>合并图形后颜色的变化

打开要编辑的图形，应用"选择工具"选择要合并的图形，然后单击属性栏中的"合并"按钮 ，即可合并所选图形。合并图形后的颜色和后选择图形的颜色相同。打开"随书资源 \06\ 素材文件 \17.cdr"，如图6-102 所示。

图6-102 打开的素材图形效果

应用"选择工具"选择图形，先选择浅黄色图形，后选择橙色图形，则合并后的图形颜色为橙色，如图 6-103 所示；如果先选择橙色图形，后选择浅黄色图形，则合并后的图形颜色为浅黄色，如图 6-104 所示。

图6-103 后选择橙色图形的合并效果

图6-104 后选择浅黄色图形的合并效果

6.3.2 修剪对象

修剪对象是以一个目标对象为参照物，将超出此范围的图形进行修剪，修剪后的图形会沿着参照物形成新的形状。修剪的对象可以是矢量图形，也可以是位图，其操作方法基本相同。打开所要修剪的图形，并应用"矩形工具"绘制矩形，如图 6-105 所示。选取所要修剪的圆形图形和矩形图形，单击属性栏中的"修剪"按钮 ，即可修剪掉被矩形图形遮住的圆形图形区域，如图6-106 所示。对于其他位置的图形，也可以按照同样的方法进行修剪，最后得到边缘整齐的图形。

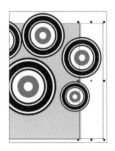

图6-105 绘制矩形 　　　图6-106 修剪后的效果

6.3.3 相交对象

相交对象可以得到两个图形相交的中间区域。首先调节两个图形之间要交叉的区域，然后应用"选择工具"将两个图形都选取，如图6-107 所示。单击属性栏中的"相交"按钮 ，即可得到相交后的新图形，如图 6-108 所示。

图6-107 选择相交的对象 　　图6-108 相交后的效果

新图形可应用"选择工具"进行移动，并且可以应用调色板为图形填充不同的颜色，如图 6-109 所示。

图6-109 移动相交的图形

边学边练：应用相交对象组合复杂的图形

相交对象是对所选择图形的相交区域进行识别，得到新的图形，而原图形不会被改变。通过应用相交对象，可以制作较为复杂的图形。本实例即通过创建相交的图形，将图形制作为简洁的卡通图像效果。具体操作方法为：选取所要相交的图形，并单击"相交"按钮，生成新图形，然后对新生成的图形进行颜色、轮廓填充等操作，效果如图6-110所示。

图6-110　最终效果

01　启动CorelDRAW X8应用程序后，新建一个A4尺寸的横向空白文档。使用"B样条工具"在图中随意绘制两个相交的图形，如图6-111所示。

02　选取"选择工具"，同时选取所绘制的图形，然后单击属性栏中的"相交"按钮，如图6-112所示。

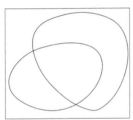
图6-111　绘制图形

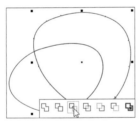
图6-112　设置相交

03　通过步骤02的操作，得到了新的图形，然后对图形进行颜色填充，如图6-113所示。

04　使用"选择工具"分别选择绘制的图形，并为各图形填充不同的颜色，如图6-114所示。

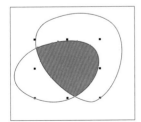
图6-113　填充图形

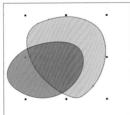
图6-114　填充图形

05　使用"B样条工具"绘制一个椭圆图形，填充为黄色，并将其放置于最底层，如图6-115所示。

06　使用"选择工具"选取两个图形，单击"相交"按钮，生成新图形，并为新图形填充颜色，如图6-116所示。

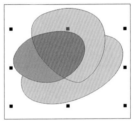
图6-115　绘制图形

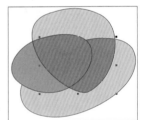
图6-116　填充图形

07　使用相同的方法，为所有图形的相交部分填充颜色，如图6-117所示。

08　单击工具箱中的"B样条工具"按钮，拖曳鼠标绘制一个图形，如图6-118所示。

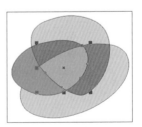
图6-117　填充颜色

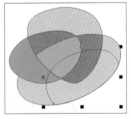
图6-118　绘制图形

09　使用相同的方法，通过单击"相交"按钮，创建相交图形，然后对图中各相交区域的颜色进行设置，如图6-119所示。

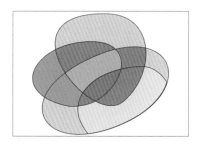

图6-119 填充颜色

10 选取所有图形，按下快捷键Shift+F12，打开"选择颜色"对话框。在该对话框中设置轮廓色为白色，如图6-120所示。

图6-120 设置轮廓颜色

11 在属性栏中设置"轮廓宽度"为0.75 mm，调整轮廓线的粗细，效果如图6-121所示。

12 使用相同的方法绘制出更多的相交图形，并将绘制的图形调整为树冠的形状，如图6-122所示。

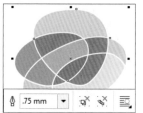

图6-121 设置"轮廓宽度"

图6-122 绘制组合图形

13 使用"钢笔工具"绘制出树木的枝干和下方的地平线部分，并分别填充不同的颜色，如图6-123所示。

图6-123 填充图形

14 使用"钢笔工具"在图中绘制两条曲线，并将曲线的颜色设置为灰色，如图6-124所示。

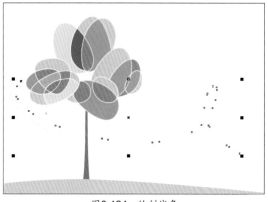

图6-124 绘制线条

15 使用之前绘制树冠的方法，绘制出更多的图形作为装饰，并调整图形的大小和位置，如图6-125所示。

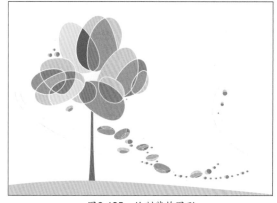

图6-125 绘制装饰图形

16 使用"文本工具"在页面下方输入相应文字，并为其设置合适的字体和颜色，如图6-126所示。

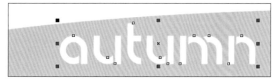

图6-126 输入文字

17 使用"3点矩形工具"绘制与页面相同大小的矩形，使用"交互式填充工具"填充渐变色，并放置到图形后面作为背景，如图6-127所示。

图6-127　添加背景

6.3.4　简化对象

简化对象是指修剪对象中重叠的区域，使图形产生镂空效果。其具体操作方法为：应用"选择工具"选取将要简化的图形，如图6-128所示。单击属性栏中的"简化"按钮 ⟍，即可对对象进行简化，删除矩形与目标图形的重叠区域，简化后的图形颜色不会改变，移除矩形后，效果如图6-129所示。此操作同样适用于位图图像。

图6-128　选取图形

图6-129　简化后的效果

6.3.5　移除对象

移除对象包括移除后面对象和移除前面对象。移除后面对象是将选取的多个图形相减，并将后面的图形移除，得到相减后的新图形；移除前面对象是将选取的多个图形相减，并将前面的图形移除，得到相减后的新图像。其具体操作方法为：首先应用"选择工具"选取要移除的图形，如图6-130所示。

图6-130　选取图形

单击属性栏中的"移除后面对象"按钮 ⟍ 或"移除前面对象"按钮 ⟍，即可删除多余的图形，得到新图形。图6-131所示为移除后面对象得到的图形效果，图6-132所示为移除前面对象得到的图形效果。

图6-131　移除后面对象　　　　图6-132　移除前面对象

边学边练：应用移除对象制作背景图形

本实例通过绘制图形并将图形从另一个图形中减去，得到新图形，制作成辐射状条纹效果，然后应用"交互式填充工具"为得到的新图形填充渐变色，最后添加花纹和文字，组成完整的图形效果，如图6-133所示。

图6-133　最终效果

01 启动CorelDRAW X8应用程序，创建一个横向的页面，并应用"钢笔工具"绘制一个三角形图形，如图6-134所示。

02 执行"窗口 > 泊坞窗 > 变换 > 旋转"菜单命令，打开"变换"泊坞窗。在该泊坞窗中对相关参数进行设置，单击"应用"按钮，如图6-135所示。

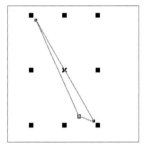

图6-134 绘制图形　　　图6-135 设置参数

03 在图中旋转复制出了多个三角形图形，如图6-136所示。

04 继续在"变换"泊坞窗中设置相关参数，完成后单击"应用"按钮，如图6-137所示。

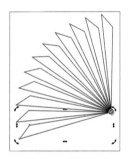

图6-136 绘制图形　　　图6-137 设置参数

05 通过步骤04的操作，在图中复制出了更多的图形，将所有图形组合为一个圆形，如图6-138所示。

06 使用"选择工具"选取所有的图形，然后单击"合并"按钮，将图形进行组合，如图6-139所示。

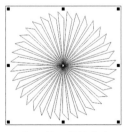
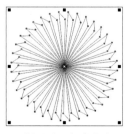

图6-138 复制图形　　　图6-139 合并图形

07 选择"椭圆形工具"，在图中绘制出一个正圆形，选取所有图形，如图6-140所示。

08 在属性栏中单击"移除后面对象"按钮，移除多余的图形，如图6-141所示。

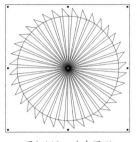
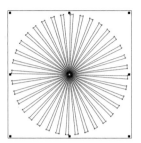

图6-140 选中图形　　　图6-141 移除图形

09 选择"交互式填充工具"，为图形填充渐变效果，如图6-142所示。

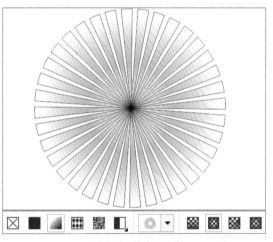

图6-142 填充渐变色

10 单击"轮廓笔"按钮并按住鼠标左键不放，释放鼠标后，在打开的列表中选择"无轮廓"，如图6-143所示，去除图形轮廓，效果如图6-144所示。

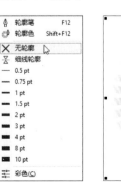
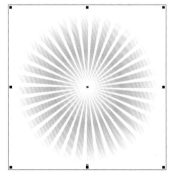

图6-143 选择"无轮廓"　　　图6-144 去除轮廓

11 打开"随书资源\06\素材文件\21.cdr",复制后粘贴到前面新建的绘图窗口中,如图6-145所示。

图6-145 导入素材

12 使用"文本工具"在图中适当的位置添加文字效果,完成本实例的制作,如图6-146所示。

图6-146 添加文字

6.3.6 创建边界

创建边界主要是指在图层上的选定图形周围添加一个新的边界图形,新生成的图形将应用默认的填充和轮廓属性。单个图形和位图图像不能创建边界效果。

当需要为图形创建边界时,应用"选择工具"选取所要编辑的多个图形,然后单击属性栏中的"创建边界"按钮 ,即可在图形的边缘上生成一个新的边界图形;对于群组的对象,需要先解散群组,如图6-147所示,然后再单击属性栏中的"创建边界"按钮 ,创建边界图形。创建边界图形后,可以应用"选择工具"选取新生成的图形,调整其位置,便于查看生成的图形效果,如图6-148所示。

图6-147 选取图形   图6-148 新生成的轮廓

6.4 对象的群组操作

对象的群组操作主要包括群组对象及解散群组,可以通过属性栏中相应的按钮来完成,也可以通过直接按快捷键的方法来完成。群组对象可以整体地移动变换图形,以避免遗漏其中较小的图形,而解散群组后可以对单个的图形对象重新进行编辑。这两种操作都不会影响原图形效果,反而更便于对图形的操作。

6.4.1 群组对象

群组对象是指将所有选择的图形组成一个整体,可以对整体图形的大小及位置进行移动和编辑,便于复杂图形的编辑和变换。其具体操作方法为,使用"选择工具"将所要群组的对象选取,如图6-149所示。单击属性栏中的"组合对象"按钮 ,或者按下快捷键Ctrl+G,将图形进行群组,群组后的效果如图6-150所示。

图6-149　选中需要群组的图形

图6-150　选中群组后的所有图形

边学边练：应用群组对象将图形进行群组

　　群组对象可以将所有要编辑的图形进行编组，可对群组后的图形进行整体移动等操作，为较复杂图形的制作提供了便捷。本实例中即为使用图形绘制工具绘制图形，并通过编组的方法制作背景效果，最终效果如图6-151所示。

图6-151　绘制图形效果

01 新建一个纵向的空白文档，应用"矩形工具"创建与页面相同大小的圆角矩形，并填充合适的渐变色，如图6-152所示。

02 继续使用"矩形工具"在图中绘制边框较粗的白色圆角矩形框，如图6-153所示。

图6-152　填充渐变色

图6-153　绘制矩形框

03 单击"星形工具"按钮☆，在图中适当的位置绘制一个五角星，并填充为红色，如图6-154所示。

04 继续使用该工具在红色五角星上绘制一个较小的五角星，并将其填充为黄色，如图6-155所示。

图6-154　绘制红色五角星

图6-155　绘制黄色小五角星

05 应用"钢笔工具"在图中绘制出一个弯曲的闭合图形，并填充为黄色，如图6-156所示。

06 使用相同的方法，在五角星的周围绘制出更多的条状图形，并分别填充不同的颜色，如图6-157所示。

图6-156　绘制黄色条状图形

图6-157　绘制多个条状图形

07 使用"选择工具"选取绘制出的多个图形，单击"组合对象"按钮，群组对象。复制多个该图形，并调整各个图形的大小、角度和位置，如图6-158所示。

08 使用"钢笔工具"在图中绘制出多条曲线，并将曲线的颜色设置为黄色，如图6-159所示。

图6-158 复制群组图形   图6-159 绘制曲线

09 选择"星形工具"，在属性栏中设置各项参数后，在图中绘制出多个星形图形，并将其颜色设置为黄色，如图6-160所示。

图6-160 设置并绘制星形

10 打开"随书资源\06\素材文件\24.cdr"，复制后粘贴到前面新建的绘图窗口中，如图6-161所示。

11 选择"椭圆形工具"，在图中适当的位置绘制出多个正圆图形，为其填充不同的颜色，并将所绘制的圆形图形进行群组，如图6-162所示。

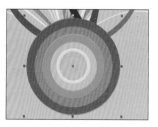

图6-161 导入素材文件   图6-162 绘制圆形

12 使用相同的方法，绘制出更多的正圆图形，并调整各个图形的颜色、大小和顺序，如图6-163所示。

图6-163 重复绘制圆形

13 使用"钢笔工具"绘制出一个酒杯图形，填充为白色，在属性栏中设置"轮廓宽度"为0.75 mm，并更改轮廓颜色，得到如图6-164所示的图形效果。

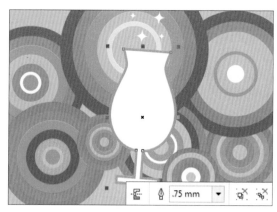

图6-164 绘制酒杯图形

14 使用同样的方法，在适当位置绘制出另外两个酒杯图形，如图6-165所示。

图6-165 绘制另外的酒杯图形

15 选择"星形工具",拖曳鼠标绘制多个白色星形装饰图形,完成本实例的制作,如图6-166所示。

图6-166　最终效果

6.4.2　解散群组

解散群组是指将群组的对象变为单个的图形对象,有两种不同的类型,一种为取消群组,另一种为取消全部群组。

1.　取消群组

取消群组是指将群组对象拆分为单个对象或组,其他未被选中的群组图形会保持群组状态。取消群组时,先应用"选择工具"单击所打开的素材图形,从图中可以看出被选中的图形外框有 8 个控制方块,说明被选中的图形是群组状态,如图 6-167 所示。

图6-167　选中已群组的图形

单击属性栏中的"取消组合对象"按钮 ✍,将群组解散,如图 6-168 所示。解散群组后,可以对单个对象及群组的图形对象进行单独编辑。

图6-168　取消群组后的图形

2.　取消全部群组

取消全部群组是指将群组的对象全部解散,拆分为多个单一对象,便于对单个对象进行操作。具体操作方法为:选取已经群组的图形,单击属性栏中的"取消组合所有对象"按钮 ✍,即可取消全部群组,如图 6-169 所示。

图6-169　取消全部群组后的图形

取消全部群组后,可以应用"选择工具"选取其中任意一个图形,如图 6-170 所示。此时可以调整选中图形的颜色及轮廓等,应用"交互式填充工具"更改填充颜色后得到的效果如图 6-171 所示。

图6-170　选择单个图形

图6-171　更改图形颜色

技巧>>取消全部群组后移动单个图形

取消全部群组后的图形可以单独进行编辑。首先打开并选取要取消群组的图形，单击"取消组合所有对象"按钮 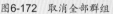，将所有图形拆分为单个的图形，如图 6-172 所示。应用"选择工具"选取单个的图形对象，并移动其位置，如图 6-173 所示。此时不会影响其他的图形。

图6-172 取消全部群组　　图6-173 移动单个图形

6.5　合并与拆分

合并对象是将所选择的图形进行组合，位图图像不能合并，只能对矢量图形进行合并。合并后的新对象具有选择的最后一个对象的填充和轮廓属性。拆分是合并的相反操作，将合并后的对象拆分为原来未合并时的多个图形，但是颜色不会发生变化。

6.5.1　合并对象

合并对象的操作方法为：应用"选择工具"选取多个要合并的对象，如图 6-174 所示，再单击属性栏中的"合并"按钮 即可。合并对象可以将两个图形都填充为一种颜色，而且颜色和后选择图形的颜色相同，相交区域会变为白色，新轮廓为两个图形轮廓的总和，如图 6-175 所示。用此功能合并的对象还可以拆分，而用对象运算功能合并的对象不可拆分。

6.5.2　拆分对象

拆分对象是将合并后的图形还原，如果合并时所选择的图形为 3 个，拆分后的图形对象同样也是 3 个，图形颜色和拆分前的颜色相同。具体操作方法为：选择已合并的图形，如图 6-176 所示。单击属性栏中的"拆分"按钮 ，即可将图形进行拆分。拆分后，可应用"选择工具"选取其中任一图形进行移动，如图 6-177 所示。

 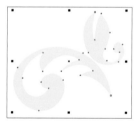 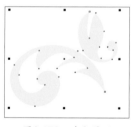 

图6-174 选取图形　　图6-175 合并后的图形　　图6-176 选取图形　　图6-177 移动图形

6.6　锁定与解锁

锁定对象后，不能再对图形的属性、位置及颜色等进行编辑。如果需要再对图形进行编辑，则需要先通过解除锁定的方法将图形解锁。

6.6.1　锁定对象

锁定对象是将不需要编辑的图形选取后进行锁定，锁定后的图形对象不能移动，也不能进行其他操作，所以锁定对象常用于暂时不被编辑的图形对象。其具体操作方法为，选择所要锁定的图形,如图 6-178 所示。右击鼠标,在弹出的快捷菜单中执行"锁定对象"命令,如图 6-179 所示。

图6-178 选择图形

图6-179 执行菜单命令

锁定后的图形周围会出现 8 个锁形图标,表示该图形已被锁定,如图 6-180 所示。

图6-180 锁定后的图形

此时对未被锁定的对象进行编辑,锁定图形均不会受影响,如图 6-181 所示。另外,还可以按 Delete 键将未锁定的对象删除,此时页面中将只会剩下已锁定的对象,图形的周围会显示出清晰的锁形图标,如图 6-182 所示。

图6-181 拖曳其他图形

图6-182 删除其他图形

6.6.2 解除锁定对象

解除锁定对象是针对锁定对象的操作,解除锁定后可以重新对图形进行编辑。其具体操作方法为:选择锁定的图形对象,右击鼠标,在弹出的快捷菜单中执行"解锁对象"命令,即可解除锁定,如图 6-183 所示。

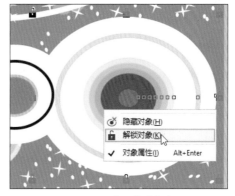

图6-183 执行菜单命令

解除锁定后,可以应用"选择工具"选取解除锁定的对象,将图形的位置进行移动,如图 6-184 所示。

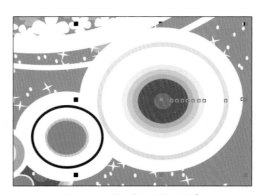

图6-184 移动解除锁定的对象

第7章
图形的高级编辑

图形的高级编辑是指对图形轮廓进行进一步延伸，通过变换和设置将其制作成复杂的轮廓图形。本章主要学习形状工具组的应用、节点的编辑、裁剪工具组和封套工具的使用。从工具的用途上来说，形状工具组使用率较高，应用该工具组中的工具可以对图形轮廓进行编辑，而节点的编辑是图形调整的基础，应该将其作为学习的重点。

7.1 自由变换工具

"自由变换工具"主要是对图形的形状、大小、角度等进行调节。单击"选择工具"按钮右下角的黑色三角形图标，在展开的工具栏中选择"自由变换工具"，在其属性栏中可以选择工具组中所包含的4种工具，分别为"自由旋转""自由角度反射""自由缩放"和"自由倾斜"。下面对各工具的具体使用方法和操作后的效果进行介绍。

7.1.1 自由旋转

"自由旋转"工具的主要作用是将图形进行旋转。单击工具箱中的"自由变换工具"按钮 🔁，然后单击属性栏中的"自由旋转"按钮 🔄，选取所要编辑的图形，并按住鼠标左键在图中拖曳，如图7-1所示。释放鼠标后，可以将图形放置到所旋转的角度上，旋转后的图形只是角度会产生变化，图形效果不会产生变化，如图7-2所示。

图7-1 旋转图形

图7-2 旋转后的效果

7.1.2 自由角度反射

使用"自由角度反射"工具镜像后的图像效果不产生变化，只是以鼠标位置为圆心将图像进行翻转，而原图像在一条水平线上。其具体操作方法为，选取"自由变换工具"，然后单击"自由角度反射"按钮，在页面中单击并拖曳图形，如图7-3所示。图形会以所单击的

点为对称点，在另一边产生镜像后的图形，如图7-4所示。

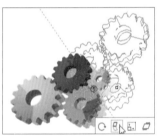
图7-3 确定对称点

图7-4 翻转后的图形

7.1.3 自由缩放

"自由缩放"工具可以使选中图形的形状产生变化。使用该工具对图形进行调整时，可以将所选择的图形在水平或垂直方向上任意拖曳，产生新的图形效果。将选择的图形向左拖曳，如图7-5所示，变形后的图形效果如图7-6所示。

图7-5 拖曳图形

图7-6 变形后的图形

7.1.4 自由倾斜

"自由倾斜"工具通过确定倾斜轴位置，然后拖曳倾斜轴来倾斜对象。选取要编辑的图形，单击属性栏中的"自由倾斜"按钮 ，使用该工具在原图上单击确认中心点并随意拖曳，如图 7-7 所示。倾斜后的图形效果如图 7-8 所示。

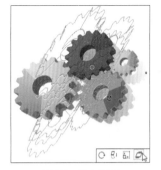

图7-7 拖曳图形

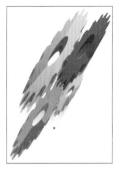
图7-8 倾斜后的效果

7.2 形状工具组

形状工具组中包含 8 种工具，分别为"形状工具""平滑工具""涂抹工具""转动工具""吸引工具""排斥工具""沾染工具"和"粗糙工具"，如图 7-9 所示。使用这些工具可以对图形的轮廓、形状等进行编辑。其中，只有"形状工具"可以对位图图像进行编辑。

图7-9 形状工具组

7.2.1 形状工具

"形状工具"的主要作用是对绘制的图形进行形状和轮廓的编辑和调整。该工具不仅可以应用于矢量图形，还可以对位图的形状进行编辑和调整。应用"形状工具"编辑未转换为曲线的图形时，可以直接对其轮廓进行设置。首先选取所绘制的矩形图形，如图 7-10 所示，然后应用"形状工具"拖曳图形四周的节点，如图 7-11 所示。

拖曳后即可看到矩形图形的转角变为了弧形，效果如图 7-12 所示。

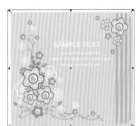
图7-10 选择图形

图7-11 拖曳边缘

图7-12 调整后的图形效果

边学边练：应用"形状工具"制作花纹图形

"形状工具"的主要作用是可以任意调整图形的形状，将图形在直线和曲线之间进行转换。本实例通过变换的方法制作出完整的花朵图形，分别为所绘制的花朵填充颜色，并使用相同的方法，再绘制心形和线条图形，创建更丰富的背景图案。图形对比效果如图 7-13 所示。

图7-13 编辑前后的对比效果

01 启动CorelDRAW X8应用程序，新建一个空白文档，使用"钢笔工具"绘制一个不规则的三角形，如图7-14所示。

02 选取"形状工具"，单击属性栏中的"转换为曲线"按钮，然后单击三角形上方的两个节点，将线段转换为曲线，通过调整控制柄更改曲线形状，设置后的效果如图7-15所示。

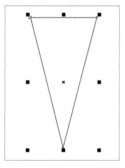

图7-14 绘制图形　　　　图7-15 调整曲线

03 选取并单击图形，拖动图形的旋转中心点至图形的底部位置，如图7-16所示。

04 打开"变换"泊坞窗，设置旋转的角度为30°、"副本"为11，如图7-17所示。设置完成后，单击"应用"按钮。

图7-16 移动中心点　　　　图7-17 设置参数

05 再制图形并对其进行旋转，得到一个完整的花朵图形，如图7-18所示。

06 选取绘制的花朵图形，单击属性栏中的"合并"按钮，合并图形。复制多个合并的花朵图形，并调整其位置和大小，如图7-19所示。

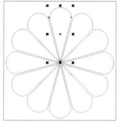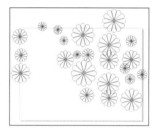

图7-18 再制图形　　　　图7-19 复制图形

07 双击工具箱中的"矩形工具"按钮，创建一个和页面相同大小的矩形，应用"交互式填充工具"为其填充合适的渐变色，如图7-20所示。

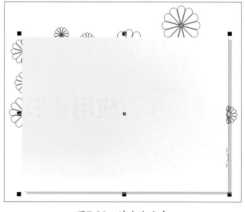

图7-20 填充渐变色

08 执行"对象>顺序>到图层后面"菜单命令，使矩形图形置于底层，如图7-21所示。

图7-21　调整图形顺序

09 应用修剪图形的方法修剪掉页面外的花朵图形，如图7-22所示。

图7-22　修剪边缘效果

10 应用"选择工具"选取前面绘制的所有花朵图形，为其填充合适的颜色，然后在属性栏中设置"轮廓宽度"为"无"，去除图形轮廓，如图7-23所示。

图7-23　为图形填充颜色

11 导入"随书资源\07\素材文件\04.psd"，调整大小后放置到和页面底部平行的位置上，如图7-24所示。

图7-24　导入人像素材

12 应用"贝塞尔工具"绘制曲线，如图7-25所示。

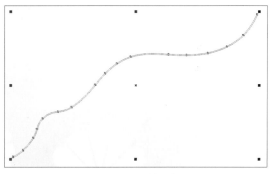

图7-25　绘制曲线

13 复制3条曲线，并设置相同的距离。同时选中这几条曲线，按下快捷键Ctrl+G，群组曲线，如图7-26所示。

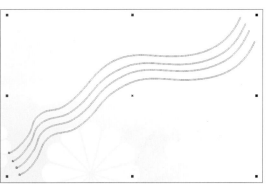

图7-26　群组曲线

14 应用"贝塞尔工具"绘制音符图形,并复制多个音符图形,调整成一排完整的音符效果。使用"选择工具"选中所有的音符图形,按下快捷键Ctrl+G,群组图形,并将其移至合适位置,如图7-27所示。

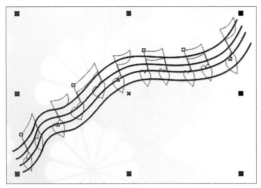

图7-27 绘制并复制音符图形

15 使用同样的方法,继续绘制更多的装饰图形,并填充合适的颜色,如图7-28所示。

图7-28 绘制图形

16 应用"文本工具"在图中单击并输入文字,在属性栏中设置为需要的字体、大小和颜色,完成本实例的绘制,如图7-29所示。

图7-29 输入文字

7.2.2 平滑工具

使用"平滑工具"可以平滑曲线对象,以移除锯齿状边缘并减少节点数量,也可以使用此工具平滑形状,如矩形或多边形等,为其赋予手绘外观。单击工具箱中的"平滑工具"按钮 ,即可显示如图7-30所示的"平滑工具"属性栏。

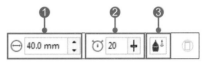

图7-30 "平滑工具"属性栏

❶笔尖半径:用于设置笔刷笔尖的大小。
❷速度:用于设置平滑效果的速度。
❸笔压:绘制时运用数字笔或写字板的压力来控制效果。

"平滑工具"的使用方法为:先选择要编辑的对象,如图7-31所示。在属性栏中设置合适的参数,使用"平滑工具"在要编辑的图形边缘拖曳,如图7-32所示。

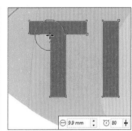

图7-31 选择对象 图7-32 在对象上拖曳

运用"平滑工具"反复拖曳对象后,可看到原来棱角分明的文字变得更加圆润,如图7-33所示。

图7-33 反复拖曳得到平滑的效果

7.2.3 涂抹工具

"涂抹工具"通过沿对象轮廓拉伸或收缩

来对对象进行造型。需要注意的是，不能将"涂抹工具"应用于嵌入对象、链接图像、网格、遮罩或网状填充的对象，以及具有调和效果与轮廓图效果的对象。单击工具箱中的"涂抹工具"按钮 🖉 ，即可显示如图 7-34 所示的"涂抹工具"属性栏。

图7-34 "涂抹工具"属性栏

❶笔尖半径：用于改变笔刷笔尖的大小。
❷压力：用于设置涂抹效果的强度。
❸平滑涂抹：涂抹时使用平滑的曲线。
❹尖状涂抹：涂抹时使用带尖角的曲线。

打开"随书资源 \07\ 素材文件 \06.cdr"，运用"选择工具"选中图形，单击"涂抹工具"按钮，在属性栏中设置选项。如果要涂抹对象外部，则单击对象外部靠近边缘处，然后向外拖动，如图 7-35 所示。对两只耳朵边缘进行拖曳后，得到的效果如图 7-36 所示。

图7-35 选择并向外拖曳　　图7-36 涂抹后的效果

如果要涂抹对象内部，单击对象内部靠近边缘处，然后向内拖动，如图 7-37 所示。拖曳后得到如图 7-38 所示的效果。

图7-37 选择并向内拖曳　　图7-38 涂抹后的效果

7.2.4 转动工具

CorelDRAW 中可以应用"转动工具"向对象添加转动效果。使用此工具添加转动效果时，可以运用属性栏中的选项设置转动效果的半径、速度和方向，还可以使用数字笔的压力来更改转动效果的强度。图 7-39 所示为"转动工具"属性栏。

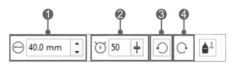

图7-39 "转动工具"属性栏

❶用笔尖半径：设置笔刷笔尖的大小。
❷速度：设置用于应用转动效果的速度。
❸逆时针转动：单击"逆时针转动"按钮，按逆时针方向应用转动。
❹顺时针转动：单击"顺时针转动"按钮，按顺时针方向应用转动。

"转动工具"的使用方法为：首先运用"选择工具"选中图形，如图 7-40 所示。单击工具箱中的"转动工具" 🔘 按钮，在属性栏中设置合适的参数，使用"转动工具"在要编辑的图形边缘拖曳，此时可以看到拖曳时的运动轨迹，如图 7-41 所示。

图7-40 选择图形　　图7-41 应用"转动工具"拖曳

释放鼠标后，即可看到转动后的图形效果，如图 7-42 所示。

图7-42 转动后的图形效果

7.2.5　"吸引工具"和"排斥工具"

"吸引工具"和"排斥工具"允许用户通过吸引或推离节点来为对象造型，可以通过改变笔刷笔尖的大小、吸引或推离节点的速度及调整数字笔的压力来控制图形效果。

1. 通过吸引节点为对象造型

"吸引工具"主要通过吸引图形上的节点来对图形进行变形。该工具的使用方法为：应用"选择工具"选中一个对象，如图 7-43 所示。在工具箱中单击"吸引工具"按钮 ▣，单击对象内部或外部靠近边缘处，然后拖曳鼠标重塑边缘，如图 7-44 所示。

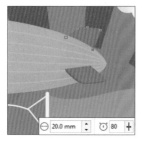 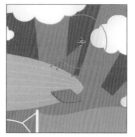

图7-43　选择图形　　图7-44　应用"吸引工具"

2. 通过推离节点为对象造型

"排斥工具"的作用与"吸引工具"的刚好相反，它主要通过推离图形上的节点来实现图形的重新造型。其具体操作方法为：应用"选择工具"选择要编辑的图形，然后在工具箱中单击"排斥工具"按钮 ▣，单击对象内部或外部靠近边缘处，然后按住鼠标左键拖曳，从图中可以看到拖曳时的运动轨迹，如图 7-45 所示。

释放鼠标后得到如图 7-46 所示的效果。与"吸引工具"一样，如果需要得到更强烈的变形效果，可以再按住鼠标反复拖曳，可看到更明显的形状变化。

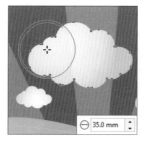 

图7-45　应用"排斥工具"拖曳　　图7-46　编辑效果

7.2.6　沾染工具

"沾染工具"的主要作用是在图形中间通过拖曳的方法形成特殊的镂空效果，并且可以将图形的轮廓向外进行延伸或者向内进行收缩。单击工具箱中的"沾染工具"按钮 ▣，即可在属性栏中查看与该工具相关的参数设置，如图 7-47 所示。

图7-47　"沾染工具"属性栏

❶笔尖半径：用于设置"沾染工具"笔尖的大小。
❷干燥：使涂抹效果变宽或变窄。
❸笔倾斜：用于设置涂抹时的角度。
❹笔方位：用于设置所编辑图形和涂抹笔刷工具之间的距离。

边学边练：应用"沾染工具"制作镂空图形

本实例应用"沾染工具"在图形中随意拖曳，形成特殊的纹理效果。在制作过程中需要不断调整画笔笔尖的大小，绘制树枝形状。先绘制要编辑的矩形图形，应用"沾染工具"对图形进行编辑，绘制出树枝部分，并结合"艺术笔工具"为图形添加创意性的边框，最终效果如图 7-48 所示。

图7-48　最终效果

01 启动CorelDRAW X8应用程序后，新建一个纵向的空白文档，绘制两个大小不一的矩形，如图7-49所示。

02 将矩形图形都选取，按下快捷键Ctrl+Q，转换为曲线，应用"沾染工具"在图中绘制，如图7-50所示。

图7-49 绘制矩形　　图7-50 设置参数后绘制

03 使用"沾染工具"连续在图中拖曳，直至绘制出树枝的大致形状，如图7-51所示。

04 将树枝中较小部分的图形也绘制出来。设置笔尖半径为1.0 mm，在图中进行拖曳以调整细节部分图形的形状，如图7-52所示。

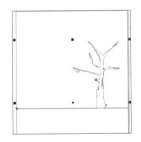

图7-51 涂抹图形　　图7-52 涂抹细节

05 按照前面所述的方法，继续应用"沾染工具"在矩形中连续拖曳，绘制其他图形，如图7-53所示。

06 选取应用"沾染工具"编辑后的图形，应用"交互式填充工具"为图形填充渐变色，如图7-54所示。

图7-53 绘制其他图形　　图7-54 填充渐变色

07 绘制一个和编辑后图形相同大小的矩形，并填充为黑色，放置到最底层，突出树枝的形状，如图7-55所示。

08 继续应用"沾染工具"在页面底部绘制出树的倒影图形，并为底部的矩形填充渐变色，如图7-56所示。

图7-55 填充黑色　　图7-56 绘制底部图形

09 应用"涂抹工具"在两个矩形交界处绘制出杂草的形状，如图7-57所示。

10 应用"钢笔工具"在图中拖曳，绘制出多条等距的平行斜线，设置颜色为白色，如图7-58所示。

图7-57 绘制杂草图形　　图7-58 绘制斜线

11 选取绘制的所有斜线，单击工具箱中的"透明度工具"按钮，在属性栏中设置图形的"透明度"为50%，如图7-59所示。

12 使用工具箱中的"艺术笔工具"在页面边缘绘制线条图形，再添加文字和动物图形，完成本实例的制作，最终效果如图7-60所示。

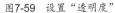

图7-59 设置"透明度"　　图7-60 完善图形

7.2.7 粗糙工具

"粗糙工具"的主要作用是可以将图形的边缘变为锯齿形状。绘制图形后，通过运用此工具在图形上拖曳，可使图形边缘形成锯齿形状的轮廓。

1. "粗糙工具"属性栏

在工具箱中单击"粗糙工具"按钮后，即可在属性栏中查看该工具的设置选项，常见的选项包括笔尖半径、尖突的频率、干燥和笔倾斜。"粗糙工具"属性栏如图 7-61 所示。

图7-61　"粗糙工具"属性栏

❶笔尖半径：用于设置粗糙笔刷的笔尖大小。

❷尖突的频率：用于设置绘制图形时尖突的数值，数值越大，角越大。

❸干燥：用于更改粗糙区域尖突的数量。

❹笔倾斜：用于设置笔刷和图形之间的角度，数值越大，偏移越明显。

2. "粗糙工具"的应用

"粗糙工具"的使用方法为：选取要编辑的图形，在"粗糙工具"属性栏中设置合适的参数，使用"粗糙工具"在要编辑的图形边缘拖曳，如图 7-62 所示。拖曳时可以看出拖曳的运动轨迹。释放鼠标后，可获得粗糙边缘的图形效果，如图 7-63 所示。

图7-62　拖曳图形边缘　　　　图7-63　编辑后的效果

7.3　节点的编辑

节点的编辑主要包括转换节点的类型，直线与曲线的转换，节点的连接与分割，移动、添加、删除节点等。在绘制图形的过程中，很多时候无法一次性就绘制出所需的形状，这时可以通过应用"形状工具"对图形上的节点进行编辑，创建更符合需求的图形效果。

7.3.1　转换节点类型

转换节点有助于在调整图形时得到准确的轮廓图形，主要是通过"形状工具"来进行编辑，编辑时可以将节点在不同的类型之间进行相互转换。节点类型主要有平滑节点、尖突节点和对称节点。每种节点都被用于图形中特殊的区域，可通过设置节点来编辑图形形状。

1. 平滑节点

平滑节点可以将有角度的节点变为左右方向上平滑的节点，应用此种变换节点的方法可以将直线转换为曲线。应用"形状工具"选取所要编辑的节点，如图 7-64 所示。单击属性栏中的"平滑节点"按钮 ，从图中可以看出被选择节点已经发生了变换，所编辑的形状也随之发生了变化，如图 7-65 所示。

图7-64　选中节点　　　　图7-65　平滑后的节点

2. 尖突节点

尖突节点是指将节点变为突出的形状或者边缘，可以将扩张的节点向内进行收敛，并调整为向内缩进的形状。选择要编辑的节点，如图 7-66 所示。单击属性栏中的"尖突节点"按钮 ，即可将原节点转换为尖突的节点，如图 7-67 所示。

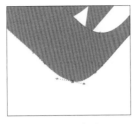

图7-66　选中节点

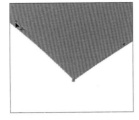

图7-67　编辑后的节点

3. 对称节点

对称节点主要用于使原图形呈左右平行的形状。选中要编辑的节点，如图 7-68 所示。单击属性栏中的"对称节点"按钮，即可在选择的节点左右生成相同长度的控制线，使用这种调整方式能得到平滑的曲线，如图 7-69 所示。

图7-68　选中节点

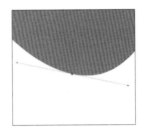

图7-69　编辑后的节点

7.3.2　直线与曲线的转换

直线与曲线的转换可以将所绘制的直线通过设置转换为曲线，同样也可以将曲线转换为直线。

1. 将曲线转换为直线

将曲线转换为直线的具体操作方法为：先应用"形状工具"单击选中曲线段上的控制节点，如图 7-70 所示，单击属性栏中的"转换为线条"按钮，即可将曲线段转换为直线，如图 7-71 所示。

图7-70　选中节点

图7-71　转换为直线

2. 将直线转换为曲线

将直线转换为曲线的具体操作方法为：选取所绘制的图形，使用"形状工具"在要编辑的图形边缘单击，如图 7-72 所示，然后单击属性栏中的"转换为曲线"按钮，转换为曲线，此时再按住鼠标左键拖曳图形边缘，将其调整为弯曲的形状，如图 7-73 所示。

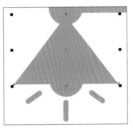

图7-72　选中图形

图7-73　转换为曲线

应用同样的方法对图形中的其他边缘进行编辑，得到的图形效果如图 7-74 所示。

图7-74　调整后的图形

7.3.3　节点的连接与分割

对于没有闭合的图形，可以将需要闭合处的节点同时选取，并通过对节点进行连接的方法闭合图形，同时还能对连接后的图形进行填充或者编辑轮廓。分割节点则可以将完整的图形进行分割，分割图形后，可以单独对线条和节点进行选取，并设置单独的轮廓样式和颜色。

1. 节点的连接

节点的连接是将未闭合的曲线进行闭合，对于已填充颜色的图形，闭合后将会显示出所填充后的图形效果。应用"形状工具"将要闭合处的两个节点同时选取，如图 7-75 所示。单击属性栏中的"连接两个节点"按钮，将图形进行闭合，显示出完整的图形效果，如图7-76 所示。

图7-75　选中节点

图7-76　连接后的效果

2. 节点的分割

分割节点可以将闭合的曲线分割为不闭合的曲线，分割后，原本已填充颜色的图形将会显示为无填充效果。如果图形没有轮廓颜色，将会显示为透明，只显示出节点的大致位置和连接线。分割节点的具体操作方法为：应用"形状工具"选择所要分割的节点，如图7-77所示。单击属性栏中的"断开曲线"按钮，即可将所选择的节点进行分割，效果如图7-78所示。

图7-77　选中节点

图7-78　分割节点的效果

7.3.4　移动、添加和删除节点

移动、添加和删除节点都是节点的重要操作。移动节点是指将所选择的节点位置进行移动，可以通过移动节点来更改图形形状，也可以只移动节点而不调整图形形状。添加和删除节点则是通过在图形中添加或删除节点来实现图形形状的编辑。

1. 移动节点

移动节点可以将整个图形轮廓进行移动，而不影响图形效果，也可以单独选择某个节点将其移动，移动单个节点将会改变图形的形状。

如图7-79所示，选择一个节点并向上拖曳，可以看到移动节点后的效果，如图7-80所示。

图7-79　选中节点　　　图7-80　移动节点后的效果

如果要选择全部节点，可应用"形状工具"在需要选择的图形中拖曳框选，如图7-81所示，直至将所有的节点选中，如图7-82所示。此时将鼠标移动到选中的其中一个节点位置单击并拖曳，可以看到鼠标移动的轨迹，如图7-83所示。释放鼠标后，可看到移动图形位置后，图形的形状没有发生任何变化，如图7-84所示。

图7-81　单击并拖曳

图7-82　选中所有节点

图7-83　移动节点

图7-84　移动位置后的效果

2. 添加节点

添加节点是指应用鼠标在图形的边缘上单击，在图形上添加节点。添加节点后可拖曳节点，以调整图形边缘。其具体操作方法为：选择"形状工具"，使用鼠标单击图形边缘，如图7-85所示。单击后即可在鼠标单击位置添加节点，选取所添加的节点进行拖曳或者调整，可以编辑图形的形状，如图 7-86 所示。

洁。使用鼠标选中需要删除的节点，如图 7-87 所示，按 Delete 键，即可删除节点。删除节点后，与删除节点相连的节点会自动进行连接。若删除了图形关键位置的节点，将会对图形的外形产生较大程度的影响，如图 7-88 所示。

图7-85 添加节点

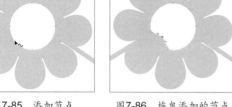

图7-86 拖曳添加的节点

3. 删除节点

删除节点的主要作用是可以删除图形中过渡的节点，只保留关键的节点，使图形更为简

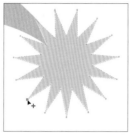

图7-87 选中节点

图7-88 删除节点后的效果

边学边练：应用编辑节点绘制复杂的图形

通过编辑节点可以将图形调整为任意的形状。在本实例中，首先应用"钢笔工具"绘制出直线图形，然后将图形转换为平滑的曲线，并对其进行进一步调整，丰富画面效果，再通过文字以及线条形状的应用，制作成花朵图案，最终效果如图 7-89 所示。

图7-89 最终效果

01 创建一个长度和宽度都为400 mm的空白文档，双击"矩形工具"按钮口，绘制一个与页面相同大小的矩形，并填充渐变色，如图7-90所示。

02 选择"钢笔工具"，在页面右侧绘制一个闭合的不规则图形，如图7-91所示。

03 应用"形状工具"对所绘制图形的各个节点进行调整，将部分直线调整为曲线，如图7-92所示。

04 调整后，为图形填充深红色，并去除图形的轮廓，如图7-93所示。

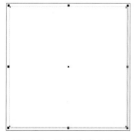

图7-90 绘制并填充矩形

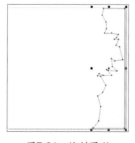

图7-91 绘制图形

图7-92 转换为曲线

图7-93 填充颜色

05 结合使用"钢笔工具"和"形状工具"，绘制出一条曲线，并将曲线轮廓调整为虚线，如图7-94所示。

06 再次使用"钢笔工具"和"形状工具"，绘制出曲线图形，并调整曲线的粗细，如图7-95所示。

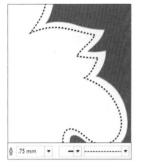
图7-94 绘制虚线

图7-95 绘制曲线图形

07 使用"钢笔工具"绘制出一个雨滴状的闭合图形，如图7-96所示。

08 将绘制的雨滴状图形填充为橘黄色，并去除图形的轮廓，如图7-97所示。

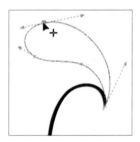
图7-96 绘制雨滴状图形

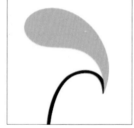
图7-97 填充雨滴状图形

09 复制出更多的雨滴状图形，调整每个图形的颜色和大小，并放置到适当的位置，如图7-98所示。

10 结合使用"钢笔工具"和"形状工具"，绘制出一个树叶状的图形，并应用"交互式填充工具"填充渐变色，如图7-99所示。

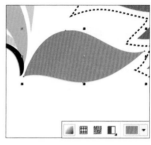
图7-98 复制多个图形　　图7-99 绘制树叶图形

11 复制出更多的树叶状图形，调整图形的颜色、大小和位置，得到如图7-100所示的图形效果。

12 继续使用"钢笔工具"绘制出更多的虚线轮廓的树叶图形，如图7-101所示。

图7-100 复制树叶图形　　图7-101 绘制虚线轮廓

13 使用相同的方法，绘制出更多的使用实线描边轮廓的树叶状图形，效果如图7-102所示。

14 适当调整各图形的顺序，然后在图中的左侧位置添加文字，最终效果如图7-103所示。

图7-102 绘制实线轮廓　　图7-103 最终效果

7.4 裁剪工具组

　　裁剪工具组用于对图形及图像的轮廓和颜色进行编辑，通过拖曳的方式得到不一样的图形及轮廓。裁剪工具组中共有 4 种工具，分别为"裁剪工具""刻刀工具""虚拟段删除工具"和"橡皮擦工具"，如图 7-104 所示。其中，"刻刀工具"和"虚拟段删除工具"不能用于位图图像。

图7-104 裁剪工具组

7.4.1 裁剪工具

"裁剪工具"的主要作用是将图像中多余的区域裁剪掉，裁剪后的区域不能还原，并且没有在裁剪框中的内容将一起被裁剪，所以在应用"裁剪工具"裁剪图像时要将需要保留的图形或者图像都放置到裁剪框中。使用该工具时，首先将要裁剪的图像导入窗口中，选取"裁剪工具"并应用该工具在绘图窗口中拖曳，创建裁剪框，如图 7-105 所示。设置完成后双击裁剪框，即可对图像进行裁剪，如图 7-106 所示。

图7-105 创建裁剪框 　　图7-106 裁剪后的图像

技巧>>裁剪群组后的矢量图形

矢量图形也可以用"裁剪工具"进行裁剪。首先打开所要裁剪的矢量图形，并使用"裁剪工具"在绘图窗口中拖曳，设置所要裁剪的区域，如图 7-107 所示。设置完成后双击裁剪框中的内容，即可完成裁剪。应用这种方法可以更改图形的构图类型，将竖向构图变化为横向构图效果，如图 7-108 所示。

图7-107 绘制裁剪框 　　图7-108 裁剪后的图形

边学边练：应用"裁剪工具"制作壁纸效果

"裁剪工具"可以将图像裁剪为所需的长宽比例。本实例就是应用这一特性对位图图像进行裁剪，并制作出壁纸图像效果，如图 7-109 所示。

图7-109 最终效果

01 创建一个横向的A4尺寸的空白文档，导入"随书资源\07\素材文件\20.jpg"，如图 7-110所示。

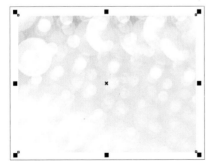

图7-110 导入素材文件

02 应用"裁剪工具"绘制一个和页面相同大小的裁剪框，将导入的素材图像裁剪为和页面相同的大小，如图 7-111 所示。

图7-111 绘制裁剪框

03 裁剪框设置完成后，双击裁剪框中的内容，即可完成裁剪。按P键将裁剪后的图像放置到页面的中心位置，如图7-112所示。

图7-112　裁剪后的效果

04 将"随书资源\07\素材文件\21.jpg"导入到窗口中，并使用"裁剪工具"在人物图像中拖曳，调整裁剪框的大小，如图7-113所示。

05 将裁剪后的人物图像调整到合适大小，并移动至背景图像中的合适位置，如图7-114所示。

图7-113　裁剪图像　　　　图7-114　调整图像

06 应用同步骤04和步骤05相同的方法，导入"随书资源\07\素材文件\22~23.jpg"，对其中的人物图像进行裁剪并调整其大小和位置，如图7-115所示。

图7-115　添加并调整图像

07 应用"矩形工具"绘制一个裁剪框，将裁剪框设置为和页面相同的大小，双击鼠标，裁剪图像，将超出页面的人物图像删除，效果如图7-116所示。

图7-116　裁剪图像

08 选择工具箱中的"钢笔工具"，绘制多个比人物图像稍大的不规则图形，填充为白色后去除轮廓，如图7-117所示。

图7-117　绘制白色多边形

09 连续执行"对象>顺序>向后一层"菜单命令，将绘制的白色图形置于3张人物图像的下方，得到白色边框效果，如图7-118所示。

图7-118　调整对象顺序

10 应用"钢笔工具"绘制多个不规则图形，并将其填充为灰色，如图7-119所示。按下快捷键Ctrl+G，群组图形。

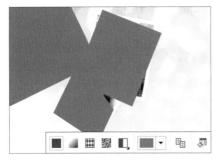

图7-119 绘制图形并填充颜色

11 选中群组的图形，将其转换为位图。执行"位图>模糊>高斯式模糊"菜单命令，在打开的对话框中设置选项，如图7-120所示。

图7-120 设置"高斯式模糊"选项

12 设置完成后单击"确定"按钮，应用滤镜，模糊图像，如图7-121所示。

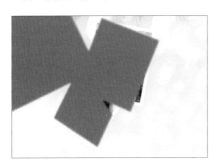

图7-121 应用滤镜模糊图像

13 连续执行"对象>顺序>向后一层"菜单命令，将绘制的灰色图形置于白色边框图形的下方，如图7-122所示。

图7-122 调整图形顺序

14 应用"文本工具"在图中单击，输入所需的文字，并为不同位置的文字设置不同的颜色和字体，完成本实例的制作，如图7-123所示。

图7-123 添加文字修饰

7.4.2 刻刀工具

"刻刀工具"的主要作用是将图形切割为多个图形，它提供了"2点线模式""手绘模式"和"贝塞尔模式"3种切割图形的方式，可以沿着直线、手绘线或贝塞尔曲线拆分单个对象或一组对象。使用"刻刀工具"切割图形时，还可以设置生成的新对象之间的间隙，或使新对象重叠。

1. 沿直线拆分图形

"2点线模式"下可沿一条直线切割对象。如果要以 15°的增量约束直线，则需要按住 Shift + Ctrl 键再进行绘制。选取所要拆分的图形，单击工具箱中的"刻刀工具"按钮，单击属性栏中的"2点线模式"按钮，在图形中间单击拖曳，可绘制一条直线，如图 7-124 所示，切割图形，切割图形后会保留原图形的轮廓和颜色，如图 7-125 所示。

图7-124 绘制直线

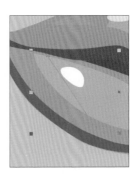

图7-125 切割图形

2. 沿手绘线拆分图形

"手绘模式"可沿一条手绘线切割图形。选取"刻刀工具"后，单击属性栏中的"手绘模式"按钮，在图中单击并拖曳，创建一条手绘线，如图 7-126 所示，释放鼠标后将沿手绘线切割所选图形，如图 7-127 所示。

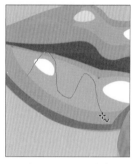

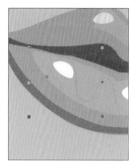

图7-126 绘制线条　　　图7-127 切割图形

3. 沿贝塞尔曲线拆分图形

"贝塞尔模式"下可按绘制的贝塞尔曲线切割图形。选择图形后，按住要开始分割对象的位置单击，创建曲线起点，然后再继续在图像中单击并拖曳，创建更复杂的曲线，如图 7-128 所示，绘制完成线条后，释放鼠标时，就将根据绘制的线条切割图形，如图 7-129 所示。

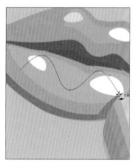

图7-128 绘制贝塞尔曲线　　　图7-129 切割图形

7.4.3 橡皮擦工具

"橡皮擦工具"可以通过单击或涂抹的方式擦除不需要的图形。应用"橡皮擦工具"擦除图形时，还可以调整橡皮擦笔尖大小或形状，以完成更为准确的图形擦除工作。

1. 擦除时自动减少

使用"选择工具"选取要擦除的图形，如图 7-130 所示。应用"橡皮擦工具"在图中拖曳，

即可将所选取的区域擦除，擦除对象时，任何受影响的路径都会自动闭合，并在图形边缘生成较多的节点，如图 7-131 所示。

图7-130 选中图形　　　图7-131 擦除后的效果

擦除图形时，如果单击属性栏中的"减少节点"按钮，应用"橡皮擦工具"在图中拖曳时，被擦除的区域将会显示较少的节点，如图 7-132 所示。

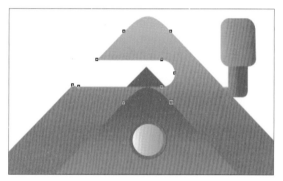

图7-132 形成较少的节点

2. 圆形/方形

圆形 / 方形控制的是"橡皮擦工具"的笔尖形状，可以在圆形和方形图形之间进行切换。如果当前用"圆形笔尖"，则擦除图形时的笔尖为圆形，如图 7-133 所示。如果选择的是"方形笔尖"，擦除图形时的笔尖为正方形，如图 7-134 所示。两者都可以设置擦除工具的直径，设置的直径越大，擦除的区域也越大。

图7-133 圆形笔尖　　　图7-134 方形笔尖

边学边练：应用"橡皮擦工具"擦除多余图形

　　"橡皮擦工具"可以擦除图像的任意部分，应用这一功能可以将图形上方的图像擦除，露出下方的图像效果。本实例中应用"橡皮擦工具"将图像的白色区域擦除，使风景图像通过编辑在其中显示出来，形成一种特殊的视觉效果，如图 7-135 所示。

图7-135　编辑前后的对比效果

01 新建一个横向的A4尺寸的空白文档，导入"随书资源\07\素材文件\26.jpg"，并调整图像大小，如图7-136所示。

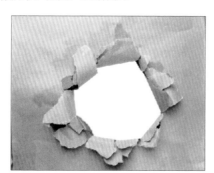

图7-136　导入素材文件

02 导入"随书资源\07\素材文件\27.jpg"，根据画面需要将其调整到合适大小，如图7-137所示。

图7-137　调整素材大小

03 选中导入的风景图像，执行"对象>顺序>向后一层"菜单命令，将风景图像放置到纸张图像的下方，使图像隐藏起来，如图7-138所示。

图7-138　调整图像顺序

04 应用"选择工具"选取纸张图像，使用"橡皮擦工具"在图像中拖曳，擦除图像中的白色区域，如图7-139所示。

图7-139　使用"橡皮擦工具"涂抹

05 继续应用"橡皮擦工具"在图中拖曳，直至将纸张图像中间的白色区域全部擦除，露出底部的风景图像，如图7-140所示。

图7-140 擦除白色区域后的效果

06 应用"选择工具"选取风景图像，并将图像移动到合适位置，然后将图像缩小至合适的大小，如图7-141所示。

图7-141 调整图像的大小和位置

7.4.4 虚拟段删除工具

"虚拟段删除工具"可以删除画面中与所选框区域交叉重叠的部分，保留选框之外未重叠的部分。"虚拟段删除工具"不能对位图图像进行编辑，只能用于矢量图形。此工具的具体操作方法为，单击工具箱中的"虚拟段删除工具"按钮 ，使用该工具在要删除的图形上拖曳，如图7-142所示。释放鼠标后，即可将框选部分的对象删除，如图7-143所示。

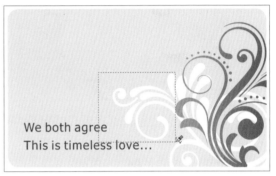

图7-142 应用鼠标框选

图7-143 删除框选部分

7.5 封套工具

"封套工具"是交互式工具组中的一种工具，应用该工具可以将图形以设置的形状进行变换，生成一种特殊的图形效果。"封套工具"不仅可以对矢量图形进行编辑，也可以编辑位图图像和文字。

7.5.1 "封套工具"属性栏

"封套工具"的主要作用是对图形的形状等进行编辑。单击工具箱中的"封套工具"按钮 ，即可在属性栏中查看与之相关的参数设置，如图7-144所示。

图7-144 "封套工具"属性栏

❶封套的模式：单击"直线模式"按钮 ，可以创建图形的直线效果，如图7-145所示。单击"单

弧模式"按钮⊿，可创建有一定弧度的封套效果。单击"双弧模式"按钮⊿，可以创建两段弧线的封套效果。单击"非强制模式"按钮✐，可以创建任意形状的封套效果，如图 7-146 所示。

图7-145 直线模式　　　　图7-146 非强制模式

❷映射模式："映射模式"用于设置封套外形的变换效果。单击属性栏中"映射模式"右侧的下三角按钮 ，在展开的下拉列表中可以选择不同的模式来对图形进行设置，其中包含的选项共有 4 个，分别为"水平""原始""自由变形"和"垂直"。

❸保留线条："保留线条"是指对应用"封套工具"编辑后的封套形状不做任何改变，和所编辑的封套效果相同，但是图形的效果会改变。

❹添加新封套："添加新封套"的主要作用是可以在已经添加过封套效果的图形上再次添加新封套。其具体操作方法为：选择所要添加新封套的图形，单击属性栏中的"添加新封套"按钮┧，然后应用"封套工具"编辑图形。

❺创建封套自："创建封套自"的主要作用是将应用"封套工具"进行变换后的图形效果进行复制，可以将新绘制的图形调整为已应用"封套工具"编辑后的图形轮廓形状。选择所要设置封套效果的图形，单击属性栏中的"创建封套自"按钮┗，再单击已应用了封套效果的图形，即可完成封套的重新应用。

❻复制封套属性："复制封套属性"指的是可以将一个图形中所应用的封套效果应用到其他的图形中。这一操作可以通过属性栏中的"复制封套属性"按钮┗ 来完成。

❼清除封套："清除封套"用于去除图形中已应用的封套效果。将已添加封套效果的图形选取，单击属性栏中的"清除封套"按钮✗，即可将添加的封套删除。但是对于已添加多个封套的图形效果，清除封套时只能返回上一步添加的封套效果，而不能直接去除全部封套，要重复单击"清除封套"按钮来去除所有的封套效果。

7.5.2 添加封套

添加封套就是应用"封套工具"对图形进行编辑，并通过调整节点的方法来编辑图形的轮廓以及形状。其具体操作方法为：选取所要编辑的图形，如图 7-147 所示。应用"封套工具"在图形中单击，并调整封套的边缘，若将其随意拖曳，图形效果也将随封套进行变换，如图 7-148 所示。

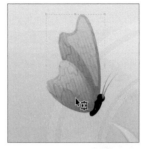 

图7-147 添加封套　　　　图7-148 编辑封套弧度

7.5.3 复制封套效果

复制封套效果是将已应用封套的图形复制到另外的图形上，产生同样的封套效果。首先选取要编辑的图形，再选取工具箱中的"封套工具"，并单击属性栏中的"复制封套属性"按钮┗，使用黑色箭头单击已应用封套效果的图形，如图 7-149 所示，即可将封套进行复制。从图形效果可以看出，这两个图形的封套轮廓是相同的，所产生的变形等也是相同的，如图 7-150 所示。

图7-149 选择已添加封套的图形

图7-150 复制封套属性后的其他图形

边学边练：应用“封套工具”制作弯曲的文字

“封套工具”可以编辑群组后的文字，将其按照所设置的形状进行扭曲和变换，人物图形也可以应用同样的方法进行调整。本实例即应用这一特性制作了弯曲的文字和人物效果，前后对比如图7-151和图7-152所示。

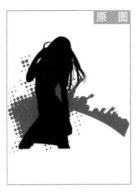

原 图

图7-151 编辑前

效果图
SUNSHINE

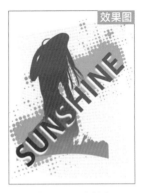

图7-152 编辑后

01 创建一个纵向的空白文档，并应用“文本工具”在图中连续单击，输入横排的文字，如图7-153所示。

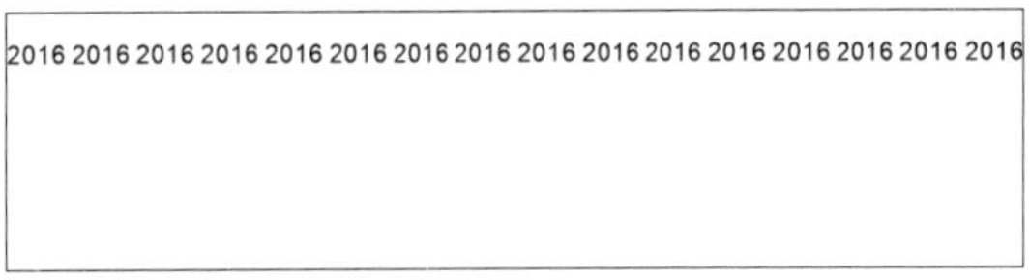

2016 2016 2016 2016 2016 2016 2016 2016 2016 2016 2016 2016 2016 2016 2016 2016

图7-153 输入文字

02 选取输入的文字，打开“变换”泊坞窗，如图7-154所示。设置Y的数值为-6.0 mm、“副本”为48，在图中复制多个文本字符，如图7-155所示。

变换
X: .0 mm
Y: -6.0 mm
相对位置
副本: 48
应用

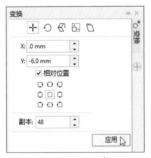

图7-154 设置参数

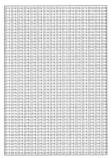

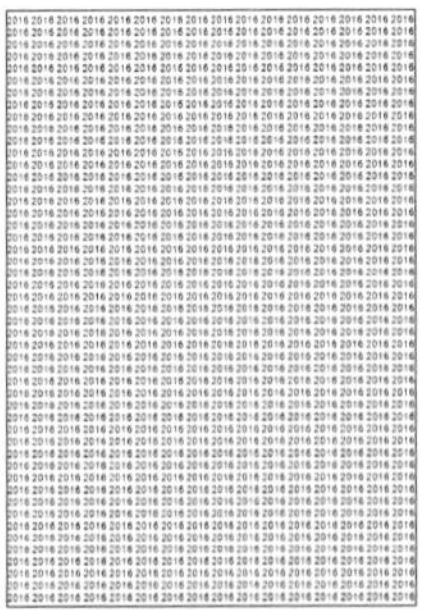

图7-155 再制文字

03 选中全部文字，按下快捷键Ctrl+Q，将文字转换为曲线，并填充为灰色，如图7-156所示。

04 选取所有文字，按下快捷键Ctrl+G进行群组，并选取“封套工具”对图形进行编辑，如图7-157所示。

图7-156 填充颜色

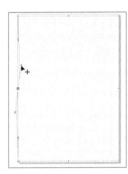

图7-157 建立封套

05 将文字的其他边缘都调整为弯曲的形状，并预览效果，如图7-158所示。

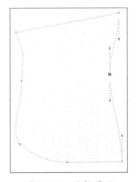

图7-158 编辑图形

06 打开"随书资源\07\素材文件\31.cdr"，如图7-159所示。

07 选取人物图形，复制到文字窗口中，并填充渐变色，如图7-160所示。

图7-159　打开素材　　　图7-160　复制并填充颜色

08 选取并复制背景图形，分别放置到文字窗口中的不同位置，并将其填充为蓝色，如图7-161所示。

09 应用"封套工具"对人物图形进行扭曲，注意设置边缘弧度，如图7-162所示。

图7-161　复制背景图形　　　图7-162　扭曲图形

10 应用"文本工具"在图中输入文字，打开"文本属性"泊坞窗，设置文本属性，如图7-163所示。设置完成后再对文字进行旋转，得到如图7-164所示的效果。

图7-163　设置文本属性　　　图7-164　添加文字效果

11 复制文字，并在"文本属性"泊坞窗中将文字颜色更改为白色，如图7-165所示。设置后的文字效果如图7-166所示。

图7-165　更改文本颜色　　　图7-166　文字效果

12 执行"位图>转换为位图"菜单命令，在"转换为位图"对话框中设置参数，如图7-167所示。设置完成后单击"确定"按钮，将文本转换为位图，如图7-168所示。

图7-167　设置选项　　　图7-168　转换为位图

13 执行"位图>模糊>高斯式模糊"菜单命令，打开"高斯式模糊"对话框，在对话框中设置选项，如图7-169所示。

图7-169　设置"高斯式模糊"选项

14 设置完成后单击"确定"按钮，应用"高斯式模糊"模糊文字效果，如图7-170所示。

15 执行"对象>顺序>向后一层"菜单命令，调整文字的顺序，将白色文字放于彩色文字的下方，并适当变换文字的位置，完成本实例的制作，如图7-171所示。

图7-170　模糊文字效果　　　图7-171　调整文字的顺序

第8章
图形的颜色和填充

图形的颜色和填充是绘制图形最关键的步骤，为了突出图形效果，通常会对绘制的图形填充各种不同的颜色。CorelDRAW X8 中提供了多种颜色填充的工具。填充图形时，需要认识并掌握各种填充工具，选择更合适的填充工具对图形进行填充。本章主要学习交互式填充工具组，应用该工具组中的工具填充图形，可以填充出接近理想状态的图形效果。

8.1 调色板

调色板主要用于为图形填充颜色。CorelDRAW X8 中提供了多种调色板，用户可以根据所绘制图形的不同，选择相应的调色板为图形填充合适的颜色。对于调色板的认识要从三个方面入手，分别为调色板的类型、调色板编辑器和调色板管理器。

8.1.1 调色板的类型

CorelDRAW X8 中较为常见的调色板类型有 CMYK 调色板、RGB 调色板和文档调色板，各调色板所包含的颜色类型及设置的参数种类都不相同，具体介绍如下。

1．CMYK调色板

CMYK 调色板是 CorelDRAW X8 中默认的调色板，可以应用该调色板为所绘制的图形填充任意的颜色。该调色板中设置的颜色数值用 CMYK 来表示，其中 C、M、Y、K 分别代表青色、洋红色、黄色和黑色，可以双击调色板中的颜色，打开"调色板编辑器"对话框，在对话框中重新定义颜色。图 8-1 所示为"默认 CMYK 调色板"。

2．RGB调色板

在 RGB 调色板中，不同颜色以特殊的名称进行显示，应用鼠标在色标中拖动，将会显示出相应的名称。默认情况下，调色板是以纵向单列的方式停靠于窗口右侧，可以单击调色板顶部并将其拖曳至窗口的任意位置。在调色板中要查看应用填充的颜色参数，可以用颜色滴管在填充的图形中单击，此时"颜色泊坞窗"中将会显示颜色名称和相关的颜色数值。图8-2 所示为"默认 RGB 调色板"。

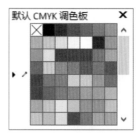

图8-1 CMYK调色板

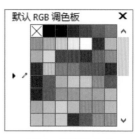

图8-2 RGB调色板

3．文档调色板

当新建文档绘图时，在绘图窗口的下方会显示名称为"文档调色板"的空调色板。当在绘图中使用一种颜色时，该颜色将自动添加到"文档调色板"中，与文档一起保存。如图 8-3 所示，使用工具箱中的"颜色滴管工具"在图中单击吸取颜色后，CorelDRAW 会自动切换到"应用颜色"模式对目标对象进行填充，填充后的颜色会显示在"文档调色板"中，如图 8-4 所示。

图8-3 吸取并填充颜色

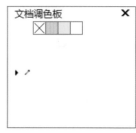

图8-4 保存填充颜色

8.1.2 调色板编辑器

"调色板编辑器"的主要作用是对调色板中的颜色重新进行设置。执行"窗口 > 调色板 > 调色板编辑器"菜单命令，即可打开"调色板编辑器"对话框，如图 8-5 所示。在其中可以通过单击按钮打开、保存调色板及调色板中的颜色，也可以向调色板中添加或删除颜色等。

图8-5 "调色板编辑器"对话框

1．从头开始创建自定义调色板

在"调色板编辑器"对话框中单击"新建调色板"按钮，将会打开"新建调色板"对话框。在对话框中输入调色板名称后，单击"保存"按钮，即可在"调色板编辑器"中创建一个新的调色板，如图 8-6 所示。

图8-6 "新建调色板"对话框

创建调色板后，在调色板中无任何颜色，这时需要单击"调色板编辑器"对话框右侧的"添加颜色"按钮，打开"选择颜色"对话框。在对话框中单击并输入要添加的颜色，如图 8-7 所示。设置后单击"确定"按钮，返回"调色板编辑器"，可以看到添加的颜色已显示在创建的调色板中。

图8-7 选择并设置颜色

2．删除调色板中的颜色

对于调色板中已有的颜色，也可以根据需要将它从调色板中删除。具体操作方法为：选中调色板中的颜色，再单击"调色板编辑器"右侧的"删除颜色"按钮，如图 8-8 所示。

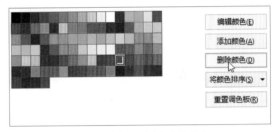

图8-8 单击"删除颜色"按钮

单击该按钮后，会弹出提示对话框，提示是否要将选择的颜色删除，单击"是"按钮，即可删除选择的颜色，如图 8-9 所示。如果单击"否"按钮，则会取消颜色的删除操作。

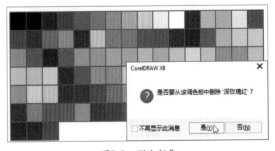

图8-9 删除颜色

8.1.3 调色板管理器

执行"窗口 > 调色板 > 调色板管理器"菜单命令，即可打开"调色板管理器"泊坞窗。应用该泊坞窗可以将调色板进行隐藏、显示及保存等操作，并且可以通过单击其中的工具按钮来对调色板进行编辑，以及展开相关选项。

1. 工具按钮

在"调色板管理器"泊坞窗中有多个工具按钮，单击不同的按钮，可以打开不同的对话框。"调色板管理器"泊坞窗中的前 3 个按钮分别为"创建一个新的空白调色板"按钮 、"使用选定的对象创建一个新调色板"按钮 和"使用文档创建一个新调色板"按钮 ，如图 8-10 所示。单击其中任意一个按钮，都将打开如图 8-11 所示的"另存为"对话框。在该对话框中可以设置调色板的文件名、添加描述等信息，设置后单击"保存"按钮。

图8-10　调色板管理器

图8-11　"另存为"对话框

在"调色板管理器"泊坞窗中新建一个调色板后，单击"打开调色板编辑器"按钮 ，如图 8-12 所示，则会打开"调色板编辑器"对话框，如图 8-13 所示。在该对话框中可为新建的调色板执行添加、删除颜色等操作。

图8-12　单击"调色板编辑　器"按钮

图8-13　"调色板编辑器"　对话框

单击"调色板管理器"泊坞窗中的"打开调色板"按钮 ，可以打开"打开调色板"对话框，如图 8-14 所示。在该对话框中可以对自定义的调色板进行保存，以便下次使用。

图8-14　"打开调色板"对话框

2. 打开相应调色板

在"调色板管理器"泊坞窗中单击调色板前的眼睛图标 ，即可显示出相应的调色板，再次单击图标 ，则可将该调色板隐藏。单击"调色板库"选项左侧的折叠按钮 ，即可展开"调色板库"选项，可以看到该选项中包含了多个系统预设的调色板文件夹，双击各文件夹中的调色板名称，如图 8-15 所示，即可打开相应的调色板，如图 8-16 所示。

图8-15　展开"调色板库"

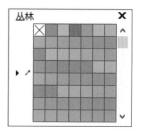

图8-16　"丛林"调色板

3. 专色调色板

在"专色"文件夹中包含了多个专色调色板，专色调色板中的颜色色域很宽，超过了RGB 的表现色域，其中有很大一部分颜色是用 CMYK 四色印刷油墨无法呈现的，如 HKS系列调色板、PANTONE 系列调色板、TOYO COLOR FINDER 调色板等。在"调色板管理器"泊坞窗中双击"专色"文件夹中的调色板，如图 8-17 所示，即可打开对应的调色板，如图8-18 所示。

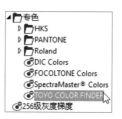

图8-17　双击调色板名称

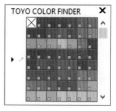

图8-18　打开调色板

边学边练： 应用调色板填充图形

　　应用调色板填充图形的操作方法为：先选取所绘制的图形，并在调色板中单击不同的颜色色标，分别为图形填充不同的颜色，填充颜色后继续应用调色板中的按钮去除轮廓线，对比效果如图8-19所示。

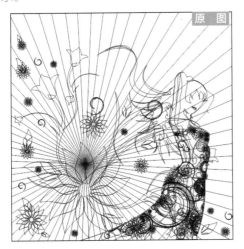

图8-19　编辑前后的对比效果

01 打开"随书资源\08\素材文件\02.cdr"，如图8-20所示。

图8-20　打开素材文件

02 使用"选择工具"选取背景图形，单击调色板中的浅绿色色标，如图8-21所示，为图形填充颜色，效果如图8-22所示。

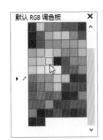
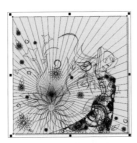

图8-21　选择颜色　　　　图8-22　填充颜色

03 继续使用"选择工具"选取条纹图形，单击调色板中相应的色标，如图8-23所示，为图形填充颜色，效果如图8-24所示。

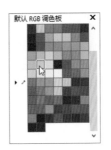
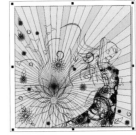

图8-23　选择颜色　　　　图8-24　填充颜色

04 单击工具箱中的"轮廓笔"按钮，在展开的列表中选择"无轮廓"选项，如图8-25所示。去除轮廓线的图形效果如图8-26所示。

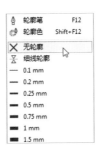

图8-25　选择"无轮廓"选项　　图8-26　去除轮廓线

05 应用"选择工具"选取一组条纹图形，单击调色板中的色标，如图8-27所示，填充颜色，填充后的效果如图8-28所示。

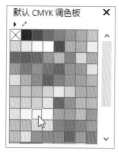

图8-27　选择颜色

图8-28　填充颜色

06 单击工具箱中的"轮廓笔"按钮，然后选择"无轮廓"选项，去除选取图形的轮廓线，得到如图8-29所示的图形效果。

07 应用"选择工具"选取人物图形的头发、部分花朵和花茎，分别填充为黑色、紫红色和绿色，效果如图8-30所示。

图8-29　去除轮廓线

图8-30　填充颜色

08 选中花瓣图形，选择"交互式填充工具"，使用"TOYO COLOR FINDER调色板"为图形填充粉色渐变效果，如图8-31所示。

09 使用同样的方法，将图中的其他部分图形填充完整的颜色，填充后的效果如图8-32所示。

图8-31　填充渐变色

图8-32　继续填充图形

10 按下快捷键Ctrl+A，选取页面中的全部对象，如图8-33所示。

图8-33　全选图形

11 单击工具箱中的"轮廓笔"按钮，在展开的列表中选择"无轮廓"选项，如图8-34所示。去除所有图形的轮廓，完成图形的制作，如图8-35所示。

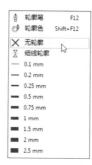

图8-34　设置轮廓选项

图8-35　去除轮廓线

8.2　着色工具

着色工具的主要作用是用于一般图形的填充，常用的着色工具包括"颜色滴管工具""属性滴管工具"和"智能填充工具"3种。这3种工具可吸取图形的填充色、轮廓属性及大小等，并将其应用到不同的对象的填充上。

8.2.1　颜色滴管工具

"颜色滴管工具"的主要作用是吸取对象的颜色。应用该工具对图形进行吸取之前，可在属性栏中对工具的取样范围等参数进行设置。单击工具箱中的"颜色滴管工具"按钮 ✐，选中工具，在图中移动鼠标，即可显示出当前的颜色信息，此时单击鼠标即可吸取颜色，再次单击鼠标即可将吸取的颜色填充到图形中。

1. "颜色滴管工具"属性栏

"颜色滴管工具"属性栏主要用于设置所吸取颜色或者对象的属性，如图 8-36 所示。

图8-36 "颜色滴管工具"属性栏

❶"选择颜色"和"应用颜色"：单击"选择颜色"按钮 ✐ 后，可在图中单击吸取图形颜色；单击"应用颜色"按钮 ✐ 后，在图中单击鼠标，可将吸取的颜色填充到当前图形中。在实际操作中，应用"滴管工具"吸取颜色后，将自动切换到"应用颜色"状态。

❷从桌面选择：用于设置"颜色滴管工具"的取样范围。单击"从桌面选择"按钮，可对应用程序外的颜色进行取样。若取消该按钮，则只能在CorelDRAW 软件的绘图窗口中进行颜色取样。

❸设置取样区域：单击"1×1"按钮 ✐，可对单像素颜色进行取样；若单击"2×2"按钮 ✐，可对 2×2 像素区域中的平均颜色值进行取样；若单击"5×5"按钮 ✐，则可对 5×5 像素区域中的平均颜色值进行取样。

❹所选颜色：用于显示"颜色滴管工具"当前取样到的颜色。移动鼠标至"所选颜色"右侧的色块上，可查看该颜色的数值信息。

❺添加到调色板：单击"添加到调色板"按钮或者单击其右侧的下三角按钮 ▼，即可将当前取样到的颜色添加到"文档调色板"或者当前打开的调色板中。

2. 应用"颜色滴管工具"吸取颜色

应用"颜色滴管工具"在图中移动鼠标，可同时查看该处的颜色信息。将"颜色滴管工具"移至花朵图形中，可查看该花朵填充的颜色数值，参数为 C4、M44、Y92、K0，如图8-37 所示；移动鼠标至花茎处，可查看花茎的颜色数值，参数为 C38、M7、Y96、K1，如图8-38 所示。此时单击鼠标即可吸取到显示的颜色。

图8-37 吸取花朵颜色　　图8-38 吸取花茎颜色

8.2.2 属性滴管工具

"属性滴管工具"用于复制对象的属性，如填充、轮廓和大小等，并可将其应用到其他对象上。"属性滴管工具"与"颜色滴管工具"的操作方法相同，通过单击鼠标吸取对象的属性，然后 CorelDRAW 自动切换至"应用对象属性"模式，再次单击可将吸取的对象属性应用到新的对象上。选择"属性滴管工具"后，可在其属性栏中对工具的各项属性进行设置，如图 8-39 所示。

图8-39 "属性滴管工具"属性栏

❶属性：用于设置"属性滴管工具"吸取的对象的属性。在"属性"下拉列表中包含"轮廓""填充"和"文本"3 个选项，分别用于吸取对象的轮廓、填充和文本属性。选择"属性滴管工具"，单击"选择对象属性"按钮 ✐，在属性栏中选择对象属性，如图 8-40 所示。然后把鼠标移至要吸取其属性的图形位置并单击，如图 8-41 所示。

图8-40 选取属性　　图8-41 吸取图形属性

吸取图形属性后，在要应用相同属性的图形位置单击，即可应用属性效果，如图 8-42 所示。应用属性效果后，在属性栏中更改要复制的属性并在该图形位置单击，则会看到新的图形效果，如图 8-43 所示。

图8-42　应用轮廓属性

图8-43　应用更多属性

❷变换：其中包含"大小""旋转"和"位置"3个选项，分别用于设定填充对象的大小、旋转角度和位置。如图 8-44 所示，在属性栏中选择"变换"选项为"大小"，然后运用"属性滴管工具"在图形上单击吸取属性，如图 8-45 所示。

图8-44　选择变换方式

图8-45　吸取属性

吸取属性并应用变换后，可得到如图 8-46 所示的图形效果。此时在属性栏中选择"位置"选项，将得到如图 8-47 所示的图形效果。

图8-46　应用属性

图8-47　应用位置变换

❸效果：主要包括使用交互式工具对图形进行编辑的效果。其常见的选项都与交互式工具相关，分别为"透视""封套""调和""立体化""轮廓图"、PowerClip、"阴影"和"变形"。

8.2.3　智能填充工具

"智能填充工具"可以针对细小的图形区域进行填充，对于交错的图形效果特别有用。应用"智能填充工具"对图形进行填充后，在页面中将会形成一个与所填充区域相同大小的图形。对于相交的区域，应用该工具填充后，将会使相交部分的区域单独形成一个图形，并且该图形的颜色为"智能填充工具"属性栏中

设置的填充色。

1.　"智能填充工具"属性栏

单击工具箱中的"智能填充工具"按钮 ，可以在属性栏中查看与该工具相关的设置选项，主要包括"填充选项""轮廓"和"轮廓色"，如图 8-48 所示。

图8-48　"智能填充工具"属性栏

❶填充选项：用于设置指定图形的颜色。在"填充选项"下拉列表中包括"指定""使用默认值"和"无填充"3 种填充类型。打开图像，单击工具箱中的"智能填充工具"按钮，在属性栏中设置"填充选项"为"使用默认值"，对图形进行填充，可以形成一个有轮廓的图形，但是颜色未发生变换，如图 8-49 所示，可以通过指定新的填充颜色，更改填充效果，如图 8-50 所示。

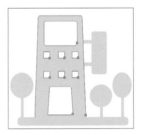

图8-49　"使用默认值"填充效果　　图8-50　指定填充效果

❷轮廓选项：用于设置轮廓的宽度和颜色等。应用"智能填充工具"对图形进行填充之前，需要先设置属性栏中的"轮廓宽度"和"轮廓色"，然后应用该工具在图形中单击，即可将图形轮廓设置为所需的宽度和颜色。如图 8-51 所示，打开"随书资源 \08\ 素材文件 \06.cdr"，在属性栏中设置"轮廓宽度"和"轮廓色"，再应用工具在图形中单击，更改轮廓线效果，如图 8-52 所示。

图8-51　打开素材文件

图8-52　填充轮廓后的效果

❸轮廓色：应用"智能填充工具"可以对图形的轮廓颜色重新进行设置。选取已设置好的图形轮廓，选择"智能填充工具"，在其属性栏中将所要填充的轮廓颜色设置为红色。设置完成后应用"智能填充工具"在图形上单击，即可更改图形的轮廓颜色，如图 8-53 所示。

图8-53　改变轮廓色的效果

2. 应用"智能填充工具"填充图形

使用"智能填充工具"可以对单独形成的图形轮廓进行填充，形成新的图形。具体操作方法为：打开素材文件，如图 8-54 所示；选择"智能填充工具"，在其属性栏中设置填充颜色为粉红色，使用"智能填充工具"在图中单击，可将单击位置的花朵图形填充为所设置的颜色，如图 8-55 所示。

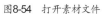

图8-54　打开素材文件　　图8-55　填充图形效果

8.3　图形的填充

图形的填充是指为图形填充不同的内容，常见的填充方式有 6 种，分别为"均匀填充""渐变填充""图样填充""底纹填充""PostScript 填充"和使用"颜色泊坞窗"填充。执行"对象 > 对象属性"菜单命令，打开"对象属性"泊坞窗。在泊坞窗中单击不同的按钮，即可选择不同的填充方式来填充图形。

8.3.1　均匀填充

"均匀填充"是为图形填充纯色，图形中的各个区域颜色相同，没有颜色变化，主要通过"对象属性"泊坞窗中的"均匀填充"选项设置并控制填充效果。用户可以根据需要对图形设置多种纯色，并且可填充为不同的颜色模式。

1. "均匀填充"选项

在"对象属性"泊坞窗中单击"均匀填充"按钮■，在展开的选项卡中可以选择"显示颜色滑块""显示颜色查看器"及"显示调色板"3种不同的方式来调整和设置填充颜色。图 8-56 所示为单击"显示颜色滑块"按钮■后，显示出的界面效果。图 8-57 所示为单击"显示颜色查看器"按钮■后，显示出的界面效果。

图8-56　"颜色滑块"选项卡　图8-57　"颜色查看器"选项卡

2. 填充图形为纯色

CorelDRAW 中填充图形为纯色的方法很简单，打开素材文件后，使用"选择工具"直接选中要填充的图形，如图 8-58 所示。打开"对象属性"泊坞窗，然后在泊坞窗中设置合适的颜色，如图 8-59 所示。

图8-58　选择要填充的图形

图8-59　设置颜色

设置后即可为图形填充上颜色，如图 8-60 所示。此外，也可以应用调色板为图形填充纯色，且方法更为简便，直接单击调色板中相应的色标，即可将图形填充上颜色，如图 8-61 所示。

图8-60　填充纯色

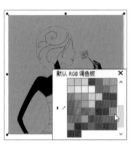

图8-61　单击色标填充

8.3.2　渐变填充

"渐变填充"就是将所绘制的图形填充上由多种颜色过渡所组成的渐变色，主要通过"对象属性"泊坞窗中的"渐变填充"选项设置并控制填充效果。在该泊坞窗中可以设置所填充图形的渐变类型，可以设置相关的渐变选项，如角度和边界等，并且可以通过下方的颜色频带调整渐变的颜色，将多种颜色组成渐变色，还可以应用系统预设的渐变效果对图形进行填充。

打开"对象属性"泊坞窗，单击"填充"选项组中的"渐变填充"按钮 ，即可展开"渐变填充"选项卡，如图 8-62 所示。

图8-62　"渐变填充"选项卡

1．渐变类型

在"渐变填充"选项卡中单击下方的渐变类型按钮，可以选择以不同的渐变方式填充图形，常用的类型包括"线性渐变填充""椭圆形渐变填充""圆锥形渐变填充"和"矩形渐变填充"4 种。填充图形时，可以根据所绘制图形的形状，选择最合适的渐变类型进行填充。图 8-63 ～图 8-66 所示分别为选择不同的渐变类型填充的图形效果。

图8-63　线性渐变效果

图8-64　椭圆形渐变效果

图8-65　圆锥形渐变效果

图8-66　矩形渐变效果

2．颜色频带

颜色频带用于设置渐变起始节点、结束节点及其他所有节点的颜色。单击颜色频带上的节点后，单击"节点颜色"旁边的倒三角形图标，在弹出的界面中即可为节点设置新的颜色，如图 8-67 所示。设置后的填充效果如图 8-68 所示。

图8-67　设置颜色

图8-68　应用设置的颜色效果

如果需要在颜色频带上添加颜色节点，则只需将鼠标移到要添加节点的位置并双击，如图 8-69 所示。双击鼠标后，即可在该位置添加颜色节点，如图 8-70 所示。此外，对于颜色频带上的节点，还可以指定其不透明度和位置。

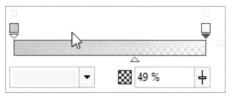

图8-69　在颜色频带上双击

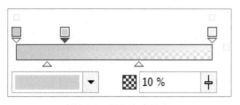

图8-70　添加颜色节点

技巧>>删除中间色

在颜色频带上添加多个颜色后，如果需要将添加的颜色删除，只需双击对应的颜色节点即可。

3. 调和过渡

"调和过渡"选项组用于设置渐变调和与颜色过渡效果，可以根据需要指定颜色节点之间的颜色调和方式，创建更加平滑的颜色过渡等。单击"渐变填充"选项卡下方的下三角按钮，即可展开"调和过渡"选项组，如图 8-71 所示。

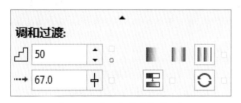

图8-71　"调和过渡"选项组

4. "变换"选项组

"变换"选项卡主要用于调整填充变换效果，如图 8-72 所示。其中，"填充宽度"和"填充高度"选项用于指定渐变填充的宽度和高度；"水平偏移"和"垂直偏移"选项可以上下或左右移动填充的中心；"倾斜"选项用于设置以指定的角度倾斜填充；"旋转"选项可指定沿顺时针方向或逆时针方向旋转颜色渐变填充图形。

图8-72　"变换"选项组

5. 渐变预设

"渐变填充"选项卡提供了多种预设的渐变效果，可以将要填充的图形填充上最适合的渐变类型。另外，用户还可以对预设的渐变值进行重新设置。单击渐变预览框右侧的下三角按钮，在展开的面板中即可选择并应用预设的渐变。图 8-73 和图 8-74 所示分别为应用不同预设渐变的填充效果。

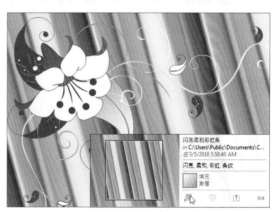

图8-73　应用"闪亮柔和彩虹条"渐变效果

图8-74　应用"透明浅绿管线"渐变效果

边学边练：应用"渐变填充"设置背景颜色

渐变填充只能用于填充矢量图形，不能填充位图图像。应用"渐变填充"对图形进行填充的主要方法是展开"对象属性"泊坞窗中的"渐变填充"选项卡，在选项卡中设置所需要填充的渐变颜色及填充的角度等，完成图形颜色的填充。图8-75所示为编辑前后的对比效果。

图8-75　编辑前后的对比效果

01 创建一个"宽度"为308.2 mm、"高度"为297 mm的文档，单击"矩形工具"按钮▢，创建一个和页面相同大小的矩形，如图8-76所示。

02 打开"对象属性"泊坞窗，单击"渐变填充"按钮◢，再单击"椭圆形渐变填充"按钮▨，将渐变类型设置为辐射效果，并对其他参数进行设置，如图8-77所示。

图8-76　绘制矩形

图8-77　设置参数

03 在"对象属性"泊坞窗中设置完成后，即可将背景填充上渐变色，如图8-78所示。

04 导入"随书资源\08\素材文件\10.cdr"，效果如图8-79所示。

图8-78　填充渐变色

图8-79　打开并移动素材

05 使用"选择工具"选中其中一棵树木图形，单击"对象属性"泊坞窗中的"渐变填充"按钮◢，在展开的"渐变填充"选项卡中设置填充选项，如图8-80所示。

06 应用设置的选项，为选中图形填充颜色，并去除轮廓线，如图8-81所示。

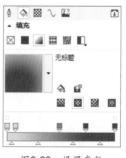

图8-80　设置参数

图8-81　填充渐变色

07 使用相同的方法，继续选中树木图形，通过设置"渐变填充"选项，为其余的树木图形填充椭圆形渐变效果，如图8-82所示。

图8-82 为树木图形填充渐变颜色

08 继续使用"选择工具"选取房屋的各个部分，结合"对象属性"泊坞窗，分别为其填充上合适的颜色，如图8-83所示。

图8-83 为房屋图形填充渐变颜色

09 使用相同的方法，分别为下方的雪地图形填充渐变颜色，如图8-84所示。

图8-84 填充地面颜色

10 使用"选择工具"选取图上的星星图形，然后分别填充上渐变效果，完成本实例的制作，如图8-85所示。

图8-85 填充星光颜色

8.3.3 图样填充

"图样填充"指的是在图形中间以各种类型的图案或位图进行填充，可以通过设置来调整所填充内容的颜色、高度等，使之更符合所绘制的图形。应用"图样填充"对图形进行编辑和填充后，还可以应用"透明度工具"重新设置图形的透明度。

1. 图样填充类型

图样的填充类型共有 3 种，分别为"向量图样填充""位图图样填充""双色图样填充"。这 3 种填充类型主要通过单击不同的工具按钮进行切换。"向量图样填充"由多种交错的图案进行组合，这些图案由各种颜色组成，如图8-86 所示。"位图图样填充"以位图为单位对图形进行填充，可以对位图的高度及宽度等进行重新设置，如图 8-87 所示。

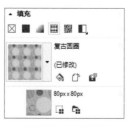
图8-86 向量图样

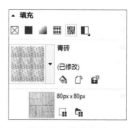
图8-87 位图图样

"双色图样填充"使用选择的图案填充，填充图案只包括选定的两种颜色，如图8-88所示。

图8-88　双色图样

2. 应用"图样填充"设置背景颜色

对绘制的图形应用"图样填充"同样可以通过"对象属性"泊坞窗来完成。下面以填充双色图样为例进行介绍。选择所要填充的图形，如图 8-89 所示。打开"对象属性"泊坞窗，在其中先单击"填充"按钮，再单击"双色图样填充"按钮，然后在"图样填充"列表中选择合适的图案，并设置图案的宽度和高度。设置完成后，从图中可以看出填充图样后的效果，如图 8-90 所示。

图8-89　选中背景

图8-90　填充背景图形

边学边练：应用"图样填充"设置背景颜色

"图样填充"可以将图形填充为各种位图效果，突出图形的明暗关系，得到特殊的图像。本实例中先绘制出细节和轮廓线条，然后选取绘制的各部分图形，应用"图样填充"逐一填充合适的颜色，填充后的效果如图 8-91 所示。

图8-91　最终效果

01 绘制人物的外形，应用"钢笔工具"绘制轮廓后，使用"形状工具"将其调整为平滑效果，如图8-92所示。

02 结合应用"钢笔工具"和"形状工具"绘制人物的五官图形，同样调整为平滑效果，如图8-93所示。

03 在头部图形的两侧绘制花朵和树叶图形，如图8-94所示。

图8-92　绘制人物外形

图8-93　绘制人物的五官

图8-94　绘制花朵和树叶

04 应用"选择工具"选中需要填充的图形轮廓，如图8-95所示。

图8-95 选中图形轮廓

05 打开"对象属性"泊坞窗，在泊坞窗中单击"填充"按钮，再单击"位图图样填充"按钮，选择位图图案，并将"填充宽度"和"填充高度"都设置为70 mm，为图形填充图案效果，如图8-96所示。

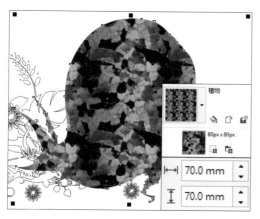

图8-96 设置并填充图样

06 选取人物的脸部图形，并填充为白色，头顶上的花朵图形也填充为白色，如图8-97所示。

图8-97 填充白色

07 选取绘制的五官图形，为其填充上不同的颜色，如图8-98所示。

图8-98 填充五官

08 选取其余的花朵和树叶图形，合并图形，再填充图样，如图8-99所示。

图8-99 填充花朵

09 应用"矩形工具"绘制一个与页面同等大小的矩形，打开"对象属性"泊坞窗，选择填充的位图图案后，将"填充宽度"和"填充高度"都设置为450 mm，为图形填充图样效果，如图8-100所示。

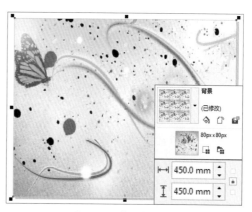

图8-100 填充背景图样

10 选择"透明度工具",在属性栏中设置图形的"透明度"为70,创建半透明的图形效果,如图8-101所示。

图8-101 设置"透明度"

11 调整图像顺序,将填充了图样的矩形图形置于底层,最后选择"文本工具",在填充后的图像下方输入文字,如图8-102所示。

图8-102 最终效果

8.3.4 底纹填充

"底纹填充"又称纹理填充,它是随机生成的填充,用来赋予对象自然的外观,可以将模拟的各种材料底纹、材质或纹理填充到图形中。同时,用户还可以对这些纹理的属性进行设置。

1. 选择填充底纹

在 CorelDRAW X8 中,单击"对象属性"泊坞窗中"双色图样填充"右下角的倒三角形按钮,在展开的列表中选择"底纹填充"选项,如图 8-103 所示。

图8-103 选择"底纹填充"选项

选择后会显示如图 8-104 所示的"底纹填充"选项卡,在选项卡中可以选择底纹库和底纹样式。

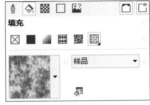

图8-104 "底纹填充"选项卡

2. 编辑"底纹填充"选项

使用底纹填充图形时,可以对系统预设的底纹样式做进一步的编辑,以得到更符合需求的图形填充效果。单击"底纹填充"选项卡下方的"编辑填充"按钮,即可打开如图 8-105 所示的"编辑填充"对话框。在对话框中选择底纹后,在右侧会显示该底纹名称和具体的参数值。

图8-105 "编辑填充"对话框

在"编辑填充"对话框中选择不同的"底纹库",将会显示出不同的底纹效果,同时对话框右侧所显示的选项也会有所不同。图 8-106 和图 8-107 所示分别展示了不同底纹库中不同底纹样式的参数设置。

图8-106 "样本6"底纹库"刹车灯"底纹

图8-107 "样式"底纹库"空中摄影"底纹

3. 应用"底纹填充"填充图形

应用"底纹填充"时，可以在底纹库中选择合适的底纹样式对图形进行填充，也可以对系统默认的颜色进行重新设置，还可以对要填充的样式进行预览等。具体操作方法为：打开要编辑的图形，应用"交互式填充工具"在要填充的图形位置单击，选中图形，如图8-108所示。打开"编辑填充"对话框，在对话框中选择所要填充的底纹样式，如图8-109所示。

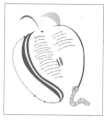
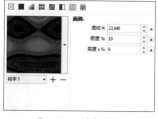

图8-108 选中图形　　图8-109 选择样式

选择样式后，再对该样式的各项参数进行设置，如图8-110所示。设置完成后单击"确定"按钮，即可为图形填充底纹效果，如图8-111所示。

图8-110 设置选项　　图8-111 填充后的效果

8.3.5 PostScript 填充

"PostScript 填充"是指将图形填充上由单个元素所排列组成的整体效果，并且可以对单个元素之间的排列方式、间距等重新进行设置。在"编辑填充"对话框中单击"PostScript 填充"按钮，然后在对话框中间的列表框中选择填充图案后，在对话框左侧即可预览当前选择的图

案效果，并且可以在"参数"选项组中对相关参数进行设置，如图8-112所示。

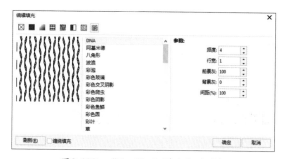

图8-112 "PostScript填充"选项卡

应用"PostScript 填充"填充图形的基本操作与应用其他填充方法相同。选择所要填充的图形对象，如图8-113所示；然后打开"PostScript 填充"选项卡，在其中选择合适的填充类型，如图8-114所示。

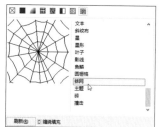

图8-113 选中图形　　图8-114 选择填充类型

选择填充类型后，单击"编辑填充"按钮，在打开的"编辑填充"对话框中调整参数值，如图8-115所示。设置好后单击"确定"按钮，即可应用设置填充图形，效果如图8-116所示。

图8-115 设置参数　　图8-116 填充后的效果

8.3.6 使用"颜色泊坞窗"填充

"颜色泊坞窗"主要用于设置纯色。执行"窗口 > 泊坞窗 > 彩色"菜单命令，打开"颜色泊坞窗"，如图8-117所示。在"颜色泊坞窗"中有以下3种设置纯色的方法。

方法 1：使用鼠标在颜色查看器中单击，直接设置颜色，如图 8-118 所示。

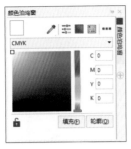

图8-117　颜色泊坞窗

图8-118　单击设置颜色

方法 2：拖动颜色滑块来设置新的颜色，如图 8-119 所示。

方法 3：在调色板中选择已定义的颜色，如图 8-120 所示。

图8-119　拖动滑块设置

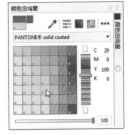

图8-120　单击色块设置

应用"颜色泊坞窗"填充图形时，要先选择填充的图形，然后设置颜色并单击"填充"按钮，为图形填充颜色。

边学边练：应用"颜色泊坞窗"填充图形

在"颜色泊坞窗"中可以使用所设置的颜色为图形添加渐变颜色。本实例使用图形绘制工具在新建的文件中绘制各种不同形状的图形，结合"交互式填充工具"和"颜色泊坞窗"为绘制的图形填充合适的渐变颜色，效果如图 8-121 所示。

图8-121　绘制并填充图形

---

01 创建一个空白文档，然后应用"矩形工具"在图中适当的位置拖动，绘制一个矩形，如图8-122所示。应用"交互式填充工具"为矩形添加渐变色，如图8-123所示。

02 执行"窗口＞泊坞窗＞彩色"菜单命令，打开"颜色泊坞窗"，设置CMYK颜色值，如图8-124所示。单击"填充"按钮，为图形填充颜色，如图8-125所示。

图8-122　绘制矩形

图8-123　填充渐变色

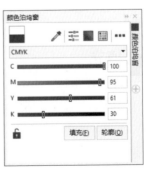

图8-124　设置颜色

图8-125　填充后的效果

03 在渐变线上双击鼠标，添加节点，并在 "颜色泊坞窗"中设置节点的颜色，如图 8-126所示。设置好后单击"填充"按钮，填充渐变色，效果如图8-127所示。

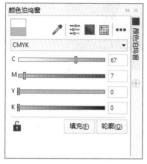

图8-126 设置颜色

图8-127 填充后的效果

04 使用步骤03的操作，添加节点，在"颜色泊坞窗"中对各节点的颜色进行更改，如图8-128所示。更改后单击"填充"按钮，填充渐变效果，如图8-129所示。

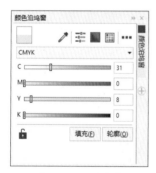

图8-128 设置颜色

图8-129 填充后的效果

05 在图上方绘制一个矩形图形，并使用"交互式填充工具"填充渐变色，如图8-130所示。

06 打开"随书资源\08\素材文件\14.cdr"，复制两个素材图形到所绘制图形的窗口中，并调整图形的大小、角度和位置，如图8-131所示。

图8-130 绘制矩形

图8-131 调整素材图形

07 使用"钢笔工具"绘制两个光束图形，并应用"交互式填充工具"填充渐变色，如图8-132所示。

08 使用"钢笔工具"绘制一个不规则图形，并填充为白色，如图8-133所示。

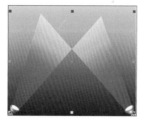

图8-132 填充渐变色

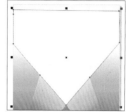

图8-133 绘制并填充图形

09 执行"对象>顺序>向后一层"菜单命令，调整图形的顺序，效果如图8-134所示。

10 使用"钢笔工具"绘制一个唱歌的女人的剪影轮廓，如图8-135所示。

图8-134 调整图形顺序

图8-135 绘制人物轮廓

11 如图8-136所示，打开"颜色泊坞窗"，将绘制的人物图形填充为黑色，效果如图8-137所示。

图8-136 设置参数

图8-137 填充人物图形

12 复制一个人物图形，将图形填充为渐变色，并调整图形的位置和大小，最终效果如图8-138所示。

图8-138　最终效果

8.4　交互式填充工具组

交互式填充工具组包括"交互式填充工具"和"网状填充工具"。这两种工具都可以为复杂的图形填充合适的颜色。要掌握这两种工具，首先需要认识该工具属性栏中的相关参数，然后逐步掌握工具的使用方法。

8.4.1　交互式填充工具

为了灵活地对图形进行填充，CorelDRAW中提供了"交互式填充工具"。"交互式填充工具"允许用户应用渐变、图样、底纹各种填充方式填充选择的对象。

1．"交互式填充工具"属性栏

单击工具箱中的"交互式填充工具"按钮，可以在属性栏中查看与该工具相关的属性。当在属性栏中选择不同的填充类型时，属性栏所显示的选项会有一定的差别。图8-139所示为选择"渐变填充"类型时所显示的属性栏。

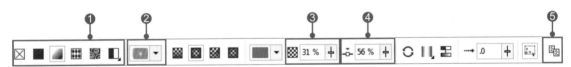

图8-139　"交互式填充工具"属性栏

①填充类型：在属性栏左侧的"填充类型"选项组中有8种填充类型供用户选择，分别为"无填充"、"均匀填充"、"渐变填充"、"向量图样填充"、"位图图样填充"、"双色图样填充"、"底纹填充"和"PostScript填充"。虽然每种填充类型都有自己对应的属性栏选项，但其操作步骤和设置方法基本相同。图8-140～图8-147所示分别为应用不同的填充类型对图形进行填充的效果。

图8-142　渐变填充

图8-143　向量图样填充

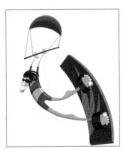

图8-140　无填充

图8-141　均匀填充

图8-144　位图图样填充

图8-145　双色图样填充

图8-146 底纹填充　　　　图8-147 PostScript填充

图8-152 "节点位置"为　　　图8-153 "节点位置"为
　　70%的效果　　　　　　　95%的效果

❷填充挑选器：用于选择填充的颜色、图案等，单击其右侧的下三角按钮，在展开的"填充"面板中即可选择填充的颜色或图案等。

❸节点透明度：用于调整填充的透明效果。设置的参数值越大，图形填充效果越透明；反之，设置的参数值越小，图形填充效果越明显。图 8-148和图8-149所示分别展示了设置"节点透明度"为8%和70%时，应用渐变填充的图形效果。

❺复制填充：选取图形，单击"复制填充"按钮 🖫，可以将该对象中填充的效果复制到其他指定的对象上，实现相同效果的填充。

2. "交互式填充工具"的应用

"交互式填充工具"的应用是通过在中间添加过渡色的方法来进行的。首先应用该工具在所要填充的图形上拖动，如图 8-154 所示。释放鼠标即可将图形填充为默认的黑白渐变色，如图 8-155 所示。

图8-148 "节点透明度"　　图8-149 "节点透明度"
　为8%的效果　　　　　　　为70%的效果

❹节点位置：用于设置渐变变换的程度。离中心数值越近，所得到的图形效果越明显，中间的过渡色效果也越少。打开"随书资源 \08\ 素材文件 \17.cdr"，查看背景填充效果，从属性栏中可以看出渐变填充"节点位置"的数值为 10%，如图 8-150 所示；将其设置为 40% 后，从图 8-151 中可以看出边缘的颜色向中间移动，过渡色减少了。

图8-154 用鼠标拖动　　　图8-155 填充默认渐变色

填充渐变色后，使用鼠标单击，选中节点，被选中的节点显示为双矩形框。如图 8-156 所示，单击右侧的"节点颜色"，可以对节点颜色进行调整，从而更改填充效果，如图 8-157 所示。

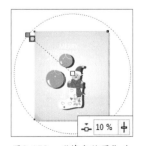

图8-150 "节点位置"为　　　图8-151 "节点位置"为
　10%的效果　　　　　　　40%的效果

如图 8-152 和图 8-153 所示，分别设置"节点位置"为 70% 和 95%，设置后可使边缘的颜色不断向中间靠近。

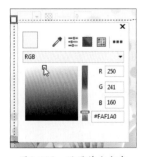

图8-156 设置节点颜色　　　图8-157 更改填充效果

技巧>>设置"渐变填充"的过渡颜色

指定"渐变填充"的过渡颜色，主要通过鼠标在渐变控制条上双击来实现。如图 8-158 所示，打开"随书资源 \08\ 素材文件 \19. cdr"，应用"交互式填充工具"单击图形背景，可以看出该图形已经被填充上渐变色，在渐变控制条中间位置双击，即可在双击位置添加一个渐变过渡色标，如图 8-159 所示。

选中添加的过渡色标，打开"对象属性"泊坞窗，在泊坞窗中指定节点颜色，如图 8-160 所示。设置后可以更改渐变效果，如图 8-161 所示。

图8-160　设置节点颜色　　图8-161　更改渐变效果

图8-158　选中图形　　图8-159　双击添加过渡色

边学边练：应用"交互式填充工具"填充图形

使用"交互式填充工具"对图形进行填充主要是通过添加过渡色及旋转图形来进行填充。下面的实例中，先应用"选择工具"选取所要填充的部分图形，然后用"交互式填充工具"在绘制的钢琴图形上拖动，为其填充不同的渐变色，填充前后的效果对比如图 8-162 所示。

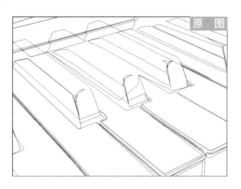

图8-162　编辑前后的对比效果

01 打开"随书资源\08\素材文件\20.cdr"，如图8-163所示。

02 应用"交互式填充工具"在需要填充的图形上单击并拖动，填充渐变色。打开"对象属性"泊坞窗，然后分别选择色标，调整其颜色，为图形设置合适的填充效果，如图8-164所示。

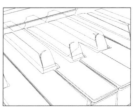
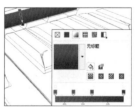

图8-163　打开素材文件　　图8-164　填充渐变色

03 使用"交互式填充工具"在另一个图形上单击并拖动，填充渐变色。打开"对象属性"泊坞窗，然后添加节点，为图形填充不同的颜色，如图8-165所示。

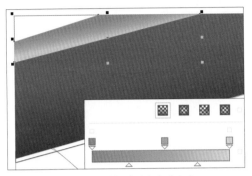

图8-165 选择并填充渐变颜色

04 分别挑选不同的颜色，填充黑键图形，如图8-166所示。

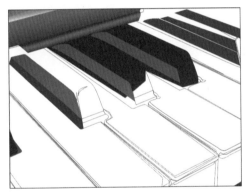

图8-166 为黑键部分填充颜色

05 使用"交互式填充工具"在白键上单击并拖动，填充渐变色。打开"对象属性"泊坞窗，在渐变条上双击添加多个渐变节点，并为其设置不同的颜色，填充图形，如图8-167所示。

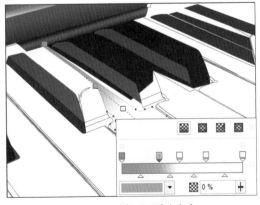

图8-167 选择图形填充颜色

06 选择各个区域的白键，使用步骤05的方法，为其填充渐变色，如图8-168所示。

图8-168 填充渐变色

07 应用"交互式填充工具"挑选图形，将键盘上其他的细节图形都填充上颜色，突出图形的立体效果，如图8-169所示。

图8-169 为细节填充颜色

08 应用"选择工具"选取图形，继续对细节部分进行填充，完成本实例的制作，最终效果如图8-170所示。

图8-170 最终效果

对于填充的渐变颜色，除了可以使用"对象属性"泊坞窗更改以外，还可以使用调色板来更改。具体操作方法为：应用鼠标单击需要更改颜色的节点，如图 8-171 所示；然后单击调色板中的色块，就可以将该节点更改为新的颜色，如图 8-172 所示。

图8-171　选中节点　　　图8-172　更改颜色

8.4.2　网状填充工具

在交互式填充工具组中还有一种工具"网状填充工具"，应用此工具可以轻松地为图形填充网状效果，并根据所绘制图形的方向和轮廓调整不同的图形效果。

1. "网状填充工具"属性栏

"网状填充工具"的主要控制参数来自于该工具的属性栏。单击工具箱中的"网状填充工具"按钮 ▦，即可在属性栏中显示与该工具相关的选项，包括设置网格大小、添加交叉点、删除节点、调整节点类型等，如图 8-173 所示。

图8-173　"网状填充工具"属性栏

❶网格大小：用于设置所添加的网格数量。设置的数值越大，网格数量越多，网格也越小。应用"网状填充工具"进行编辑时，可以通过设置"网格大小"的方法来添加网格，如图 8-174 和图 8-175 即为添加网格前后的对比效果。

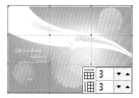 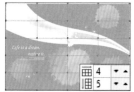

图8-174　网格为3×3　　　图8-175　添加网格

❷选取模式：用于指定对象填充的模式，可以在"手绘"和"矩形"两种选取范围模式之间进行切换。

❸"添加交叉点"和"删除节点"："添加交叉点"就是应用"网状填充工具"在图中添加关键点，使填充的图形效果更接近图形的外形效果；"删除节点"是将该节点周围的横向和纵向节点一起删除。打开"随书资源 \08\ 素材文件 \23.cdr"，应用"网状填充工具"单击图形，效果如图 8-176 所示。单击属性栏中的"添加交叉点"按钮 ▦，即可为图形添加节点，如图 8-177 所示。添加后的节点也具有与其他节点相同的属性，可以对节点位置及形状等重新进行设置。

图8-176　单击图形　　　图8-177　添加节点效果

应用"网状填充工具"选取要删除的节点，如图 8-178 所示。单击属性栏中的"删除节点"按钮 ▦，从删除后的效果中可以看出中间添加的颜色都消失了，如图 8-179 所示。

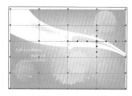 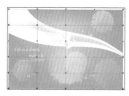

图8-178　选取要删除的节点　　　图8-179　删除节点效果

❹网状填充颜色：用于设置网格中各节点的颜色，可通过单击"滴管工具"按钮 🖊 吸取图形中的颜色，也可通过单击"滴管工具"右侧的色块，在打开的颜色列表中选择颜色进行调整。

❺透明度：用于调整填充颜色的透明度。打开"透明度"滑块，向右拖动滑块，可降低填充颜色的浓度，拖至最右端时，可完全显示出其下层的图形。

❻平滑网状颜色：应用"网状填充工具"为图形填充颜色后，单击"平滑网状颜色"按钮 🖳，可以减少网状填充中的硬边缘，使颜色混合得更加均匀，过渡更加平滑、自然。

❼清除网状：单击属性栏中的"清除网状"按钮 🖳，可以将图形还原到未填充时的效果。如果填充的图形效果未包含轮廓，那么去除填充后的效果为未填充，并且不显示边框。打开"随书资源\08\素材文件\24.cdr"，应用"网状填充工具"单击图形，效果如图 8-180 所示。单击"清除网状"按钮后，可得到如图 8-181 所示的图形效果。

2. "网状填充工具"的应用

"网状填充工具"和"交互式填充工具"的使用方法相同。首先为图形添加网状及节点，选择所要填充的节点，如图 8-182 所示；然后在属性栏中设置所需的颜色，即可为图形填充上设置的颜色，如图 8-183 所示。

图8-182 选中节点　　图8-183 指定节点颜色

如果对填充的图形形状不满意，可以通过编辑节点的方法对图形形状进行重新编辑。图8-184所示为对书桌桌面进行重新编辑后的效果。

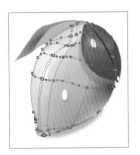

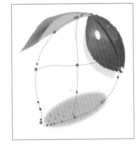

图8-180 选择图形　图8-181 去除网状填充后的图形

图8-184 编辑后的效果

边学边练：应用"网状填充工具"绘制图标

使用"网状填充工具"可以按照图形的轮廓进行填充，划分出图形明暗之间的关系，表现出图形的立体效果。本实例使用绘图工具绘制出图标的外形轮廓线，为绘制的图形中填充上基础颜色后，利用"网状填充工具"对图形的细节部分进行填充和编辑，制作出了可爱的卡通图标效果，如图 8-185 所示。

图8-185 卡通图标效果

01 创建一个空白文档，应用"椭圆形工具"在图中拖动，绘制一个椭圆，如图8-186所示。

02 使用"钢笔工具"绘制出图中其他部分的图形，包括眼睛和嘴部等，如图8-187所示。

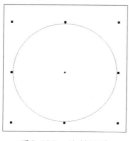

图8-186　绘制椭圆

图8-187　绘制图形

图8-192　填充嘴部

图8-193　填充网状

03 选取椭圆图形，应用"交互式填充工具"为其填充渐变，并去除轮廓线条，如图8-188所示。

04 使用"网状填充工具"在图中单击，并添加上边缘的节点，如图8-189所示。

09 使用同样的方法，对嘴部图形中其余部分的图形进行填充，如图8-194所示。

10 使用"钢笔工具"和"形状工具"在眼睛位置绘制出高光图形，并填充为白色。选择"透明度工具"，将图形的"透明度"设置为40，如图8-195所示。

图8-188　填充渐变

图8-189　添加节点

图8-194　填充舌头图形

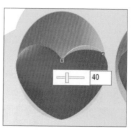

图8-195　设置透明度

05 添加节点后，选择节点，结合"颜色泊坞窗"为各节点设置合适的颜色，填充图形效果，如图8-190所示。

06 选取眼睛位置的图形，分别应用"网状填充工具"为其填充不同的颜色，如图8-191所示。

11 使用"钢笔工具"和"形状工具"在红色的心形眼睛位置绘制图形，填充为白色，去除轮廓线，如图8-196所示。

12 将绘制的图形转换为位图，应用"高斯式模糊"滤镜对图形进行编辑，模糊图像，如图8-197所示。

图8-190　设置节点颜色

图8-191　填充图形

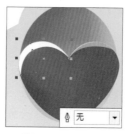

图8-196　绘制图形

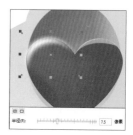

图8-197　应用滤镜模糊图像

07 对嘴部和舌头图形进行填充，应用"交互式填充工具"填充初步的颜色，如图8-192所示。

08 应用"网状填充工具"单击嘴部图形，并在边缘和中间填充不同的颜色节点，调整各节点的颜色，得到如图8-193所示的图形效果。

13 使用与步骤10～步骤12相同的方法，为另一只眼睛添加高光，完成本实例的制作，如图8-198所示。

图8-198　最终效果

第9章
文本的处理

文本是 CorelDRAW X8 中不可缺少的一部分，所以在学习图形的绘制方法时，也应该学会应用"文本工具"在图中输入文字。对于文本的处理，主要分为 3 个部分进行学习：美术字、段落文字及路径中的文字。本章重点学习"文本工具"的使用方法，以及路径和文本之间的关系和设置。

9.1 文本工具

完成图形的绘制操作后，为了丰富画面，经常需要在图中添加合适的文字。在 CorelDRAW 中，应用"文本工具"可以在版面指定位置输入文字。"文本工具"一般用于输入美术字或段落文字，这两类文字的创建方法不同，但是都可以应用"文本工具"属性栏中的相关按钮对输入的文字重新进行编辑和设置。

9.1.1 美术字

美术字是用"文本工具"创建的一种文本类型，它可以用于设置标题文字或图形效果。例如，使文本适合路径及创建所有其他特殊效果。

1. "文本工具"属性栏

"文本工具"属性栏所提供的相关操作都是针对输入的文字进行设置，主要包括对文字字体、文字大小、字体形状及对齐方式等的设置，如图 9-1 所示。

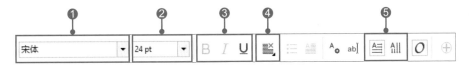

图9-1 "文本工具"属性栏

❶字体列表：在属性栏中单击"字体列表"右侧的下三角按钮，在打开的下拉列表中单击所需的字体名称，即可完成文本字体的设置。

❷字体大小：单击"字体大小"右侧的下三角按钮，在展开的下拉列表中选择相应的数值，即可设置文字的大小，也可以直接在下拉列表框中输入数值。

❸字体形状：字体形状用于设置字体的形状，其中"粗体"和"斜体"只对英文字体有效。单击"粗体"按钮 B，可以将文字边缘加粗；单击"斜体"按钮 I，可以制作斜体效果；单击"下画线"按钮 U，可以在文字底部添加下画线。

❹文本对齐：单击属性栏中的"文本对齐"按钮，在展开的列表中共有 6 种文本对齐方式，分别为"无""左""居中""右""全部调整"和"强

制调整"，如图 9-2 所示。用户可以将输入的文字设置为其中任意一种对齐方式。

图9-2 文本对齐方式

❺文本方向：指文字在水平或垂直方向上的排列。单击 按钮，可以输入横排的文字；单击 按钮，可以输入纵向的文字。

2. 输入文字并设置属性

应用"文本工具"输入文字后，可以对文字大小进行设置。应用"文本工具"在图中单击并输入文字，然后在属性栏中将文字设置为合适的大小及字体，如图9-3所示。此外，还可以将文字设置为其他颜色，如图9-4所示。

图9-3　设置文字的字体和字号

图9-4　设置文字的颜色

9.1.2　段落文字

段落文字和美术字在文本属性上并不完全相同。段落文字具有美术字所不具有的某些特征，如段落文字之间可以设置间距、行距、首行缩进等参数。段落文字一般用于表述主体的说明性文字，比较特殊的是可以在输入的段落文字前添加项目符号或进行首字下沉等。这些都不能用于对美术字的设置。

1. 创建文本框

文本框主要用于输入段落文字，用户可以根据需要创建相应尺寸的文本框。对于已创建的文本框，还可以继续调整其长度、宽度等。具体操作方法为：应用"文本工具"在页面中

拖动，如图9-5所示。释放鼠标后，即可创建出新的文本框，其大小就是应用"文本工具"拖动时的大小，如图9-6所示。

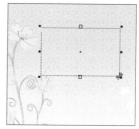

图9-5　拖动鼠标　　　图9-6　创建文本框

2. 在文本框中输入文字

在画面中单击并拖动，创建文本框后，会自动将光标插入点放置到文本框的左上角位置，如图9-7所示。此时只需要在文本框中输入相应的文字，即可完成段落文字的添加，如图9-8所示。

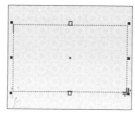

图9-7　显示光标插入点　　　图9-8　输入文字

3. 显示/隐藏文本框

应用"选择工具"将未隐藏的文本框选取，如图9-9所示。执行"文本>段落文本框>显示文本框"菜单命令，即可隐藏选择的文本框。隐藏文本框后，还是会显示文本框中的文本，如图9-10所示。需要注意的是，如果文本超出了文本框所能容纳的量，文本框会显示为红色。即使执行了菜单命令，依然会显示文本框，提示用户存在更多文本。

图9-9　选取文本框　　　图9-10　隐藏文本框

4. 设置段落文字的字体

设置段落文字的字体和设置美术字的方法相同。应用"选择工具"选取输入的段落文字，如图 9-11 所示。在打开的"字体列表"下拉列表中选择需要的字体，如图 9-12 所示。

图9-11 选择段落文字

图9-12 选择字体

在绘图窗口中可看到字体的更改效果，如图 9-13 所示。当选择不同的字体时，可预览不同字体的效果，如图 9-14 所示。

图9-13 应用字体

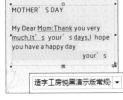

图9-14 设置其他字体

技巧 >> 旋转文本框

旋转文本框指的是将文本框整体进行旋转，包括文本框中所输入的文字。旋转文本框和旋转图形的方法相同。应用"选择工具"在文本框中单击，然后将光标移动到文本框四角的任一旋转控制箭头上，如图 9-15 所示；拖动鼠标，可将其顺时针或逆时针方向旋转，如图 9-16 所示。释放鼠标后，即可查看旋转后的效果。除此之外，还可以使用"文本工具"属性栏中的"旋转角度"选项来调整并旋转文本框及文本框中的文字。

图9-15 移至文本框边缘

图9-16 旋转文本框

边学边练：应用"文本工具"添加海报文字

在图中添加合适的文字能够制作出完整的海报效果。具体操作方法为：利用"文本工具"在图中单击并拖动，绘制文本框，然后在其中输入文字，并将所输入的文字设置为所需的颜色、字体及字体大小。编辑前后的对比效果如图 9-17 和图 9-18 所示。

图9-17 编辑前

图9-18 编辑后

01 导入"随书资源\09\素材文件\04.cdr"，如图9-19所示。

图9-19　打开素材文件

02 应用"文本工具"在图像的左上角位置绘制一个文本框，并在文本框中输入文字"青春唱响"，如图9-20所示。

图9-20　创建文本框并输入文字

03 选择输入的文字，在属性栏中设置输入文字的字体和大小，然后填充为白色，如图9-21所示。

图9-21　设置文字的字体、字号和颜色

04 使用相同的方法，在图像的左侧中间区域输入文字，并适当调整其字体和颜色，如图9-22所示。

图9-22　输入文字并调整其效果

05 在图像的左下方位置输入活动举办的时间和地点等信息，并设置文字颜色为黑色，如图9-23所示。

图9-23　继续输入文字

06 为图像添加装饰图形。应用"矩形工具"和"箭头形状工具"绘制所需的形状，如图9-24所示。

07 选中图像下方的矩形，利用"透明度工具"设置图形的透明度为50，提高透明度效果，完成本实例的制作，如图9-25所示。

图9-24　绘制形状　　　　图9-25　最终效果

9.2 "文本属性"泊坞窗

"文本属性"泊坞窗对于设置美术字和段落文字有重要作用，应用此泊坞窗可以对输入的文字进行设置，如设置文字字体、间距、特殊字符效果等。

9.2.1 字符属性

字符属性主要用于对美术字进行调整，执行"文本 > 文本属性"菜单命令，即可打开"文本属性"泊坞窗。在该泊坞窗中将显示如图9-26 所示的字符属性，可以设置文字字体、文字大小、文字颜色填充、文字背景颜色填充、文字轮廓宽度和字符位移等。

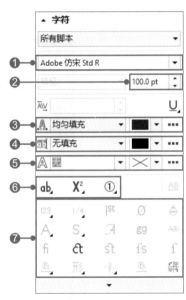

图9-26　字符属性

❶字体列表：单击"字体列表"右侧的下三角按钮，在展开的下拉列表框中选择合适的字体，即可对文字的字体进行设置。图 9-27 和图 9-28 所示分别为设置不同的字体时的文字效果。

图9-27　方正字体效果

图9-28　华康字体效果

❷字体大小：单击"字体大小"微调按钮，可以进行文字大小的设置。用户也可以在设置文字大小的数值框中直接输入数值来设置文字大小。图9-29 和图 9-30 分别展示了设置"字体大小"为 50 pt 和 80 pt 时的文字效果。

图9-29　设置为50 pt时的效果　图9-30　设置为80 pt时的效果

技巧>>快速调整文字大小

要调整文字的大小，可以直接用"选择工具"选中输入的文字，然后拖动显示的编辑框，即可快速调整文字大小。如果需要调整段落文字的大小，则需要选中文字，利用"字体大小"选项进行调整。

❸文字填充类型：在"字符"选项卡中新增了"填充类型""文本颜色"和"填充设置"选项。"填充类型"用于选择文字填充效果，包括"无填充""均匀填充""渐变填充""双色图样""向量图样""位图图样""底纹填充"和"PostScript 填充"8 个选项，如图 9-31 所示。若要为文字填充纯色效果，则选择"均匀填充"选项，然后单击颜色块旁边的下三角按钮，在显示的颜色挑选器中设置颜色，如图 9-32 所示。设置完成后即可得到如图 9-33 所示的文字填充效果。若要填充底纹效果，则选择"底纹填充"选项，填充效果如图 9-34 所示。

图9-31　"填充类型"下拉列表　图9-32　设置颜色

图9-33　填充纯色效果　图9-34　填充底纹效果

❹**背景填充类型**：在"背景填充类型"下拉列表框中选择要用于填充字符背景的任意类型，如图9-35所示。选择背景填充类型后，在右侧的"文本背景颜色"下拉列表框中可以进一步选择填充的颜色、图案等，图9-36所示为"向量图样"列表。图9-37和图9-38所示分别展示了不同的背景填充效果。

 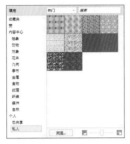

图9-35 "背景填充类型"列表　图9-36 "向量图样"列表

图9-37 向量图样填充　　　图9-38 PostScript填充

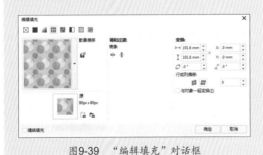
❺**轮廓宽度**：用于设置字体的轮廓线宽度。单击"轮廓宽度"下三角按钮，在弹出的下拉列表中即可选择适合文本的宽度值。设置宽度后，可以单击"轮廓颜色"右侧的下三角按钮，在展开的颜色挑选器中设置轮廓线的颜色。图9-40和图9-41所示为设置不同轮廓宽度、颜色时的文本效果。

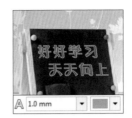 

图9-40 宽度为1.0 mm　　图9-41 宽度为2.0 mm

图9-42 "轮廓笔"对话框　图9-43 应用轮廓线效果

❻**字符效果**：在"文本属性"泊坞窗中单击"大写字母"按钮，即可打开下拉列表，在其中可以根据需要选择将文字转换为全部大写、标题大写等效果。图9-44所示为原素材效果，图9-45所示为全部大写字母效果；单击"位置"按钮，可以根据需要将文字设置为上标、下标等效果，如图9-46和图9-47所示；单击"替代注释格式"按钮，可以将选中文字转换为指定的文本注释效果。

图9-44 选中文字　　　图9-45 设置为全部大写字母

图9-46 下标（自动）效果　图9-47 上标（合成）效果

❼文字样式：单击文字样式或者其右下角的下三角按钮，可以选择合适的样式来调整文字效果。

9.2.2 段落属性

"段落"选项卡的主要作用是设置段落文字中的对齐方式、间距及文本方向等，通过对泊坞窗相应选项的展开，可在数值框中输入相应的数值来设置相关参数。在"文本属性"泊坞窗中单击"段落"按钮■，即可切换到"段落"选项卡，其中所包含的选项如图 9-48 所示。

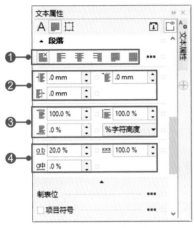

图9-48 "段落"选项卡

❶对齐：用于设置段落文本的对齐方式，包括"无水平对齐"■、"左对齐"■、"居中"■、"右对齐"■、"两端对齐"■和"强制两端对齐"■6种对齐方式。选取需要编辑的段落文本，单击相应的对齐按钮即可应用该对齐方式。图 9-49 和图 9-50所示分别展示了设置为"左对齐"和"居中"时的文字效果。

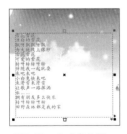

图9-49 左对齐效果

图9-50 居中对齐效果

❷缩进量：用于控制段落文本移动的距离，包括"左行缩进""首行缩进"和"右行缩进"，在对应的数值框中输入数值，即可对缩进量进行设置。在"首行缩进"数值框中输入 70 mm 后，从设置后的段落文本中可看出文字向右侧移动了，如图 9-51所示。如果将数值设置为负值，可将段落向左侧移动。

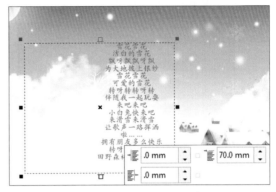

图9-51 首行缩进70 mm的文字效果

❸段落间距：用于控制段落文本行之间的距离，设置的数值越大，行与行之间的距离就越大。为了使文字更易于阅读，可在各段落之间空出些许距离。如图 9-52 所示，在"段前间距"数值框中将数值设置为120%，设置后文本框中各段文字的间距拉大了。图 9-53 所示为设置"段前间距"为 200% 时的文字效果。如果设置"行距"，则是设置段落中各行文字之间的距离。

图9-52 段前间距为120%

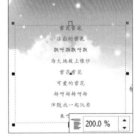

图9-53 段前间距为200%

❹文本间距：用于控制段落文本中的字符之间的距离，设置的数值越大，字符之间的距离就越大。

边学边练：调整段落文字的间距

段落文字的间距主要通过"文本属性"泊坞窗进行设置。通过设置，可将文字之间的行距加大，留出空隙。本实例中先应用"文本工具"在图中创建文本框，并在文本框中输入文字，再进行设置。编辑前后的效果对比如图9-54所示。

图9-54　编辑前后的效果

01 打开"随书资源\09\素材文件\08.cdr"，如图9-55所示。

图9-55　打开素材文件

02 单击"文本工具"按钮 ，使用该工具在图像中间的空白区域拖动，创建一个新的文本框，如图9-56所示。

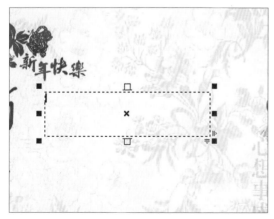

图9-56　创建文本框

03 在文本框中输入所需的段落文字，并在"文本属性"泊坞窗中调整文字的字体和大小，如图9-57所示。

图9-57　输入文字并调整文字效果

04 在图像中绘制一个文本框，输入相应的文字，设置字体为"黑体"，大小设置为24 pt，如图9-58所示。

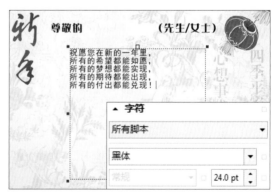

图9-58　创建文本框并输入文字

05 单击"文本属性"泊坞窗上方的"段落"按钮，显示"段落"选项卡，设置"段前间距"为200%，加大各段文本的间距，如图9-59所示。

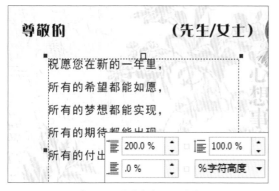

图9-59　设置文字间距效果

06 在"段落"选项卡中单击"右对齐"按钮，将文字右对齐，使文字整体看起来更加协调、美观，如图9-60所示。

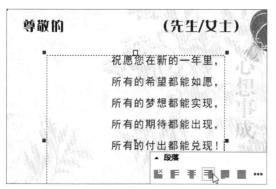

图9-60　更改文字对齐效果

07 选择开始输入的文字，使用"2点线工具"在文字中间的空白区域绘制一条水平直线，完成段落文本的设置，如图9-61所示。

图9-61　最终效果

技巧>>设置文本框的大小

通过对文本框边缘向外或向内拖动的方式可以设置文本框的大小，如图9-62和图9-63所示。文本框的大小决定了是否可以将其中的文字完全显示，所以应该将文本框调整为合适的大小。

图9-62　向右上角拖动　　图9-63　放大文本框

调整文本框时，也可只对文本框的宽度或高度进行设置。用鼠标在文本框的边框线位置向左右或上下拖动，即可调整文本框的宽度或高度，如图9-64和图9-65所示。

图9-64　向下拖动　　图9-65　调整高度后的效果

9.2.3　图文框属性

在"文本属性"泊坞窗中除了可以调整文本属性和段落属性外，还可以应用"图文框"选项卡调整文本框效果。单击"文本属性"泊坞窗中的"图文框"按钮，即可展开"图文框"选项卡，如图9-66所示。在该选项卡中可以调整文本框的背景颜色、栏数及对齐方式等。

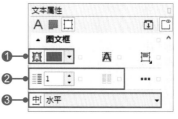

图9-66　"图文框"选项卡

❶背景颜色：用于选择文本框的背景颜色。单击颜色块右侧的下三角按钮，在打开的颜色挑选器中即可指定文本框的背景色，如图 9-67 所示，效果如图 9-68 所示。

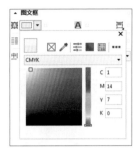

图9-67　设置背景颜色

图9-68　更改背景色效果

❷栏数：用于设置要添加到文本框中的栏数，设置的值越大，添加的栏数越多。设置多栏时，单击右侧的"栏宽相等"按钮 ▦，可以使文本框中各栏的宽度相等，图 9-69 所示即为设置为 3 栏且栏宽相等的效果。

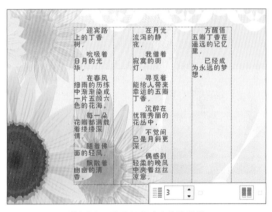

图9-69　设置栏数为3时的效果

技巧>>设置栏选项

在文本框中设置多栏显示时，单击"图文框"选项卡中的"栏"按钮，将打开如图 9-70 所示的"栏设置"对话框，在对话框中可以进一步修改栏设置。

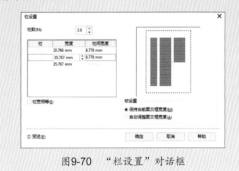

图9-70　"栏设置"对话框

❸文本方向：用于指定文本框中的文本方向，包括"水平"和"垂直"两个选项。默认选择"水平"选项，此时文本按水平方向排列。如果选择"垂直"选项，将得到垂直方向排列的文本，如图 9-71 所示。

图9-71　文本方向设置为"垂直"时的效果

9.3　文字的字体和颜色

文字字体和颜色的设置可以在"文本工具"属性栏或"文本属性"泊坞窗中完成。文字字体和颜色的设置分为整段文字的设置和单个文字的设置。

9.3.1　设置文字字体

字体的设置主要在"字体列表"中进行，在 CorelDRAW X8 中可以将所有输入的文字设置为同一种字体，也可以根据需要将部分文字设置为其他字体。这两种设置字体的方法不同，学习时要注意其中的区别和操作要点。

1. 设置所有文字的字体

设置所有文字的字体时，需要将所有文字选取，并在"字体列表"下拉列表框中选择合适的字体。CorelDRAW X8 提供了字体预览功能，选择不同的字体时，可以从绘图窗口中预览所选择字体的效果。如图 9-72 所示，应用"选择工具"选中要编辑的文字，然后单击"字体列表"下三角按钮，在展开的下拉列表中选择合适的字体，如图 9-73 所示。选中后即可将文字更改为设置的字体效果。

图9-72　选择要编辑的文字　　图9-73　设置字体后的效果

2. 设置部分文字的字体

设置部分文字的字体时，先将所要设置的部分文字选取，然后再设置字体。具体操作方法为：首先应用"文本工具"在输入的文字中单击，并按住鼠标左键拖动，选取要编辑的部分文字，如图 9-74 所示；在"字体列表"下拉列表框中选择合适的字体，如图 9-75 所示。从完成的图形效果中即可看到这部分文字已被设置了新字体。

图9-74　选中部分文字　　图9-75　设置后的效果

9.3.2　设置文字颜色

为文字设置颜色的方法有多种，最常应用的是通过调色板中的色标对文字颜色进行纯色填充，也可以应用"交互式填充工具"，填充更为丰富的文字效果。

1. 设置所有文字的颜色

设置所有文字的颜色时，首先选择所有文字，然后在绘图窗口右侧的调色板中单击相应的色标，即可对文字颜色进行设置。打开素材图形，选中文字，如图 9-76 所示。单击调色板中的白色色标，效果如图 9-77 所示。

图9-76　选中文字　　图9-77　设置所有文字的颜色

2. 设置部分文字的颜色

设置部分文字的颜色时，应用"文本工具"在文字中单击并拖动，选中需要设置颜色的文字，如图 9-78 所示；单击调色板中相应的颜色色标，即可将选中的文字进行颜色变换，如图 9-79 所示。

图9-78　选中部分文字　　图9-79　设置部分文字的颜色

3. 设置文字渐变色

除了可以将文字设置为纯色外，还可以为其填充渐变色。先应用"选择工具"选中文字，再用"交互式填充工具"在文字上拖动，添加渐变，如图 9-80 所示；分别选中起始颜色节点，并在调色板中选择相应的颜色，即可将文字设置为渐变效果，如图 9-81 所示。

图9-80　运用鼠标拖动　　图9-81　填充渐变色效果

4. 设置图样填充文本

为文本填充图样与为图形填充图样的方法相同，应用"选择工具"选取所要填充的文字，如图 9-82 所示；选择"交互式填充工具"，在展开的属性栏中单击相应的图样填充按钮，在"填充挑选器"中选择合适的图样，如图 9-83 所示；选择后即可为选中的文字填充图样效果，如图 9-84 所示。

图9-82　选择文字对象

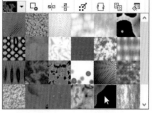
图9-83　选择填充的图样

以直接使用"文本属性"泊坞窗的填充选项为文本填充图案。选中要填充图样的文字对象,如图9-85所示。在"文本属性"泊坞窗中设置"填充类型",如图9-86所示。设置后可以看到选中的文字被应用了新的图样填充,如图9-87所示。

图9-84　应用图样填充效果

图9-85　选择文字对象

图9-86　设置"填充类型"

技巧>>应用"文本属性"泊坞窗为文本填充图样

在 CorelDRAW 中,不仅可以使用"交互式填充工具"为文字指定并填充图案,而且可

图9-87　应用图样填充后的效果

边学边练：添加不同颜色和字体的文字

在 CorelDRAW 中,可以在打开的图形中添加合适的文字,并且可以根据画面需要为文字设置不同的颜色和字体效果。图 9-88 所示为处理好的果汁图像,本实例中将它添加到新的背景中,并输入合适的文字,合成全新的图像效果,如图 9-89 所示。

图9-88　编辑前

图9-89　最终效果

01 创建空白文档，运用"矩形工具"绘制一个与页面同等大小的矩形。选择"交互式填充工具"，设置填充色，如图9-90所示；将图形填充为绿色，如图9-91所示。

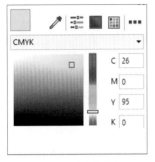 

图9-90 设置填充色　　　图9-91 填充绿色

02 单击属性栏中的"编辑填充"按钮，在打开的"编辑填充"对话框中单击"渐变填充"按钮，并设置渐变样式和渐变色彩范围，如图9-92所示。

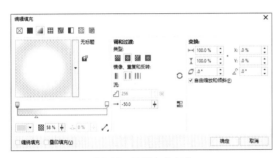

图9-92 编辑渐变颜色

03 设置完成后单击"确定"按钮，即可为矩形图形填充渐变色，如图9-93所示。

04 选择"椭圆形工具"，在图形中绘制一个椭圆形图形，并填充为绿色，如图9-94所示。

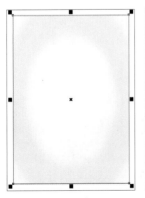 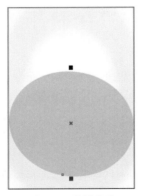

图9-93 应用渐变效果　　　图9-94 绘制图形

05 单击"透明度工具"按钮，并从右下角向上拖动鼠标，调整图形的透明度效果，如图9-95所示。

06 执行"文件>导入"命令，导入"随书资源\09\素材文件\15.png～16.png"，并调整其大小和位置，如图9-96所示。

图9-95 调整透明度　　　图9-96 导入图像

07 单击"文本工具"按钮，在图中输入两个词组，分别为"清凉一夏"和"冰爽来袭"，并设置字体为"华康雅宋体W9"，字体大小为70 pt，如图9-97所示。

图9-97 输入文字并设置字体样式

08 选择文字"清凉一夏"，单击"封套工具"按钮，并在"封套工具"属性栏中设置"直线模式"变形，然后在文字节点处拖动鼠标进行变形，如图9-98所示。

图9-98 编辑文字变形效果

09 选择文字"冰爽来袭",应用相同的方法对文字进行变形,如图9-99所示。

图9-99　编辑文字变形效果

10 变形后,分别调整文字的大小和位置,然后设置文字为白色,轮廓色为绿色,如图9-100所示。

图9-100　编辑文字颜色

11 单击"文本工具"按钮,在图形上方输入绿色英文文字,并在属性栏中设置文字的字体和大小,如图9-101所示。

图9-101　输入文字并设置样式

12 在绿色的英文下方绘制文本框,输入黑色文字,并分别调整其大小,使文字左对齐,如图9-102所示。

图9-102　在文本框中输入文字

13 继续使用"文本工具"在右上角区域输入"鲜果汁",并设置文字字体为"华文彩云",文字颜色为红色,字体大小分别为70 pt和55 pt,如图9-103所示。

图9-103　输入文字并调整其大小

14 应用"椭圆形工具"再绘制一个椭圆形,并填充为白色,轮廓颜色设为红色,如图9-104所示。

15 继续使用"文本工具"输入相应的文字,并设置其样式,如图9-105所示。

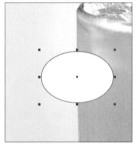　　

图9-104　绘制并填充图形　　图9-105　输入文字并设置样式

16 复制椭圆图形和文字,并调整文字内容,表现不同口味的饮品单价,如图9-106所示。最后用"椭圆形工具"绘制白色小圆,修饰画面效果,如图9-107所示。

图9-106　复制并调整文字内容　　图9-107　最终效果

9.4 路径文本

　　路径与文字的关系主要包括两种，分别为文字环绕路径进行显示和在绘制的闭合曲线中输入文字，也就是将文字放置到绘制的路径中。对于闭合曲线，可以在其边缘上输入环绕的文字，但是对于绘制的单个弯曲的线条，则不能将其作为文本框在其中输入文字。如果要在其中输入文字，可以先将其转换为闭合曲线，然后重新对图形进行编辑。

9.4.1 路径环绕属性栏

　　应用"文本工具"在所绘制的路径中单击，当鼠标指针变为插入点图标 ℟ 时，即可输入文字。输入后可以在对应的属性栏中设置路径中文字的排列及分布情况，其属性栏如图 9-108 所示。

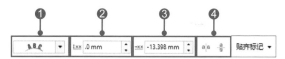

图9-108　设置路径环绕的属性栏

　　❶文本方向：控制文字在路径中所显示的文本朝向。在属性栏中单击"文本方向"右侧的下三角按钮，在展开的下拉列表中选择不同的方向选项，如图 9-109 所示，文字将按照所设置的形状进行调整。系统默认的形状为文字沿着路径形状进行排列，如图 9-110 所示。当选择不同的方向形状时，文字的排列效果会随之发生改变，如图 9-111～图 9-114 所示。

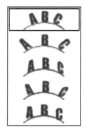

图9-109　文本方向下拉列表　　图9-110　默认文字路径效果

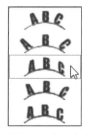

图9-111　指定文本总体朝向　　图9-112　指定文本朝向效果

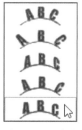

图9-113　指定文本总体朝向　　图9-114　指定文本朝向效果

　　❷与路径的距离：控制路径与文字之间的距离，可以将文字向上或向下移动。具体操作方法为：应用"选择工具"将要编辑的文字选取，然后在属性栏对应的数值框中输入数值，即可对路径和文字的距离进行设置，默认距离为 0，如图 9-115 所示。在数值框中输入正值时，可以将文字移动至路径上方，如图 9-116 所示；如果将数值设置为负值，则可以将文字移动至路径下方，如图 9-117 所示。

图9-115　默认路径距离效果

图9-116　路径距离15.0 mm　图9-117　路径距离-15.0 mm

　　❸偏移：用于设置文字在路径上的位置，通过指定正值或负值来移动文本，使其靠近路径的终点或起点。选择所输入的文字，在"偏移"数值框中查看相关的数值，在数值框中对数值进行修改，可

以从图中看到文字的位置被移动了，输入的数值越大，移动的距离就越大。图 9-118 所示为默认的文字偏移效果，图 9-119 和图 9-120 所示分别为设置"偏移"为 25 mm 和 60 mm 时的文字效果。

图9-118　默认的文字偏移效果

图9-119　"偏移"为25.0 mm　　图9-120　"偏移"为60.0 mm

❹镜像文本：是指以绘制的路径为中心在水平方向或垂直方向上移动文本。在绘图窗口中选择已编辑的文本，再单击属性栏中的"水平镜像文本"按钮，即可将文字在水平方向上进行翻转，如图9-121 所示。如果单击"垂直镜像文本"按钮，则会将文本在垂直方向上进行翻转，如图 9-122 所示。再次单击该按钮，则可以将翻转后的图像进行还原，回到未编辑时的图像效果。

图9-121　水平镜像效果　　图9-122　垂直镜像效果

9.4.2　文字位于路径中

文字位于路径中是指将输入的文字完整地显示在路径中。也可以对创建的路径重新进行设置，如调整路径的形状、边框大小等。

1. 在路径中输入文字

在路径中输入文字的前提是需要输入文字的路径为闭合曲线图形，这样才能将所绘制的路径转换为文本框，并在其中输入文字。输入文字后，文字会按照上次所设置的文字字体及大小显示在图形文本框中。应用"钢笔工具"在苹果图形的中间绘制一个不规则图形，并为其填充颜色，如图9-123 所示。选择"文本工具"，在路径中间位置单击并输入文字，输入后的效果如图 9-124 所示。

图9-123　绘制路径　　图9-124　在路径中输入文字

2. 使文字适合路径

使文字适合路径是指将在路径中输入的文字全部显示出来，其中的文字将会按照最合适的文字大小和间距进行显示。该方法可用于防止部分文字不能出现在所绘制的路径中。选择输入的文字后，执行"文本 > 段落文本框 > 使文本适合框架"菜单命令，即可将文本框中的文字按照合适大小进行显示，如图 9-125 和图 9-126 所示。

图9-125　执行命令　　图9-126　调整后的效果

🔖技巧>>沿路径边缘添加文字

沿路径边缘添加文字时，所绘制或选择的路径必须是闭合的曲线路径图形。选择"文本工具"，在绘制好的闭合路径上单击，如图 9-127 所示。当鼠标指针变成插入点图标时，即可在

闭合的图形上输入文字。输入后，文字将沿着
曲线路径环绕在其边缘，如图9-128所示。另外，
输入文字时，需在设置路径环绕的属性栏中提
前设置文字的大小和字体，以便查看输入效果。

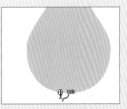 

图9-127 绘制闭合路径　　图9-128 沿路径环绕文字效果

边学边练：绘制图形制作路径文字

　　制作路径文本时，先要绘制一条闭合路径，
再应用"文本工具"在图形中单击，将所绘制的
路径转换为文本框，即可创建路径文字。还可结
合"文本属性"泊坞窗或"文本工具"属性栏
调整输入文字的大小及颜色。本实例即为通过
创建路径文字，制作卡通花朵图案效果，如图
9-129所示。

图9-129 绘制后的效果

01 创建一个纵向页面，双击"矩形工具"按
钮□，绘制与页面同等大小的矩形，如图
9-130所示。

02 单击属性栏中的"圆角"按钮□，设置
"转角半径"为18 mm，转换为圆角，并填
充为灰色，如图9-131所示。

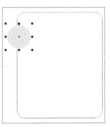 

图9-132 绘制圆形　　图9-133 复制多个圆形

04 复制完圆形后，选中所有圆形和白色的圆
角矩形，单击属性栏中的"移除前面对
象"按钮□，并合并移除多余图形，然后将合并的
图形填充为灰色，如图9-134所示。

05 结合应用"钢笔工具"和"形状工具"，
绘制花盆和花朵轮廓，如图9-135所示。

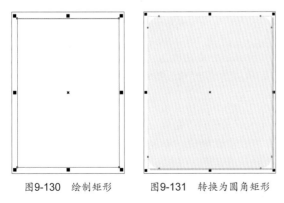

图9-130 绘制矩形　　图9-131 转换为圆角矩形

03 复制矩形图形，填充为白色，选择"椭圆
形工具"，在图形中绘制圆形，并填充为
灰色，如图9-132所示。复制多个圆形图形，如图
9-133所示。

图9-134 组合图形效果　　图9-135 绘制轮廓

06 将所绘制的图形填充上白色，并隐藏轮廓宽度，然后应用"阴影工具"为图形添加阴影，如图9-136所示。

07 继续使用相同的方法，在花朵图形中绘制其他的不规则形状，方便后面输入文字，如图9-137所示。

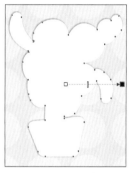 

图9-136 添加阴影效果　　图9-137 绘制其他形状

08 应用"文本工具"在底部的花盆形状上单击，将图形转换为文本框，如图9-138所示。

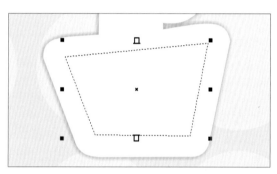

图9-138 转换为文本框

09 在文本框中输入所需文字，并设置合适的颜色、字体和大小等，如图9-139所示。

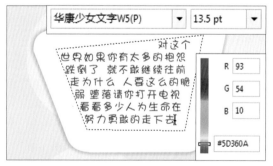

图9-139 输入文字并设置样式

10 应用步骤08和步骤09的方法，将花瓣图形转换为文本框，并在其中输入文字，然后设置合适的字体、大小和颜色，如图9-140所示。

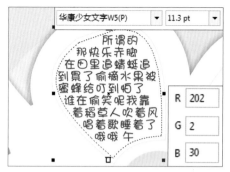

图9-140 在花瓣中输入文字并设置样式

11 使用相同的方法，继续在其他的花瓣图形中输入文字，如图9-141所示。

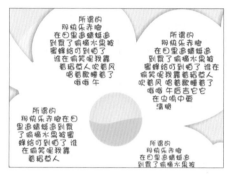

图9-141 继续在花瓣中输入文字

12 应用"文本工具"在叶子图形位置单击，将图形转换为文本框，输入文字并设置文字的字体和颜色等，如图9-142所示。

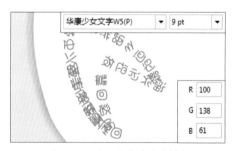

图9-142 输入文字并设置样式

13 继续使用"文本工具"在其他图形位置单击，添加更多的文字，完成本实例的制作，如图9-143所示。

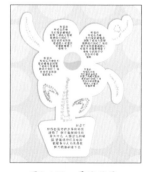

图9-143 最终效果

第 10 章
图形特效全攻略

　　图形特效的操作是指通过 CorelDRAW 软件中提供的特殊工具对图形进行编辑，主要使用的是交互式工具组。应用该工具组的工具可以对图形透明度和轮廓进行设置，制作成立体效果的图像，也可以为图形添加上阴影或设置为透视效果等。

10.1　调和工具

　　使用"调和工具"可以使两个分离的矢量图形对象之间产生形状、颜色、轮廓及尺寸上的平滑变化，在调和的过程中，对象的外形、填充方式、节点位置和步数等都会直接影响到调和的效果。此工具需要在两个或两个以上的对象上应用。

10.1.1　"调和工具"属性栏

　　应用"调和工具"对图形进行调和编辑之前，应先了解该工具的属性栏中各选项的作用以及应用方法，便于能够创建更符合需要的图像效果，"调和工具"属性栏如图 10-1 所示。

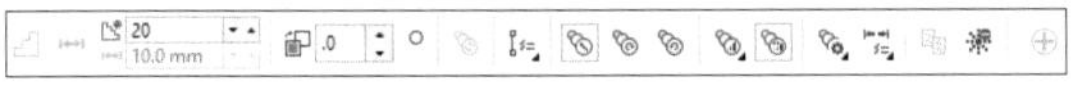

图10-1　"调和工具"属性栏

10.1.2　调和对象

　　在"调和工具"属性栏中应用"调和对象"选项可以更改调和的步长数或调整步长间距。在"调和对象"数值框中单击向上或向下按钮 ，可更改调和的步长数，也可以直接输入参数值更改步长数。设置的参数越大，颜色过渡越自然。具体操作方法为：用"选择工具"选中创建的调和对象，如图 10-2 所示；然后在属性栏上"调和对象"右侧的数值框中输入相应的数值，效果如图 10-3 所示。

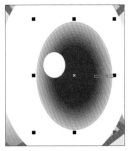

图10-2　选择图形

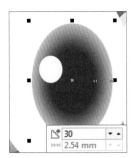

图10-3　更改"调和对象"参数

10.1.3　调和方向

　　"调和方向"选项用于设置调和对象的旋转角度，设置参数后，即可将调和对象以设置的角度进行旋转。图 10-4 和图 10-5 所示分别为设置"调和方向"为不同参数值时的图形效果。

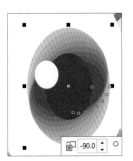

图10-4　"调和方向"
为-90

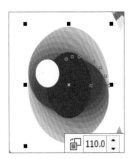

图10-5　"调和方向"
为110

> **技巧>>设置路径的操作**
>
> 　　"路径属性"选项用于控制变形过程中的路径形状，单击属性栏中的"路径属性"按钮 ，可设置路径的相关操作，主要包括"新路径""显示路径"和"从路径分离"3 个路径属性，如图 10-6 所示。
>
> 图10-6　"路径属性"选项

10.1.4　指定调和颜色序列

在"调和工具"属性栏中可以设置调和中的颜色渐变序列。单击"直接调和"按钮 ，将设置调和的直接颜色渐变序列；单击"顺时针调和"按钮 ，将按色谱顺时针方向逐渐调和；单击"逆时针调和"按钮 ，将按色谱逆时针方向逐渐调和。选中要编辑的两个图形，如图 10-7 所示，分别单击不同的按钮后，可得到如图 10-8 ～图 10-10 所示的效果。

图10-7　选中要编辑的图形

图10-8　直接调和效果

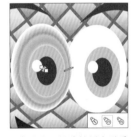

图10-9　顺时针调和效果

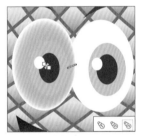

图10-10　逆时针调和效果

10.1.5　对象和颜色加速

"对象和颜色加速"选项用于控制图形变形和颜色变换的速度。单击属性栏中的"对象和颜色加速"按钮 ，即可打开"加速"面板。应用鼠标拖动其中的滑块，即可调整相关参数，如图 10-11 所示。设置后的效果如图 10-12 所示。

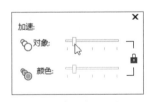

图10-11　单击并拖动滑块

图10-12　默认的调和加速效果

10.1.6　设置调和加速

"调整加速大小"选项用于设置调和中图

形大小的变换速度。单击"调整加速大小"按钮 ，可以将图形加速的幅度减小。如图 10-13 所示，选择图形，设置调和的步长为 10，单击"调整加速大小"按钮，减小加速幅度，效果如图 10-14 所示。

图10-13　选中并设置步长

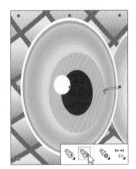

图10-14　调整加速效果

10.1.7　指定起始和结束属性

"起始和结束属性"用于设置起点和终点图形。单击属性栏中的"起始和结束属性"按钮 ，可以在弹出的列表中选择合适的选项，对要重新设置的起点或终点重新进行定义。选择"新起点"选项，在新的图形位置单击，如图 10-15 所示。即可看到重新定义起点后的效果，如图 10-16 所示。

图10-15　选择"新起点"

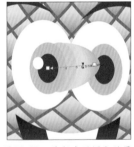

图10-16　重新应用调和效果

> **技巧>>清除调和效果**
>
> 使用"调和工具"调和图形后，单击属性栏中的"清除调和"按钮 ，可清除所选对象的调和效果。

10.1.8　图形的形状调整

图形形状的调整用于从一个图形过渡到另外的图形，在调和过程中将会显示出过渡的图形效果。

1. 调和对象的形状

在图中选择一个要调和的图形，单击"调和工具"按钮 ◎，并将选择的图形向另外的图形拖动，释放鼠标后即可在图中查看调和效果，如图 10-17 和图 10-18 所示。

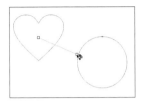 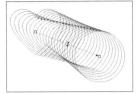

图10-17　拖动鼠标　　　图10-18　创建调和图形

对于调和后的图形，要更改其形状，可以应用"调和工具"选取其中一个图形上的节点，并向其他位置拖动，如图 10-19 所示。此时可变换图形的形状效果，如图 10-20 所示。

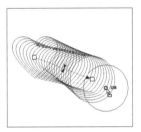 

图10-19　选择节点拖动　　　图10-20　调整图形效果

2. 调和图形的方向

调和图形的方向可得到意想不到的图形效果。调和图形的形状后，继续使用"调和工具"选择任意一个图形，并向不同的方向拖动，如图 10-21 所示。释放鼠标后，将得到新的图形效果，如图 10-22 所示。

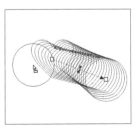 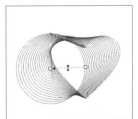

图10-21　移动节点位置　　　图10-22　释放鼠标后的效果

10.1.9　图形颜色的变换

图形颜色的变换是指可以将其中一个颜色

变换到另外的颜色，中间填充这两种颜色的过渡色。具体操作方法为：应用"选择工具"选取对象，填充上合适的颜色，再将另一个图形也选取并填充上颜色，然后从要调整的起点图形向终点图形拖动，如图 10-23 所示。从图中可以看到调和的轨迹，释放鼠标后，将得到均匀、自然的颜色过渡效果，如图 10-24 所示。

 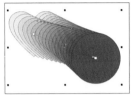

图10-23　单击并拖动　　　图10-24　创建颜色的调和

创建颜色调和效果后，可以整体选取调和后的图形，更改整体调和颜色，如图 10-25 所示。另外，也可以单独选择起点或终点图形，更改其颜色，如图 10-26 所示。

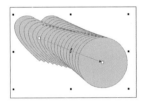 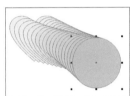

图10-25　更改整体填充色　　　图10-26　更改终点颜色

技巧>>更改调整图形的间距

对于创建的调和图形，可以对调整图形的距离进行调整，使图形更接近于起点或终点颜色。操作方法为，选中创建的调和图形，然后拖动图形中间的对角三角线，如图 10-27 所示。释放鼠标后，即可更改图形的距离，如图 10-28 所示。

图10-27　单击并拖动　　　图10-28　更改调整效果

边学边练：应用"调和工具"制作按钮图形

"调和工具"可以将两个图形的颜色及图形的变换进行融合，制作成具有立体效果的图形。本实例即应用这一特性，通过绘制两个相同的图形，分别填充颜色后，再应用"调和工具"对图形进行编辑，创建渐变调和效果，最后为图形添加装饰效果，组成完整的按钮图形，效果如图10-29所示。

效果图

图10-29 最终效果

01 创建一个210 mm×230 mm的空白文档，然后应用"矩形工具"绘制一个和页面大小相同的矩形，再使用"网状填充工具"填充颜色，并调整网格的位置，如图10-30所示。

02 应用"椭圆形工具"在图中拖动，绘制出两个大小不一的椭圆图形，分别填充颜色，并去除轮廓线，如图10-31所示。

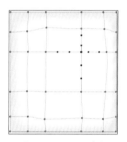

图10-30 网状填充

图10-31 绘制椭圆图形

03 选择较小的椭圆形，单击"调和工具"按钮，用鼠标向外部的椭圆形拖动，以制作成调和的图像效果，如图10-32所示。

04 在图中绘制两个椭圆图形，分别为其填充颜色并去除轮廓线，再使用步骤03的方法，将绘制的图形制作成调和效果，如图10-33所示。

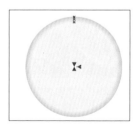

图10-32 调和图形效果

图10-33 调和图形效果

05 应用"钢笔工具"和"形状工具"，绘制出图中的高光区域，如图10-34所示。

06 选取绘制的高光图形，分别填充颜色后转换为位图。应用"高斯式模糊"滤镜对其进行编辑，以制作成高光效果，如图10-35所示。

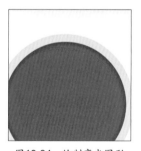

图10-34 绘制高光图形

图10-35 制作高光效果

07 结合应用"钢笔工具"和"形状工具"绘制出扭曲的图形，并将绘制的图形填充上渐变色，如图10-36所示。

08 与前面制作调和图形的方法相同，先绘制出图形的轮廓，再填充颜色，然后应用"调和工具"对图形进行调和，如图10-37所示。

图10-36 填充渐变色

图10-37 绘制并调和图形

09 选择图形，将步骤08所绘制的图形选取后，通过执行"对象>顺序"级联菜单中的命令，调整图形顺序，将其移到弯曲图形的后面，如图10-38所示。

10 结合应用"钢笔工具"和"形状工具"，在中间添加更多图形，如图10-39所示。

11 用"选择工具"选取最底部的椭圆图形，应用"阴影工具"在图中拖动，为图形添加阴影，并调整阴影的位置和透明度，如图10-40所示。

12 应用"椭圆工具"连续在图中拖动，并将所绘制的图形填充为白色。转换为位图后，应用"高斯式模糊"滤镜对其进行编辑，为图形添加光点效果，如图10-41所示。

图10-38 调整图形顺序

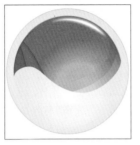
图10-39 绘制更多图形

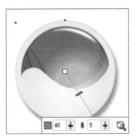
图10-40 添加阴影

图10-41 绘制飘洒的光点

10.2 轮廓图工具

"轮廓图工具"的主要作用是为图形添加轮廓效果，并且可以在添加轮廓的同时，对形成的渐变色进行设置。

10.2.1 "轮廓图工具"属性栏

单击工具箱中的"轮廓图工具"按钮 ，即可在属性栏中查看与该工具相关的属性。应用该工具对图形进行编辑之前，要先在属性栏中对相关参数进行设置。图 10-42 所示为"轮廓图工具"属性栏。

图10-42 "轮廓图工具"属性栏

10.2.2 轮廓图的类型

设置轮廓图的类型时，可以直接在属性栏中单击相应的按钮。选择已编辑的图形，单击"到中心"按钮 ，创建由图形边缘向中心放射的轮廓图效果；单击"内部轮廓"按钮 ，可将对象轮廓应用到内部，如图 10-43 所示；单击"外部轮廓"按钮 ，可以生成向外进行扩散的轮廓，并且图形整体会变大，如图 10-44 所示。

图10-43 内部轮廓

图10-44 外部轮廓

10.2.3 轮廓图的步长

"轮廓图步长"选项用于设置轮廓图的数量，设置的数值越大，所形成的轮廓图越明显，并且轮廓也越宽。应用"轮廓图工具"对图形进行编辑后，可以在属性栏中对步长重新进行设置。图 10-45 和图 10-46 所示分别为设置"轮廓图步长"为 10 和 50 时的效果。

图10-45　设置步长为10

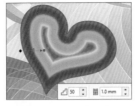

图10-46　设置步长为50

10.2.4　轮廓图的偏移

"轮廓图偏移"选项用于控制轮廓和中心位置的距离，设置的数值越大，轮廓图越大，并且离中心位置也越近。具体操作方法为：应用"轮廓图工具"对打开的素材图形进行拖动，形成一个特殊的轮廓图形，此时可以在属性栏的"轮廓图偏移"数值框中查看相关的参数，如图10-47所示；可在该数值框中输入相应数值后，将编辑后的图形效果进行偏移。图10-48所示为设置偏移值为20 mm时形成的较宽的轮廓图效果。

图10-47　设置偏移为5.0 mm

图10-48　设置偏移为20.0 mm

10.2.5　轮廓图的颜色样式

设置图形的"轮廓图步长"为20，然后对

轮廓色进行编辑。系统默认的颜色为"线性轮廓色"，单击属性栏中的"轮廓色"下三角按钮，在展开的列表中可以选择"顺时针轮廓色"或"逆时针轮廓色"选项。选择后即可变换轮廓的颜色，并且可以在多种颜色之间进行切换，如图10-49和图10-50所示。

图10-49　系统默认颜色

图10-50　设置新的轮廓颜色

10.2.6　对象和颜色加速

"对象和颜色加速"选项控制的是形成轮廓图时的速度。应用鼠标将滑块向左或向右拖动，可以添加较明显的图形效果。具体操作方法为：单击属性栏中的"对象和颜色加速"按钮 ⬜，展开"加速"列表，如图10-51所示；应用鼠标向左或向右拖动滑块，调整加速的效果，如图10-52所示。

图10-51　设置选项

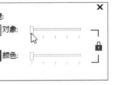

图10-52　设置后的图形效果

10.3　变形工具

"变形工具"可以对所选对象进行各种不同效果的变形处理。可以根据需要为所选图形选择合适的选项进行变化，获得新图形效果。学习"变形工具"的使用方法时，要从变形预设值、变形类型等方面入手，对变形的效果进行初步的认识和了解。

10.3.1　"变形工具"属性栏

在"变形工具"属性栏中可以选择系统预设的变形样式，也可以单击不同的按钮，设置相应的选项参数，对选定的对象进行各种变形操作。单击"变形工具"按钮 ⬜，选中该工具，即可在属性栏中查看该工具的相关属性，如图10-53所示。

图10-53　"变形工具"属性栏

10.3.2　变形预设值

变形预设值指的是系统自带的变形效果，可以根据需要对这些已设置好的变形效果进行应用。

1. 预设图形效果

应用"选择工具"选择要变形的图形，如图 10-54 所示。单击"变形工具"按钮 🖫，在属性栏的"预设列表"下拉列表框中选择相应的选项，如图 10-55 所示。选择后即可将选中图形应用为预设的变形效果。图 10-56 和图 10-57 所示分别为选择不同预设选项时的变形效果。

图10-54 选择需要变形的图形　图10-55 预设列表

图10-56 拉角变形效果　　图10-57 扭曲变形效果

2. 预设文字效果

除了可以对图形应用变形以外，还可以对文字应用变形。对文字进行变形时，需要先将文字转换为曲线文字，才能更好地应用"变形工具"制作变形文字效果。

需要注意的是，在"预设"列表中选择不同的预设选项时，"推拉振幅"会调整至相应的参数值。若想调整推拉变形效果，可重新设置"推拉振幅"值。如图 10-58 所示，选中文字对象，选择"推角"预设，得到如图 10-59 所示的变形文字效果。

图10-58 选中文字对象

图10-59 选择"推角"变形效果

10.3.3 变形的种类

在"变形工具"属性栏中，单击不同的变形类型按钮，在图形中拖动鼠标可形成不同的变形效果。例如，单击"推拉变形"按钮 🖰，可以形成类似使用外力对图形进行推拉所产生的变形效果，如图 10-60 所示；单击"拉链变形"按钮 🖰，可以为图形边缘应用锯齿效果，如图 10-61 所示。

图10-60 推拉变形效果　　图10-61 拉链变形效果

单击"扭曲变形"按钮 🖰，可以任意调整图形，产生旋转效果，如图 10-62 所示。

图10-62 扭曲变形效果

10.3.4 推拉与拉链振幅

"推拉振幅"选项用于控制图形中心位置及变形的幅度。应用"多边形工具"绘制一个多边形，然后选取"变形工具"对图形进行拖动，如图 10-63 所示；形成变形后的新图形，如图 10-64 所示。此时在属性栏中可以看到"推拉振幅"的参数值。

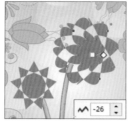

图10-63　拖动鼠标变换图形　　　图10-64　变形效果

如图 10-65 所示，在"推拉振幅"数值框中调整参数值，设置后在绘图窗口中将显示调整后的图形效果。

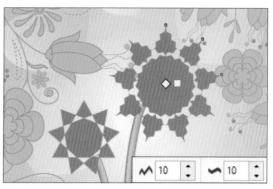

图10-66　设置"拉链振幅"和"拉链频率"为10

图10-65　设置"推拉振幅"

图10-67　设置"拉链振幅"为50、"拉链频率"为30

在"预设"列表中选择"邮戳"和"拉链"选项时，属性栏中的"推拉振幅"选项会被转换为"拉链振幅"选项，用于调整锯齿效果中锯齿的高度，设置的数值越大，所产生的锯齿高度就越高；同时在右侧还会出现"拉链频率"选项，用于调整锯齿效果中锯齿的数量，设置的参数越大，产生的锯齿数量就越多。设置不同的"拉链振幅"和"拉链频率"可以产生不同的变形效果，如图 10-66 和图 10-67 所示。

> **技巧>>复制变形属性**
>
> "复制变形属性"是将已编辑的变形图形应用到另外的图形中。在复制属性前，需要先选择所要复制其属性的图形，然后单击属性栏中的"复制变形属性"按钮，再应用黑色箭头单击需要应用相同属性的目标对象，即可将目标对象的变形属性应用到所选择的图形中，而且变形振幅相同。

边学边练：应用"变形工具"制作背景图案

应用"变形工具"可以对绘制的图形进行任意旋转或拖动，形成新的图形效果。可以将变形后的图形转换为曲线，重新应用修剪图形等操作对它进行编辑和调整。本实例即为先应用"变形工具"制作综合的图形，再应用"文本工具"在图中添加文字，最终效果如图 10-68 所示。

图10-68　最终效果

01 创建一个新的空白文档，使用"矩形工具"绘制一个和页面相同大小的矩形图形，并将图形颜色填充为浅灰色（C4、M4、Y0、K0），如图10-69所示。

02 应用"椭圆形工具"在矩形图形中拖动，绘制一个正圆图形，如图10-70所示。

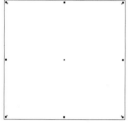 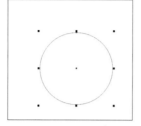

图10-69　绘制矩形图形　　图10-70　绘制圆形图形

03 选择圆形图形后，单击工具箱中的"变形工具"按钮，并在属性栏中单击"扭曲变形"按钮，再应用所选择的工具对图形进行旋转，如图10-71所示。

04 将图形旋转后，调整到合适大小和位置，如图10-72所示。

图10-71　扭曲图形　　　图10-72　调整图形位置

05 选择矩形图形和当前的扭曲图形，应用修剪图形的方法，单击属性栏中的"相交"按钮，修剪图形，再移除完整的扭曲图形，为新图形填充合适的颜色，如图10-73所示。

06 选择修剪后的扭曲图形，选择"透明度工具"，在属性栏中设置"透明度"为50%，使扭曲图形与矩形融合，如图10-74所示。

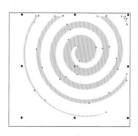 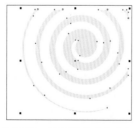

图10-73　修剪多余图形　　图10-74　调整图形的透明度

07 使用相同的方法，在左下角区域绘制一个扭曲的图形，调整其位置和大小，并修剪多余图形，如图10-75所示。

08 为新绘制的图形填充与上一图形相同的颜色。应用"透明度工具"设置图形"透明度"为50%，如图10-76所示。

 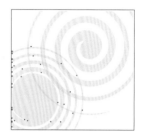

图10-75　绘制并调整图形　　图10-76　设置"透明度"

09 使用"文本工具"在图中输入相应的文字，并设置字体大小为140 pt，间距为66%，效果如图10-77所示。

10 应用"椭圆形工具"在图中绘制一个正圆图形，并对图形进行变形，制作扭曲的图形，如图10-78所示。

图10-77　输入文字　　　图10-78　绘制并调整图形

11 继续使用"椭圆形工具"在图中绘制多个正圆形，并复制变形属性，制作多个扭曲的图形效果，如图10-79所示。

12 分别复制和调整各图形的位置，并选择当前扭曲图形和文字，然后单击属性栏中的"合并"按钮，合并图形和文字，并自动填充为黑色，如图10-80所示。

图10-79　绘制并调整图形　　图10-80　合并图形

13 应用"交互式填充工具"对文字和图形填充渐变色，如图10-81所示。

14 应用"椭圆形工具"在图中绘制多个白色圆形图形，将其转换为位图后，应用"高斯式模糊"对其进行编辑，增强画面美感，完成本实例的制作，如图10-82所示。

图10-81 填充渐变色

图10-82 最终效果

10.4 阴影工具

"阴影工具"的主要作用是为图像添加阴影效果，该工具不仅可以作用于矢量图形，还可以作用于位图图像，并且群组的图形也可以应用"阴影工具"进行编辑。使用时，添加的阴影轮廓为群组图形的边缘轮廓，但是群组对象添加阴影后，不能将图形解散，只有清除阴影后，才可重新对图形进行编辑。

10.4.1 "阴影工具"属性栏

单击"阴影工具"按钮，会显示如图 10-83 所示的"阴影工具"属性栏。在属性栏中可以选择多种系统预设的阴影样式，还可以对阴影的偏移量、不透明度和颜色等属性进行设置。当选择不同的样式选项后，即可快速为对象创建特定的阴影效果。

图10-83 "阴影工具"属性栏

10.4.2 阴影的预设效果

阴影的预设效果主要用于设置不同类型的阴影。在"阴影工具"属性栏的"预设列表"下拉列表框中有多种阴影类型可供选择，选择不同的类型后，可以在属性栏右侧的选项中查看相关参数，还可以应用鼠标对阴影的位置和细节部分重新进行设置。图 10-84 和图 10-85 所示分别为选择"平面左下"和"透视右上"时得到的阴影效果。

专门的数值框来设置阴影的不透明度，设置的数值越大，阴影效果越明显；反之，数值越小，效果越不明显。图 10-86 和图 10-87 所示为设置不同的不透明度时得到的阴影效果。为图形添加阴影后，还可以根据设置阴影的颜色来调整阴影的不透明度，颜色越深，其阴影越清晰；颜色越浅，其阴影越不明显。

图10-86 默认不透明度效果   图10-87 设置不透明度为90%

图10-84 平面左下效果   图10-85 透视右上效果

10.4.3 阴影的不透明度

"阴影的不透明度"选项常用于控制阴影显示的明显程度。在"阴影工具"属性栏中有

设置阴影的不透明度时，还可拖动阴影控制线上的节点来设置不透明度。向黑色节点位置拖动鼠标时，阴影效果会增强；向白色节点位置拖动鼠标时，阴影效果将减弱，如图 10-88 和图 10-89 所示。

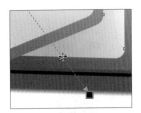

图10-88　向白色节点拖动

图10-89　降低不透明度

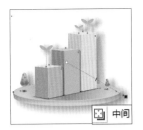

图10-94　"中间"阴影效果

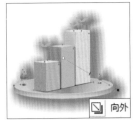

图10-95　"向外"阴影效果

10.4.4　阴影的羽化数值

阴影的羽化数值用于控制阴影的范围，设置的数值越大，阴影的范围越大，同时阴影与原图形的距离也越远，阴影效果越不明显，如图10-90所示；设置的数值越小，得到的阴影范围就越小，并且阴影距离原图形越近，阴影效果越明显，如图10-91所示。

10.4.6　羽化边缘

"羽化边缘"用于指定阴影的羽化类型。应用"向内""中间""向外"和"平均"羽化方向时，将会激活"羽化边缘"选项。单击"羽化边缘"按钮，在展开的"羽化边缘"列表中包括"线性""方形的""反白方形"和"平面"4种羽化类型。选择不同的类型时，在图中将产生不同的阴影效果。图10-96～图10-99所示为选择"中间"羽化方向时，得到的不同的羽化边缘效果。

图10-90　设置羽化值为15

10-91　设置羽化值为2

10.4.5　阴影的羽化方向

在"阴影工具"属性栏中可以更改阴影的羽化方向，单击"羽化方向"按钮，打开"羽化方向"列表，其中包括多个选项，可根据需要选择不同的选项，对阴影方向重新进行设置。如图10-92所示，选择添加了阴影的图形，在"羽化方向"列表中可看到阴影方向为"向内"，如图10-93所示。

图10-96　"线性"阴影效果

图10-97　"方形的"阴影效果

图10-98　"反白方形"阴影效果

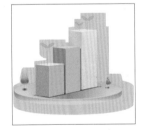

图10-99　"平面"阴影效果

10.4.7　阴影的颜色

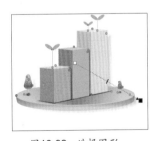

图10-92　选择图形

图10-93　查看羽化方向

在"羽化方向"列表中选择"中间"选项，将得到如图10-94所示的图形效果；选择"向外"选项，将得到如图10-95所示的图形效果。

阴影的颜色可以通过填充重新进行设置，系统默认的阴影颜色为黑色。如图10-100所示，应用"阴影工具"为图形添加阴影后，单击属性栏右侧的"阴影颜色"色标，在弹出的颜色选取器中可将阴影任意设置为其他颜色，如图10-101所示。

图10-100　默认的黑色阴影效果

图10-101　设置阴影为橙色的效果

边学边练：应用"阴影工具"为图形添加阴影

本实例主要应用"阴影工具"为图形添加阴影效果。首先在创建的空白区域绘制背景图形，结合应用"钢笔工具"和"形状工具"，绘制文字的轮廓，并填充颜色，再应用"阴影工具"为图形添加阴影，如图10-102所示。

图10-102　最终效果

01 创建一个横向的页面文件，双击"矩形工具"按钮，绘制和页面同等大小的矩形。应用"颜色泊坞窗"将背景填充为深灰色，如图10-103和图10-104所示。

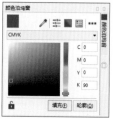

图10-103　设置颜色

图10-104　为矩形填充颜色

02 结合应用"钢笔工具"和"形状工具"，绘制不规则的椭圆图形，如图10-105所示。

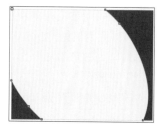

图10-105　绘制不规则的椭圆图形

03 选择"交互式填充工具"，在属性栏中设置填充样式为渐变填充，并打开"编辑填充"对话框，在其中设置渐变填充颜色，为图形制作聚光灯效果，如图10-106所示。

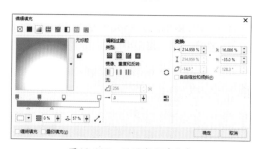

图10-106　设置渐变填充色

04 结合应用"钢笔工具"和"形状工具"，绘制出文字的大致轮廓，如图10-107所示。

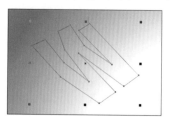

图10-107　绘制文字效果

05 使用相同的方法，继续绘制多个相应的文字形状，如图10-108所示。

图10-108 绘制多个文字效果

06 选择文字图形A，并使用"钢笔工具"绘制出A字母的中间图形，然后选中这两个图形。单击属性栏中的"移除前面对象"按钮回，修剪图形，将文字制作成镂空效果，如图10-109所示。

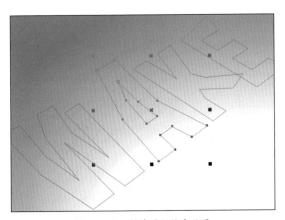

图10-109 制作图形镂空效果

07 使用相同的方法，在其他位置绘制其他文字的形状，可以为不规则的图形，如图10-110所示。

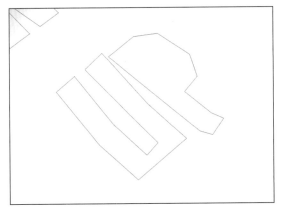

图10-110 绘制文字图形

08 应用"形状工具"对绘制的形状进行编辑，调整文字边缘的弧度，并应用修剪图形的方法，留出文字的空白区域，如图10-111所示。

图10-111 文字镂空效果

09 应用"交互式填充工具"对图形进行拖动，将两个文字分别填充上渐变色，如图10-112所示。

图10-112 填充文字渐变色

10 将其他的文字分别应用"选择工具"选择，然后应用"交互式填充工具"为文字图形填充合适的渐变色，如图10-113所示。

图10-113 填充文字渐变色

11 选择W图形，并单击"阴影工具"按钮 □，再单击属性栏中的"预设列表"下三角按钮，在展开的下拉列表中选择"透视左上"选项，如图10-114所示。

12 执行步骤11的操作后，即为所选择的文字图形添加了阴影，效果如图10-115所示。

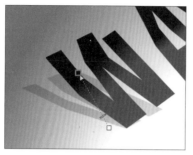

图10-114　选择预设效果　　　图10-115　应用阴影效果

13 继续在属性栏中调整阴影选项，设置"阴影的不透明度"为50%、"阴影羽化"为3，调整阴影效果，如图10-116所示。

14 选择A图形，并单击"阴影工具"按钮 □，在"预设列表"下拉列表中选择"透视左上"选项，为文字添加阴影，效果如图10-117所示。

15 拖动阴影控制线，调整阴影的位置，然后在属性栏中调整"阴影的不透明度"和"阴影羽化"，更改阴影效果，如图10-118所示。

图10-117　添加阴影　　　图10-118　调整阴影效果

16 选取其余的文字图形，也应用"阴影工具"在图中拖动，为文字图形添加阴影，最终效果如图10-119所示。

图10-116　调整文字阴影效果　　　　　图10-119　最终效果

10.5　立体化工具

　　"立体化工具"的主要作用是制作立体图形，但它只能对矢量图形和文字进行操作，不能用于对位图图像进行编辑。

10.5.1　"立体化工具"属性栏

　　应用"立体化工具"对图形进行编辑时，可以通过设置属性栏中的参数来控制图形的效果，主要包括立体化的类型、方向和颜色等，如图10-120所示。

图10-120　"立体化工具"属性栏

10.5.2 预设立体化

"立体化工具"属性栏中的"预设列表"下拉列表框包含 6 种立体化类型。选取要编辑的图形后,在"预设列表"下拉列表框中选择相应的立体化类型,可同时对其立体效果进行预览。选择不同的立体化类型创建的图形效果如图 10-121 ～图 10-126 所示。

图 10-121　立体左上效果

图 10-122　立体上效果

图 10-123　立体右上效果

图 10-124　立体右下效果

图 10-125　立体下效果

图 10-126　立体左下效果

10.5.3 立体化的深度

立体化的深度是指立体效果的厚度和明显程度。应用"立体化工具"编辑图形后,可以重新对立体化的深度进行设置。选择已编辑的图形,并在属性栏中查看立体化深度的数值,如图 10-127 所示。在该数值框中输入另外的数值,对深度重新进行设置。设置的数值越大,深度效果越明显,如图 10-128 所示。

图 10-127　设置"深度"为 14

图 10-128　设置"深度"为 40

10.5.4 立体化的旋转

"立体化旋转"指的是使图形形成立体的角度。单击属性栏中的"立体化旋转"按钮,在打开的"立体化旋转"列表中拖动图形角度,如图 10-129 所示。拖动后即可旋转图形至相应的角度,效果如图 10-130 所示。

图 10-129　立体化旋转

图 10-130　旋转后的效果

如果需要设置准确的旋转值,单击"立体化旋转"列表右下角的切换按钮,切换至数值输入状态,如图 10-131 所示。在其中即可输入参数值,完成对图形立体角度的调整,如图 10-132 所示。

图 10-131　设置参数值

图 10-132　旋转后的效果

10.5.5 立体化的颜色

"立体化颜色"指的是应用"立体化工具"对图形进行编辑后,形成的立体图形的颜色,共有 3 种类型可供选择,分别为"使用对象填充""使用纯色"和"使用递减的颜色"。下面分别介绍这 3 种类型的颜色的设置和应用。

1. 使用对象填充颜色

在属性栏中单击"立体化颜色"按钮,打开"颜色"面板,如图 10-133 所示。如果在该面板中单击"使用对象填充"按钮,可将立体化图形的颜色设置为填充的颜色,如图 10-134 所示。

图10-133　"颜色"面板　　图10-134　对象填充后的效果

2. 使用纯色填充

在"颜色"面板中，如果单击"使用纯色"按钮 ，则可以使用另外的纯色对图形进行填充。在面板中单击 按钮，单击"使用"下三角按钮，在展开的颜色选取器中可任意设置填充颜色，如图 10-135 所示。设置后即可对图形应用该颜色，如图 10-136 所示。

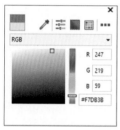

图10-135　颜色选取器　　图10-136　填充后的效果

3. 使用递减的颜色填充

在"颜色"面板中，如果单击"使用递减的颜色"按钮，则可以将立体化颜色设置为渐变色，并且渐变色的颜色可以根据需要随意更改。图 10-137 所示为设置的渐变色，图 10-138 所示为应用渐变色后的图形效果。

图10-137　"颜色"面板　　图10-138　填充渐变色后的效果

10.5.6　立体化倾斜及照明

在"立体化工具"属性栏中，单击"立体化

倾斜"按钮 ，可设置图形对象斜角的度数和边框的宽度，从而对斜角进行修饰；单击"立体化照明"按钮 ，可将照明效果应用到立体化对象中，使立体化效果更加自然。

1. 立体化倾斜

"立体化倾斜"是指将斜边添加到立体化效果中。在"立体化工具"属性栏中，单击"立体化倾斜"按钮 ，在弹出的"立体化倾斜"列表中勾选"使用斜角修饰边"复选框，然后设置斜角的度数和边框的宽度，如图 10-139 所示。从绘图窗口中即可看到应用斜角修饰后的图形效果，如图 10-140 所示。

图10-139　设置选项　　图10-140　设置后的效果

除此之外，也可以直接在图形窗口中拖动节点位置，如图 10-141 所示；完成设置后，图形倾斜的效果如图 10-142 所示。

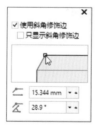

图10-141　拖动节点位置　　图10-142　设置后的效果

2. 立体化照明

在"立体化工具"属性栏中，单击"立体化照明"按钮 ，即可打开与照明相关的选项，用于设置照明的位置及照明的强度，如图 10-143 所示。在其中单击相应的光源，使用所选择的光源在球体中单击，即可设置光照区域，还可以设置"强度"，而且同一个对象可以应用多处照明。图 10-144 ～图 10-146 所示分别展示了对不同的光源应用立体化照明的效果。

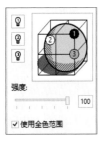

图10-143 立体化照明

图10-144 "光源1"效果

图10-145 "光源2"效果

图10-146 "光源3"效果

边学边练：应用"立体化工具"制作立体文字

　　立体文字效果主要是应用"立体化工具"来完成的。对文字进行变换之前，可以先对文字进行编辑，对其角度和轮廓进行调整，然后制作立体效果，并在图中添加装饰效果。图 10-147 所示为编辑前后的对比效果。

图10-147 对比效果

01 打开"随书资源\素材文件\10\16.cdr"，如图10-148所示。

02 应用"文本工具"在图中单击并输入W，并设置"字体大小"选项为较大的数值，如图10-149所示。

图10-148 打开素材文件

图10-149 输入文字

03 使用"选择工具"右击文字，在弹出的快捷菜单中选择"转换为曲线"命令，将文字转曲，如图10-150所示。

图10-150 转曲文字

04 单击"立体化工具"按钮 ，在属性栏中设置相关参数，然后在图中拖动鼠标，制作立体效果，如图10-151所示。

图10-151 制作文字图形立体化效果

05 单击属性栏中的"立体化颜色"按钮，在展开的"颜色"面板中设置图形的立体化颜色，如图10-152所示。更改立体化图形的颜色，效果如图10-153所示。

图10-152 设置颜色

图10-153 更改颜色效果

06 应用"轮廓笔"工具和"轮廓色"工具为文字添加白色的轮廓效果，如图10-154所示。

图10-154 添加轮廓效果

07 单击"立体化工具"属性栏中的"立体化旋转"按钮，在打开的列表中拖动鼠标，如图10-155所示；调整立体化图形的角度和位置，如图10-156所示。

图10-155 单击并拖动

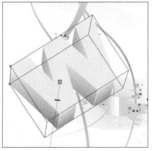

图10-156 调整立体化图形

08 使用相同的方法，制作更多的立体文字，效果如图10-157所示。

图10-157 制作更多的立体文字效果

09 使用"选择工具"选取部分文字图形，执行"对象>顺序"级联菜单中的命令，调整图形之间的排列顺序，调整后的效果如图10-158所示。

图10-158 调整图形的顺序

10 使用"选择工具"对图中部分图形的位置进行调整，完成本实例的制作，如图10-159所示。

图10-159 调整文字的位置

10.6 透明度工具

"透明度工具"的主要作用是制作透明图形效果。使用该工具可以对矢量图形和位图图像进行编辑，也可以对群组的对象进行编辑，但是它不能对同一个群组的对象进行二次编辑。

10.6.1 "透明度工具"属性栏

单击工具箱中的"透明度工具"按钮，在"透明度工具"属性栏中可以对透明度的类型、透明度、节点位置、旋转角度等选项进行设置，如图 10-160 所示。在属性栏中对各选项进行不同的设置，在图形中拖动鼠标，可获得不同的透明度效果。

图10-160 "透明度工具"属性栏

10.6.2 透明度的类型

透明度的类型和应用"交互式填充工具"对图形进行填充的类型相似，在"透明度工具"属性栏中包括"无透明度""均匀透明度""渐变透明度""向量图样透明度""位图图样透明度""双色图样透明度"和"底纹透明度"7种透明度类型，用户可以根据需要单击不同的透明度类型按钮，然后在右侧调整透明度选项，为图形设置透明度效果。选择已应用透明度效果的图形，如图 10-161 所示，在属性栏中可以看到创建的透明度类型为"均匀透明度"，单击"渐变透明度"按钮，更改透明度的类型，效果如图 10-162 所示。

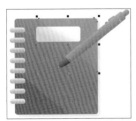

图10-161 均匀透明度

图10-162 渐变透明度

除了"均匀透明度"和"渐变透明度"外，也可以对图形应用"向量图样透明度""位图图样透明度""双色图样透明度"和"底纹透明度"。当选择这些透明度类型时，可在"透明度挑选器"中选择图样样式，并将其应用于图形。图 10-163 ～图 10-166 所示分别展示了这些透明度类型的效果。

图10-163 向量图样透明度

图10-164 位图图样透明度

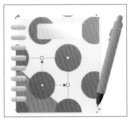

图10-165 双色图样透明度

图10-166 底纹透明度

10.6.3 透明度

"透明度"选项用于控制颜色的透明度，设置的值越高，颜色越透明；反之，设置的值越低，颜色越不透明。对于透明度的调整，可以直接单击属性栏中的"透明度"选项进行设置，也可以选中图形后，通过拖动透明度中心点的位置来控制图形的透明度。图 10-167 和图 10-168 所示分别为设置"透明度"为 50% 和 90% 时的图形效果。

图10-167 设置"透明度"为50%

图10-168 设置"透明度"为90%

10.6.4 旋转

"旋转"选项用于控制应用"透明度工具"时的图形角度，可以在"透明度工具"属性栏中对其参数值进行设置。应用"透明度工具"

任意在图中拖动，如图 10-169 所示。创建透明效果后，可以在属性栏中单击"旋转"选项右侧的微调按钮调整旋转角度，如图 10-170 所示。

图10-169　形成的角度和边界　　图10-170　设置旋转角度

要旋转透明度效果，也可以使用鼠标在图形中拖动白色节点，将其移动到合适的位置后，释放鼠标，即可显示调整图形透明度的角度和边界后的效果，如图 10-171 和图 10-172 所示。

图10-171　拖动白色节点　　图10-172　调整后的效果

10.6.5　透明度的目标

透明度的目标用于选择设置透明度的对象。在"透明度工具"属性栏中包括"全部""填充"和"轮廓"3 个透明度目标按钮，单击不同的按钮，将对不同的对象应用透明度效果。单击"全部"按钮，将会对图形的填充区域和轮廓都应用透明度效果，如图 10-173 所示；单击"填充"按钮，则只对图形的填充区域应用透明度效果，如图 10-174 所示；单击"轮廓"按钮，则只对图形的轮廓部分应用透明度效果，如图 10-175 所示。

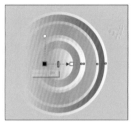 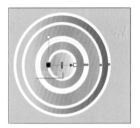

图10-173　全部应用透明度　　图10-174　设置填充透明度

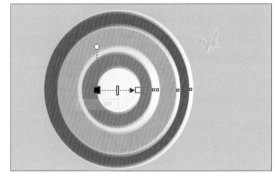

图10-175　设置轮廓透明度

边学边练：应用"透明度工具"制作透明图形

"透明度工具"可以将图形的颜色减淡，透过其中一个图形显示出底部的图形效果，应用此方法可制作透明图形效果。首先绘制合适的图形，并将图形填充上颜色，应用"透明度工具"对图形进行编辑，然后反复应用这样的操作，对各个位置的图形进行编辑，对比效果如图 10-176 所示。

图10-176　前后对比效果

01 创建一个新的空白文档，使用"椭圆形工具"绘制一个圆环，并使用"交互式填充工具"为图形填充渐变色，如图10-177所示。

02 继续使用"椭圆形工具"绘制一个稍小的同心圆环，并为其填充渐变色效果，如图10-178所示。

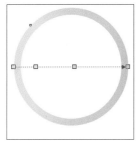

图10-177 填充渐变色　　图10-178 填充渐变色

03 使用"椭圆形工具"在左下角绘制两个大小不同的圆形，如图10-179所示。

04 使用"选择工具"选中绘制的圆形图形，单击属性栏中的"合并"按钮，合并图形并填充渐变色，如图10-180所示。

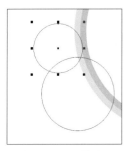
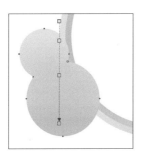

图10-179 绘制图形　　图10-180 填充渐变色

05 使用"椭圆形工具"在合并的图形上绘制一个正圆图形，并将其填充为白色，如图10-181所示。

06 单击"透明度工具"按钮，并在白色的圆形上拖动鼠标，使图形变为半透明效果，如图10-182所示。

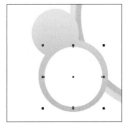

图10-181 绘制圆形　　图10-182 设置图形透明度

07 使用相同的方法，在图中绘制更多的正圆图形，并制作相应的透明度效果，如图10-183所示。

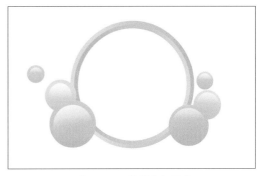

图10-183 绘制多个图形

08 使用"椭圆形工具"在左下角区域绘制两个正圆图形，并填充相应的颜色，如图10-184所示。

09 选择"透明度工具"，设置绘制的图形的透明度为50%，组合图形。然后使用相同的方法，绘制多个圆环装饰图形，设置透明度，并将其放置在最后一层，如图10-185所示。

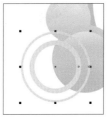
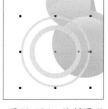

图10-184 绘制圆形　　图10-185 绘制多个图形

10 结合使用"椭圆形工具"和"变换"泊坞窗，绘制有序的小圆形，填充颜色并群组对象，如图10-186所示。

11 应用"透明度工具"在图形中拖动鼠标，使图形中的部分圆形变得透明，如图10-187所示。

图10-186 绘制圆形　　图10-187 设置透明度效果

12 复制多个群组的图形，并调整图形的位置和透明度效果的角度，然后将图形放置在最后一层，如图10-188所示。

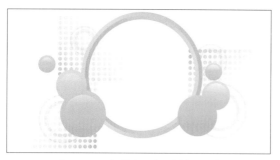

图10-188　复制图形并调整排列顺序

13 应用"钢笔工具"在右下角的圆形图形上绘制一个不规则图形，并将其填充为黑色，如图10-189所示。

14 使用"网状填充工具"填充渐变效果，增强图形立体效果，如图10-190所示。

图10-189　绘制图形　　图10-190　网状填充效果

15 复制多个黑色的不规则图形，调整图形大小，并将其放置在图中适当的位置，如图10-191所示。

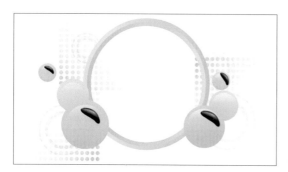

图10-191　复制图形并调整大小和位置

16 应用"椭圆形工具"在左上角区域绘制一个椭圆图形，并填充相应的渐变色，如图10-192所示。

17 单击"变形工具"属性栏中的"推拉变形"按钮⊕，在图形中拖动鼠标，制作花朵形状效果，如图10-193所示。

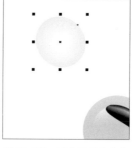 

图10-192　填充图形渐变色　　图10-193　推拉变形图形

18 使用"选择工具"选择当前图形，并复制多个花朵图形放置在适当的位置，制作完整的花朵效果，然后群组花朵图形，如图10-194所示。

19 复制多个群组后的花朵图形，调整花朵图形大小，并将其移至不同的位置，如图10-195所示。

图10-194　制作花朵　　图10-195　复制多个花朵图形

20 应用"椭圆形工具"在图形中间区域绘制一个黄色的椭圆图形，去除其轮廓，然后调整图形的角度和位置，如图10-196所示。

21 应用"交互式填充工具"在绘制的图形上拖动，制作椭圆形渐变填充效果，如图10-197所示。

 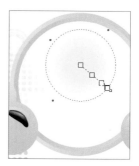

图10-196　绘图椭圆图形　　图10-197　填充渐变效果

22 执行"文件>导入"命令，导入"随书资源\素材文件\10\19.cdr"，并适当调整图形的大小和位置，如图10-198所示。

图10-198 导入图形并调整其大小和位置

23 执行"对象>顺序>置于此对象后"菜单命令，即可将素材图形放置于圆环图层后，然后调整图形位置，完成本实例的制作，最终效果如图10-199所示。

图10-199 最终效果

10.7 透镜的应用

CorelDRAW 中的透镜效果应用了日常所用的照相机镜头的原理，将镜头放在对象上，使其在镜头的影响下产生各种不同的效果，如放大、鱼眼及反转等。透视只会改变对象的观察方式，不会改变对象本身的属性。可以对任何矢量对象应用透镜，也可以应用透镜更改美术字和位图的外观。在 CorelDRAW X8 中主要通过"透镜"泊坞窗来设置透镜效果。

10.7.1 "透镜"泊坞窗

"透镜"泊坞窗主要包括多种不同的透镜效果，用户可以根据需要选择适合的滤镜效果，并调整其参数，对图像应用透镜特效。执行"效果>透镜"菜单命令，即可打开"透镜"泊坞窗，打开后的效果如图 10-200 所示。

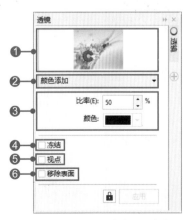

图10-200 "透镜"泊坞窗

❶预览窗口：当对图形应用透镜效果后，可在该窗口中预览效果。

❷透镜效果：在"透镜"泊坞窗中，可以对透镜效果的种类进行设置。单击"透镜效果"右侧的下三角按钮▾，在展开的下拉列表中包括"无透镜效果""变亮""颜色添加""色彩限度""自定义彩色图""鱼眼""热图""反转""放大""灰度浓淡""透明度"和"线框"等选项。选择不同的选项后，可以在绘图窗口中查看应用透镜变换后的效果。图 10-201 和图 10-202 所示分别为选择"颜色添加"和"反转"选项后的透镜效果。

图10-201 颜色添加效果

图10-202 反转效果

❸选项设置：用于设置当前透镜效果的相关参数。根据所选透镜效果的不同，可设置当前效果的"比率"和"颜色"。

④冻结：勾选"冻结"复选框，可固定透镜中的内容，在移动透镜时不改变通过透镜显示的内容，如图10-203 所示为创建的"反转"透镜效果，勾选复选框移动对象时，原图像不受影响，如图 10-204 所示。

图10-203　未勾选"冻结"　　图10-204　勾选"冻结"
　　　　　移动效果　　　　　　　　　移动效果

⑤视点：勾选"视点"复选框，可以在透镜本身不移动的情况下移动视点以显示透镜下的图像的任意部分。勾选"视点"复选框并重新设置视点位置，如图 10-205 所示，设置后效果如图 10-206 所示。

图10-205　设置视点位置　　图10-206　设置后的效果

⑥移除表面：用于设置移除表面只在透视覆盖对象的位置显示透镜效果，即将透镜移到其他位置，改变透镜的作用对象。

10.7.2　透镜的设置

透镜效果的设置主要是在"透镜"泊坞窗中进行的。对图像应用透镜效果时，先确定要应用透镜的对象，选择绘制的图形，如图10-207 所示，打开"透镜"泊坞窗，在"透镜"泊坞窗的列表框中选择合适的透镜效果，如"放大"滤镜，再设置"数量"为3.0，勾选"冻结"复选框，固定原图像，如图10-208 所示。

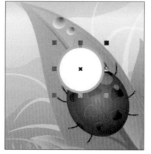 

图10-207　选择图形　　　图10-208　设置选项

设置完成后单击"应用"按钮，从绘图窗口中可以看到应用透镜变换后的效果，如图10-209 所示，移到透镜对象时，可以看到下方未放大显示的原图形效果，如图 10-210 所示。

图10-209　应用透镜效果　　图10-210　移动透镜效果

读书笔记

第 11 章
图层和样式的使用

本章主要从 3 个方面介绍图层和样式的使用。通过新建、删除和重命名图层等命令来了解图层的基本操作；通过对图层的编辑，对图形对象进行更完善的管理；通过新建样式、编辑颜色和设置图形文本的样式来熟悉样式的应用。

11.1 图层的基本操作

在 CorelDRAW X8 中，使用图层可以更有效地管理和编辑不同的图形对象。编辑图层时，最基本的操作包括新建、删除和重命名图层。这些操作可通过在"对象管理器"泊坞窗中单击按钮或执行菜单命令来完成。

11.1.1 "对象管理器"泊坞窗

"对象管理器"泊坞窗是对图层进行分类管理的一个窗口视图，通过该泊坞窗可以对图形进行更快速的编辑和管理。执行"对象 > 对象管理器"菜单命令，即可打开"对象管理器"泊坞窗，如图 11-1 所示。

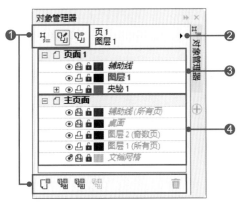

图11-1 "对象管理器"泊坞窗

❶工具按钮：在"对象管理器"泊坞窗的上方和下方都有工具按钮，分别用于对象属性的显示和图层的编辑等操作。

● "显示对象属性"按钮：该按钮能够将页面中对象的具体属性进行显示和隐藏。选中对象后，单击该按钮，将显示选中对象的填充、描边、形状等属性的具体内容，如图 11-2 所示；若再次单击该按钮，将隐藏选中对象的属性显示，只显示对象的名称，如图 11-3 所示。

图11-2 显示对象属性

图11-3 只显示对象名称

● "跨图层编辑"按钮：单击该按钮或在打开的"对象管理器选项"菜单中执行"跨图层编辑"命令，可以对不同图层间的对象进行编辑操作。若未选中该选项，则用户只能对当前选中图层上的对象进行操作。

● "图层管理器视图"按钮：单击该按钮，可设置不同的图层视图效果，根据用户需要对图层属性进行显示和隐藏。默认情况下，该按钮处于未选中状态，显示文档中所有页面的图层属性，如图 11-4 所示；单击该按钮后，在"对象管理器"泊坞窗中将只显示当前操作页面的图层属性，如图 11-5 所示。

图11-4 默认效果

图11-5 仅显示当前页的图层属性

● "新建图层"按钮：单击该按钮，可以在选中的页面中快速创建新图层。

● "新建主图层（所有页）"按钮：单击该按钮，可以创建用于所有页面的主图层。

● "新建主图层（奇数页）"按钮：单击该按钮，可以快速快速创建用于奇数页的主图层，此按钮仅在活动的页面为奇数页时可用。

● "新建主图层（偶数页）"按钮：单击该按钮，可以快速创建用于偶数页的主图层，此按钮仅在活动的页面为偶数页时可用。

● "删除"按钮：选中需要删除的图层、对象、辅助线等内容，单击该按钮，可以对选中的内容进行删除。

❷对象管理器选项：在"对象管理器"泊坞窗中，单击右上角的"对象管理器选项"按钮，如图 11-6 所示。在弹出的菜单中不仅可以对图层进行新建、删除和重命名等基本操作，而且能够对图层和页面进行编辑，并设置图层或页面上对象的显示方式，如图 11-7 所示。

图11-6 单击按钮　　图11-7 对象管理器选项

❸页面中的内容：页面中的内容包括导线及图层上的所有对象。在一个 CDR 文档中可以存在多个页面，页面间的内容相互独立，对一个页面进行编辑时，不会影响其他页面的内容。如图 11-8 所示，在"页面 1"中创建了辅助线，切换到"页面 2"后，可以看到在此页面中无辅助线，如图 11-9 所示。

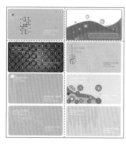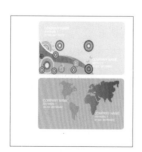

图11-8 "页面1"中的　　图11-9 "页面2"中未显
辅助线　　　　　　示辅助线

❹主页面中的内容：主页面中的内容包括应用于文档中所有页面的全局对象、辅助线和网格设置。在主页面上创建的辅助线将自动应用到文档的其他页面中。如图 11-10 所示，在主页面中创建辅助线效果，切换到"页面 2"后，同样可以看到创建的辅助线效果，如图 11-11 所示。

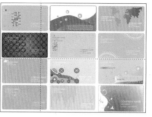

图11-10 创建辅助线　　图11-11 "页面2"中的辅助线

11.1.2 新建图层

"新建图层"功能便于管理由多个图形组成的图像效果，它通过图层对图形进行分类，便于快速选择并对图形进行编辑。如图 11-12 所示，在"对象管理器"泊坞窗中，单击下方的"新建图层"按钮或在"对象管理器选项"菜单中执行"新建图层"命令，即可在选择的图层上方创建一个新的图层，如图 11-13 所示。创建新图层时，系统默认的图层名称为"图层 1""图层 2""图层 3"等，用户可以根据需要对图层名称进行修改，便于识别对象。

图11-12 单击"新建图层"按钮　　图11-13 创建新图层

11.1.3 新建主图层

主图层是指"对象管理器"泊坞窗的"主页面"中的图层。用户可以单击"对象管理器"泊坞窗下方的"新建主图层（所有页）"按钮新建主图层，如图 11-14 所示；或者在"对象管理器选项"菜单中执行"新建主图层（所有页）"命令，对主图层进行快速创建，如图 11-15 所示。应用相同的方法，可以连续在主页面视图中新建多个图层，新建主图层后，图层名称为红色并处于选中状态。

图11-14 单击按钮

图11-15 创建新的主图层

11.1.4 删除图层

页面中不需要的图层可以对其进行删除。选中需要删除的图层后，直接单击"对象管理器"泊坞窗右下角的"删除"按钮 🗑，如图11-16所示；即可将选中图层删除，如图11-17所示。

图11-16 单击"删除"按钮

图11-17 删除选中图层

也可以通过在"对象管理器选项"菜单中执行"删除图层"命令来删除图层，如图11-18所示；还可以选中需要删除的图层，单击鼠标右键，在弹出的快捷菜单中选择"删除"命令，删除图层，如图11-19所示。删除图层后，

系统将自动选中被删除图层之下的图层。

图11-18 执行"删除图层"命令

图11-19 执行"删除"命令

11.1.5 重命名图层

"重命名图层"功能主要用于管理由多个图层组成的图形，它通过对包含不同对象的图层进行命名，实现对图层的快速查找和编辑。在"对象管理器"泊坞窗中，选中需要重命名的图层，右击图层名称，在弹出的快捷菜单中选择"重命名"命令，如图11-20所示；再为选中的图层输入需要的名称，然后单击泊坞窗中的空白处，即可将图层重命名，如图11-21所示。

图11-20 执行"重命名"命令

图11-21 重命名图层

边学边练：新建并重命名图层

在"对象管理器"泊坞窗中新建图层，然后对创建的图层进行重新命名，并将素材图形导入到相应的图层中，以便进行图形的查看和管理操作，如图 11-22 所示。

图11-22 编辑后的效果

01 执行"文件>新建"菜单命令，创建一个空白文档。执行"窗口>泊坞窗>对象管理器"菜单命令，打开"对象管理器"泊坞窗。选中"页面1"中的"图层1"，右击图层，在弹出的快捷菜单中执行"重命名"命令，如图11-23所示。

02 在编辑文本框中输入新的图层名称，如图11-24所示。输入完成后单击泊坞窗中的空白位置，确认对图层进行重命名。

图11-23 执行"重命名"命令　　图11-24 输入图层名

03 对图层进行重命名后，图层名称将以红色文字显示，如图11-25所示。选中该图层，如图11-26所示。

图11-25 重命名后的效果　　图11-26 选中图层

04 执行"文件>导入"菜单命令，导入"随书资源\11\素材文件\01.cdr"到选中的图层，如图11-27所示。此时在"对象管理器"泊坞窗中将显示该图层的对象组成，如图11-28所示。

图11-27 导入图形　　图11-28 图层中的对象

05 在"对象管理器"泊坞窗中单击"对象管理器选项"按钮▶，如图11-29所示。在弹出的菜单中选择"新建图层"命令，如图11-30所示。

图11-29 单击▶按钮　　图11-30 执行命令

06 创建新图层，默认图层名为"图层1"，如图11-31所示。

07 根据步骤01～02中重命名图层的方法对新建的图层进行重命名，将图层命名为"活力橙色"，如图11-32所示。

图11-31 新建图层　　图11-32 重命名图层

08 执行"文件>导入"菜单命令，导入"随书资源\11\素材文件\02.cdr"到新创建的图层，如图11-33所示。添加图形后，在"对象管理器"泊坞窗中可查看添加的对象组成，如图11-34所示。

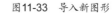

图11-33 导入新图形　　图11-34 查看对象

11.2 颜色样式的应用

在颜色样式的应用中包括新建、编辑和转换为专色等操作。使用"颜色样式"泊坞窗可以对多种颜色样式进行操作，通过按钮或菜单命令可快速地对颜色样式进行编辑。

11.2.1 "颜色样式"泊坞窗

"颜色样式"泊坞窗常用于对各种对象的颜色样式进行管理，使其便于应用。执行"窗口>泊坞窗>颜色样式"菜单命令，即可打开"颜色样式"泊坞窗，如图 11-35 所示。在该泊坞窗中可以对图形颜色进行新建、编辑和删除等操作，还可将颜色转换为专色等。

图 11-35 "颜色样式"泊坞窗

11.2.2 新建颜色样式

颜色样式表示对象上色彩的选择和编辑信息，每种颜色上都带有准确的颜色信息，便于区分与应用。

1. 新建颜色样式

打开"颜色样式"泊坞窗，选中需要创建颜色样式的图形对象，单击泊坞窗下方的"新建颜色样式"按钮，在弹出的列表中选择"新建颜色样式"选项，如图 11-36 所示。即可在"颜色样式"泊坞窗中创建一个与之前相同的颜色样式，如图 11-37 所示。

图 11-36 新建颜色样式　图 11-37 新建颜色样式后的效果

新建颜色样式后，可以对新建的颜色样式进行更改。单击颜色样式列表中的颜色样式，"颜色样式"泊坞窗下方将会展开"颜色编辑器"，如图 11-38 所示。在其中可以输入相应的颜色值，如图 11-39 所示。

图 11-38 单击颜色样式　图 11-39 输入颜色值

2. 从选择项新建颜色样式

CorelDRAW 中可以从选定的对象中创建颜色样式。在画面中单击选择要从中创建颜色样式的图形，如图 11-40 所示。在"颜色样式"泊坞窗中单击"新建颜色样式"按钮，在弹出的列表中选择"从选定项新建"选项，如图 11-41 所示。

图 11-40 选中图形　图 11-41 从选定项新建

打开"创建颜色样式"对话框，在对话框中即根据选择的图形添加多个颜色，如图 11-42 所示，默认选择"填充和轮廓"选项，即将选定图形的填充色和轮廓色都添加到颜色样式列表中，如图 11-43 所示。

图11-42 设置添加的颜色

图11-43 新建颜色样式

3. 从文档新建颜色样式

除了可以根据选择的对象创建新的颜色样式以外，还可以直接从打开的图形创建新的颜色样式。具体操作方法为：打开一个图形文件，取消对象的选中状态，如图11-44所示；单击"新建颜色样式"按钮 ，在弹出的列表中选择"从文档新建"选项，如图11-45所示。

图11-44 打开图形

图11-45 从文档新建

打开"创建颜色样式"对话框，在该对话框右侧显示当前所打开的图形中的所有颜色样式，如图11-46所示。用户可以根据"对象填充""对象轮廓""填充和轮廓"选项来创建颜色样式，也可以通过指定颜色样式的和谐度来调整选定的颜色样式。设置完成后单击"确定"按钮，即可创建该图形的所有颜色样式，如图11-47所示。

图11-46 设置添加的颜色

图11-47 创建的颜色样式

11.2.3 编辑颜色样式

在"颜色样式"泊坞窗中可通过"和谐编辑器"和"颜色编辑器"来改变颜色样式的颜色。

1. 用"和谐编辑器"编辑颜色

在"颜色样式"泊坞窗中为图形创建的颜色样式，可应用"和谐编辑器"来设置颜色样式中的颜色变化效果。当指定一个颜色样式时，在"和谐编辑器"中可显示当前指定的颜色样式的色环和颜色滑块，如图11-48所示。此时可以使用鼠标拖动色环中的圆形节点，改变当前的颜色样式，如图11-49所示。

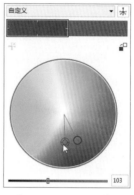

图11-48 拖动圆形节点

图11-49 重新设置颜色样式

除此之外，还可以拖动"和谐编辑器"下方的颜色滑块，如图11-50所示。通过移动鼠标位置或直接输入参数值，更改当前颜色样式的颜色，如图11-51所示。

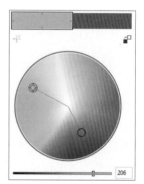

图11-50 拖动颜色滑块

图11-51 更改颜色

2. 颜色编辑器

在"颜色样式"泊坞窗中，也可以通过"颜色编辑器"来更改颜色样式的颜色。选择颜色样式后，在"颜色编辑器"中可以通过输入具体的颜色值或拖动滑块，或者在颜色查看器中单击颜色，更改颜色样式的颜色值，如图11-52和图11-53所示。

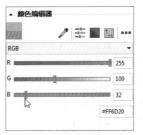 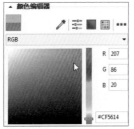

图11-52 拖动滑块　　图11-53 在颜色查看器中设置

同时，还可以单击调色板中的色块来指定颜色，如图11-54所示。设置后可以看到位于"颜色样式"泊坞窗上方的颜色样式变为了新的颜色，如图11-55所示。

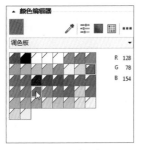 

图11-54 单击色块　　图11-55 更改后的颜色样式

11.2.4 转换为专色

在"颜色样式"泊坞窗中可以对创建的颜色样式进行专色的转换，将设置的颜色样式应用于印刷。选中需要转换为专色的颜色样式，单击"颜色样式"泊坞窗右上方的"转换"按钮，在弹出的列表中选择"转换为专色"选项，如图11-56所示；即可将指定颜色样式进行转换，且转换后的颜色以印刷颜色浓度方式显示，如图11-57所示。

图11-56 转换为专色　　图11-57 转换为专色后的效果

11.2.5 应用颜色样式填充图形

创建并编辑颜色样式，可以将它应用于文档中的对象。具体操作方法为：使用"选择工具"选中一个需要应用颜色样式的对象，如图11-58所示，打开"颜色样式"泊坞窗，在泊坞窗中双击创建的颜色样式，如图11-59所示。

图11-58 选择对象　　图11-59 双击颜色样式

双击颜色样式后，即可对选定的对象应用该颜色样式，效果如图11-60所示。此外，除了应用颜色样式填充对象外，也可以将颜色样式应用于对象轮廓。右击"颜色样式"泊坞窗中的颜色样式，即可将颜色样式应用于轮廓效果，如图11-61所示。

图11-60 填充颜色样式　　图11-61 将样式应用于轮廓

技巧>>通过拖曳应用颜色样式

要应用"颜色样式"泊坞窗中的颜色样式填充对象时，除了可以通过双击的方式进行应用外，也可以选中颜色样式，如图11-62所示。

图11-62 选择颜色样式

将选中的颜色样式拖曳到要应用该样式的对象上，如图11-63所示，释放鼠标，即可应用颜色样式，效果如图11-64所示。

图11-63　拖曳颜色样式

图11-64　应用样式效果

11.3　图形和文本样式

　　图形和文本样式的应用主要是通过"对象样式"泊坞窗中的特殊符号、图形样式和文本样式对图形或文本进行效果的添加和编辑。也可自行创建特殊效果，并可以对自行创建的样式进行保存，便于以后重复使用。

11.3.1　"对象样式"泊坞窗

　　"对象样式"泊坞窗的主要作用是对图形、文本等进行进一步的编辑，如添加特殊符号、美术字和特殊图形等。创建图形或文本后，执行"窗口 > 泊坞窗 > 对象样式"菜单命令或按下快捷键 Ctrl+F5，打开"对象样式"泊坞窗，如图 11-65 所示。

图11-65　"对象样式"泊坞窗

　　单击对象样式前的三角形按钮，可以展开对象样式项目列表，在列表中可以看到更多的对象样式，如图 11-66 所示。

图11-66　展开"默认对象属性"样式

11.3.2　新建对象样式

　　新建对象样式便于直接将图形样式应用于新的图形上。在"对象样式"泊坞窗中单击"新建样式"按钮 ，如图 11-67 所示。在打开的列表中，有多种样式可供选择，如图 11-68 所示。

图11-67　单击 按钮

图11-68　"新建样式"列表

　　选择任意一个选项后，即可创建相应的对象样式。如图 11-69 所示，选择"透明度"选项，新建"透明度 1"样式，如图 11-70 所示。此时泊坞窗中会显示相应的选项属性，用户可对其参数进行设置。

图11-69　执行命令

图11-70　创建新的对象样式

创建新的对象样式时，还可以在创建的新样式右侧单击"新建子样式"按钮，即可创建一个"透明度 1"的对象子样式，如图 11-71 和图 11-72 所示。

图 11-71　单击按钮　　　图 11-72　新建子样式

11.3.3　应用样式

创建或选择对象样式后，可以将该对象样式应用于选定的图形或文本。具体操作方法为：选取要应用样式的对象，如图 11-73 所示；执行"窗口 > 泊坞窗 > 对象样式"菜单命令，打开"对象样式"泊坞窗；在该泊坞窗中选择需要的样式，如图 11-74 所示。

图 11-73　选定图形　　　图 11-74　选择样式

选择对象样式后，单击"对象样式"列表下的"应用于选定对象"按钮，如图 11-75 所示；即可将样式应用于选定的对象，如图 11-76 所示。

图 11-75　单击应用按钮　　　图 11-76　对图形应用样式

11.3.4　编辑样式

对于应用到图形或段落文本中的对象样式，可以利用"对象样式"泊坞窗下方的选项，调整其样式效果。选中应用了对象样式的图形

或文本，拖动"对象样式"泊坞窗右侧的滑块，在下方显示更多的选项，并设置这些选项，如图 11-77 所示。设置完成后单击"应用于选定对象"按钮，即可根据所设置的选项，更改应用到对象上的样式效果，如图 11-78 所示。

图 11-77　设置样式选项　　　图 11-78　更改样式效果

11.3.5　插入项目符号

对图形和文字应用样式后，可以为其添加一些特殊的符号，以增强样式效果，例如为文字添加项目符号。具体操作方法为：选中要添加项目符号的文本对象，如图 11-79 所示；在"对象样式"泊坞窗中勾选"制表位"中的"项目符号"复选框，并单击"项目符号设置"按钮 ，如图 11-80 所示。

图 11-79　选择对象　　　图 11-80　单击 按钮

打开"项目符号"对话框，在对话框中指定符号样式，并调整其大小等，如图 11-81 所示。设置完成后，单击对话框下方的"确定"按钮，即可为选定的文本添加项目符号，如图 11-82 所示。

图 11-81　设置项目符号　　　图 11-82　添加项目符号

为对象添加项目符号时，除了可以使用"对象样式"泊坞窗打开"项目符号"对话框以外，还可以执行"文本 > 项目符号"菜单命令，如图 11-83 所示，打开"项目符号"对话框。

图11-83 执行菜单命令

边学边练：为输入的文字添加项目符号

为增加段落文字的美感，可以使用 CorelDRAW 中的"对象样式"泊坞窗为文字添加特定的项目符号效果。操作方法为：先在"对象样式"泊坞窗中创建新的"字符"和"段落"样式，然后指定样式选项，完成文字和段落样式的更改，并添加项目符号效果，编辑前后的对比效果如图 11-84 所示。

图11-84 编辑前后的效果

○1 执行"文件>打开"菜单命令，打开"随书资源\11\素材文件\07.cdr"，如图11-85所示。

图11-85 打开素材文件

○2 执行"窗口>泊坞窗>对象样式"菜单命令，打开"对象样式"泊坞窗。单击"新建样式"按钮➕，在打开的列表中选择"字符"选项，如图11-86所示。

○3 在"对象样式"泊坞窗中新建"字符1"样式，如图11-87所示。

图11-86 执行命令   图11-87 新建样式

○4 新建"字符1"样式后，在下方调整字符的字体、字号，如图11-88所示。

○5 在"对象样式"泊坞窗的"字符"选项组中单击"文本颜色"色块，在弹出的"颜色选取器"中重新指定文本颜色，如图11-89所示。

图11-88 设置字体、字号

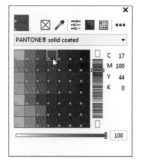

图11-89 指定文本颜色

06 返回"对象样式"泊坞窗，查看新设置的文本颜色，如图11-90所示。

07 在"对象样式"泊坞窗中单击"样式"右侧的"新建样式"按钮，在打开的列表中选择"段落"选项，如图11-91所示。

图11-90 查看样式选项

图11-91 执行命令

08 在"对象样式"泊坞窗中新建"段落1"样式，展开"制表位"选项组，在其中勾选"项目符号"复选框，并单击"项目符号设置"按钮，如图11-92所示。

09 打开"项目符号"对话框，在对话框中指定符号样式，并调整其大小等，如图11-93所示。设置完成后，单击对话框下方的"确定"按钮。

图11-92 新建样式

图11-93 设置项目符号

10 用"选择工具"选中要应用样式的文本对象，如图11-94所示。

图11-94 选择要应用样式的对象

11 分别选择"字符1"和"段落1"样式，然后单击"应用于选定对象"按钮，应用样式，如图11-95所示。

图11-95 应用样式效果

11.3.6 删除对象样式

创建多种图形和文本样式后，可以对样式进行删除。在"对象样式"泊坞窗中，选中需要删除的图形或文本样式，单击"删除样式"按钮，如图11-96所示；即可删除选中样式，如图11-97所示。

图11-96 单击"删除样式"按钮

图11-97 删除样式

另外，也可以选定对象样式，如图 11-98 所示；单击鼠标右键，在弹出的快捷菜单中执行"删除"命令，如图 11-99 所示，将选中的样式删除。

图11-98　选中样式

图11-99　执行"删除"命令

11.3.7　导入 / 导出样式表

在 CorelDRAW X8 中，可以将存储或系统预设的图形和文本样式导入到样式表中，也可以将编辑的样式导出为新的样式表。在"对象样式"泊坞窗中单击"导入、导出或保存默认值"按钮，在弹出的列表中选择"导入样式表"选项，如图 11-100 所示。打开"导入样式表"对话框，导入样式。另外，也可以选择"导出样式表"选项，如图 11-101 所示，将文件中的样式导出为新的样式表。

图11-100　执行"导入样式"

图11-101　执行"导出样式"

选择"导出样式表"选项后，将弹出"导出样式表"对话框，如图 11-102 所示。在对话框中可选择导出的样式或样式集等，然后单击"确定"按钮，即可将指定对象的样式导出到相应的文件中。

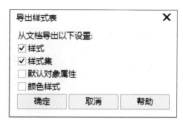

图11-102　"导出样式表"对话框

11.3.8　编辑热键

若需要为多个图形和文本设置对象样式，通过创建热键的方式可更加快捷地完成操作。在"对象样式"泊坞窗中选定任意一个样式，单击鼠标右键，在弹出的快捷菜单中选择"指定键盘快捷键"命令，如图 11-103 所示。打开"选项"对话框，在对话框中可以对命令和操作进行热键设置，如图 11-104 所示。

图11-103　执行命令

图11-104　"选项"对话框

第 12 章
自由处理位图图像

CorelDRAW 不但可以根据需要绘制各种不同的矢量图形，也可以处理位图图像。本章主要介绍位图图像的编辑，主要包括 4 个方面的内容：导入和导出位图图像；矢量图和位图之间的转换；调整和变换位图图像的明暗和色彩；利用图框精确裁剪，将位图放置到矢量图框中。学习时，读者应掌握各命令对位图的影响和作用。

12.1　导入 / 导出位图图像

在 CorelDRAW 中不能直接打开位图图像，应用导入的方法才可将存储于文件夹中的位图图像在 CorelDRAW X8 绘图窗口中显示出来，并且可以对图像进行编辑。导出位图图像是指将编辑后的图像导出并保存为所需的位图图像格式。

12.1.1　导入位图图像

导入位图图像是指将存储在相关文件夹中的图像在 CorelDRAW X8 应用程序中显示出来。

1. 导入图像

执行"文件 > 导入"菜单命令或单击"标准"工具栏中的"导入"按钮 囤，打开"导入"对话框，在对话框中找到要导入的图像，单击"导入"按钮，如图 12-1 所示。导入位图图像的效果如图 12-2 所示。

中的图像重新进行设置，使其更符合所需的形状及大小。在"导入"对话框中选择所要导入的图像后，单击"导入"按钮右侧的下三角按钮，在展开的下拉列表中选择"裁剪并装入"选项，即可打开"裁剪图像"对话框，如图 12-3 所示。在对话框中可重新设置导入图像的宽度及高度，设置完成后单击"确定"按钮，即可在绘图窗口中显示所导入的新图像，如图 12-4 所示。

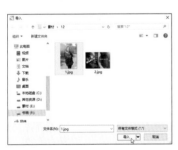

图12-1　"导入"对话框

图12-2　导入的图像

2. 导入并裁剪图像

"裁剪图像"对话框用于对导入绘图窗口

图12-3　"裁剪图像"对话框　　图12-4　裁剪后的图像

边学边练：将素材文件中的图像导入窗口中

通过应用"文件"菜单中的"导入"命令可以将素材文件中的图像导入绘图区。本实例中先打开

"导入"对话框，在对话框中选择所导入图像的存储路径，然后将选择的图像导入，再调整图像大小，并放置到页面的中心位置，如图12-5所示。

图12-5 导入图像效果

01 创建一个新的图形文件，然后执行"文件>导入"菜单命令，如图12-6所示。

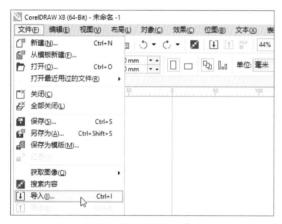

图12-6 执行"导入"命令

02 在打开的"导入"对话框中，选择导入图像的存储路径及名称，单击"导入"按钮，如图12-7所示。

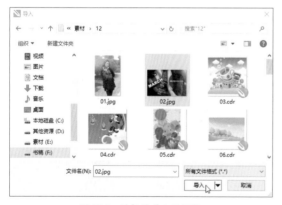

图12-7 选择要导入的图像

03 使用鼠标在图中拖动以调整文件大小，如图12-8所示。

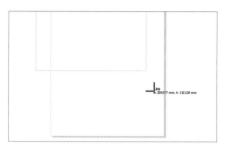

图12-8 在文档中拖动鼠标

04 释放鼠标后，即可在绘图窗口中看到导入的图像，如图12-9所示。

图12-9 显示导入的图像

05 单击属性栏中的"横向"按钮，将创建的纵向页面设置为横向，并将图像放置到中心位置上，如图12-10所示。

图12-10 调整页面方向和图像位置

06 在属性栏中设置页面大小，将高度和宽度设置为所导入图像的大小，并将图像放置于页面的中心位置，如图12-11所示。

图12-11 设置文档大小

12.1.2 导出为位图图像

CorelDRAW 中可以将绘制的矢量图形通过导出的方式转换为位图图像。用户可以将当前绘图页中的所有对象都导出为位图，也可以只导出当前选定的对象。

1. 导出全部对象

导出全部对象时，不需要应用"选择工具"选择图形，直接单击"标准"工具栏中的"导出"按钮，然后在"导出"对话框中设置导出图像的名称及格式，如图 12-12 所示。这里选择导出格式为 JPG – JPEG 位图格式。

图12-12 "导出"对话框

设置完成后，单击"导出"按钮，即可打开"导出到 JPEG"对话框，如图 12-13 所示。在该对话框中对要导出的位图重新进行设置，包括"宽度""高度""分辨率"等，也可以设置图像的颜色模式，设置完成后单击"确定"按钮，即可在设置的存储目录中查看导出的位图图像。

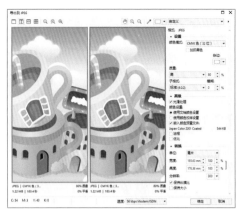

图12-13 "导出到JPEG"对话框

2. 导出选定的对象

导出选定的对象是指将选定的对象转换为位图进行保存。首先应用"选择工具"在要导出的图形上单击，选取需要导出的图形内容，然后执行"文件 > 导出"菜单命令，弹出"导出"对话框；在对话框中设置要保存位图的路径、名称和格式等，并勾选"只是选定的"复选框，便于后面的图像操作，如图 12-14 和图 12-15 所示。

图12-14 选定要导出的图形

图12-15 "导出"对话框

设置完成后，单击"导出"按钮，打开"导出到 JPEG"对话框，如图 12-16 所示。在对话框中设置相关参数，完成后单击"确定"按钮，然后在设置的存储路径中选择导出位图的文件夹，在文件夹中可以看到导出选定图形的效果，如图 12-17 所示。

导出全部图像.jpg　　导出选择的图像.jpg　　实例 01 将素材文件夹中的图像导入到窗口中.cdr

图12-17　查看导出的图像效果

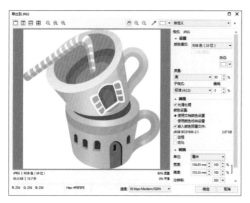

图12-16　"导出到JPEG"对话框

 技巧>>使用快捷键导入和导出文件

在 CorelDRAW 中，除了单击按钮和执行相应的菜单命令来导入和导出文件以外，还可以通过快捷键来完成操作。按下快捷键 Ctrl+I，打开"导入"对话框，即可导入图像；按下快捷键 Ctrl+E，打开"导出"对话框，即可在对话框中设置并导出图像。

边学边练：将所选择的图形导出为位图

将选择的图形导出为位图可以方便其他应用程序对位图进行编辑。首先选取要导出的图形，通过导出图像的方法对位图进行设置，然后根据提示对对话框进行操作，直至将所选择的图形转换为位图。编辑前后的对比效果如图 12-18 所示。

图12-18　编辑前后的效果

01 打开"随书资源\12\素材文件\04.cdr"，如图12-19所示。

02 应用"选择工具"在人物图形上单击，将该图形选取，如图12-20所示。

 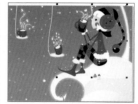

图12-19　打开素材文件　　　图12-20　选取人物图形

03 执行"文件＞导出"菜单命令，打开"导出"对话框，在对话框中为导出的图像设置新文件格式，并勾选"只是选定的"复选框，如图12-21所示。

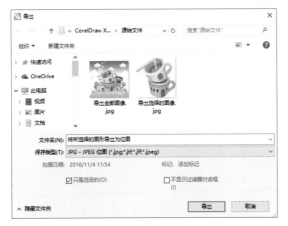

图12-21 在"导出"对话框中设置图像格式

04 在"导出"对话框中单击"导出"按钮，在打开的"导出到JPEG"对话框中设置图像的颜色模式等参数，如图12-22所示。设置完成后，单击"确定"按钮。

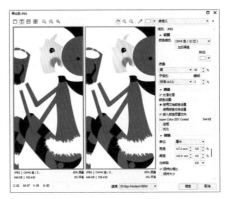

图12-22 "导出到JPEG"对话框

05 选中导出的图像，双击鼠标，即可使用图片查看器对图像进行查看。如图12-23所示。

图12-23 查看图像效果

12.2 位图和矢量图的转换

位图和矢量图之间可以相互转换，完成转换后还可以对图像的边缘重新进行设置。如果要绘制复杂的位图图像，应用转换矢量图的方法，可以得到复杂图形的轮廓，并可重新编辑。将矢量图转换为位图后，可以应用 CorelDRAW X8 中提供的相关命令对其进行调整和设置。

12.2.1 转换为位图

"转换为位图"命令可以将打开或编辑的矢量图形转换为位图。在 CorelDRAW X8 中，要将矢量图转换为位图，需要先打开并选择图形，如图 12-24 所示；然后执行"位图＞转换为位图"菜单命令，如图 12-25 所示。

打开"转换为位图"对话框，在对话框中设置各选项，如图 12-26 所示。设置完成后单击"确定"按钮，即可将矢量图形转换为位图图像，如图 12-27 所示。转换后不能用路径编辑工具编辑对象。

图12-24 选择图形

图12-25 执行菜单命令

图12-26 "转换为位图"对话框

图12-27 转换为位图

边学边练： 将矢量图转换为位图

　　将矢量图转换为位图后，可以应用 CorelDRAW X8 中提供的编辑位图的命令对位图进行编辑，这些命令是不能直接对矢量图形进行编辑的。本实例中先应用绘制矢量图形的工具在图中绘制图形并填充颜色，然后将其转换为位图，使用滤镜对位图进行编辑和调整，对比效果如图 12-28 所示。

原图

效果图

图12-28　编辑前后的效果

01 打开"随书资源\12\素材文件\06.cdr"，如图12-29所示。

图12-29　打开素材文件

02 应用工具箱中的"椭圆形工具"连续在图中拖动，绘制多个椭圆图形，如图12-30所示。

图12-30　绘制多个椭圆图形

03 将绘制的椭圆图形都选中，单击属性栏中的"合并"按钮 ，将所选图形合并为一个图形，如图12-31所示。

图12-31　合并椭圆图形

04 将合并后的椭圆图形填充为白色，并去除图形中的黑色轮廓，如图12-32所示。

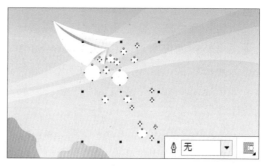

图12-32　填充图形颜色并去除轮廓

05 执行"位图>转换为位图"菜单命令，打开"转换为位图"对话框。在对话框中设置"颜色模式"为"CMYK色（32位）"，并勾选"透明背景"复选框，如图12-33所示。

06 设置完成后单击"确定"按钮,即可将矢量图形转换为位图,如图12-34所示。

图12-33 设置选项

图12-34 将图形转换为位图

07 执行"位图>模糊>高斯式模糊"菜单命令,在打开的"高斯式模糊"对话框中设置"半径"为5.0像素,如图12-35所示。

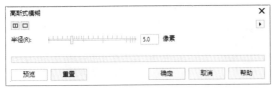
图12-35 设置"高斯式模糊"

08 设置完成后单击"确定"按钮,即可对转换后的位图进行模糊处理,如图12-36所示。

图12-36 位图模糊后的效果

09 应用"椭圆形工具"在页面中的其余位置绘制多个图形,并合并为一个图形,如图12-37所示。

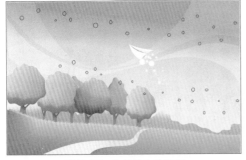
图12-37 绘制并合并图形

10 将合并的图形转换为位图,应用"高斯式模糊"滤镜对圆点图像进行编辑,制作成模糊的图像效果,如图12-38所示。

图12-38 最终效果

12.2.2 快速描摹

通过"快速描摹"命令可以快速地将位图转换为矢量图。选取要编辑的图像,如图12-39所示。执行"位图>快速描摹"菜单命令,即可将位图转换为矢量图形,如图12-40所示。

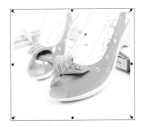
图12-39 选取图像

图12-40 描摹后的效果

将图像放大显示,可以看到图像中原本平滑的图形已经被多个纯色色块替代,可以将图形解组,并应用"选择工具"单独选择不同的色块进行编辑,如图12-41所示。

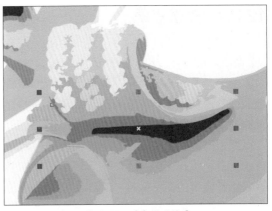
图12-41 放大显示效果

12.2.3 中心线描摹

通过"中心线描摹"命令可以用黑色线条对图像的轮廓进行简易的描绘，将彩色图像转换为黑白图像。执行"位图>中心线描摹"菜单命令后，在展开的级联菜单中有两个命令可供选择，分别为"技术图解"和"线条画"，执行任一命令都将打开 PowerTRACE 对话框，如图 12-42 所示。在该对话框中可对细节、平滑度、拐角平滑度等参数进行设置，增强描摹图形后的细节效果，如图 12-43 所示。

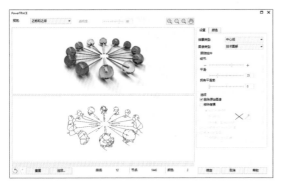

图12-42　PowerTRACE对话框

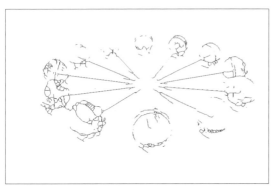

图12-43　"线条画"描摹效果

12.2.4 轮廓描摹

执行"位图>轮廓描摹"菜单命令后，有6个命令可供选择，分别为"线条图""徽标""详细徽标""剪贴画""低品质图像"和"高质量图像"，如图 12-44 所示。这些命令主要针对的是显示图像的细节程度，选择不同的命令，可得到不同范围的矢量图形。"线条图"用于描摹黑白草图和图解；"徽标"用于描摹细节和颜色都较少的简单徽标；"详细徽标"用于描摹包含精细细节和许多颜色的徽标；"剪贴

画"用于描摹根据细节量和颜色数而不同的现成的图形；"低品质图像"用于描摹细节不足（或包括要忽略的精细细节）的图像；"高质量图像"用于描摹高质量、超精细的图像。

图12-44　"轮廓描摹"级联菜单

选择所要编辑的位图图像，执行"位图>轮廓描摹>剪贴画"菜单命令，打开 PowerTRACE 对话框，如图 12-45 所示。在对话框中可设置所要表现的图像细节和平滑效果，并可通过对话框中的前后预览框预览设置前后的效果，以得到更合适的图像效果。图12-46 和图 12-47 所示分别为处理前和处理后的图像效果。

图12-45　PowerTRACE对话框

图12-46　原始图像效果　　　图12-47　轮廓描摹效果

边学边练：将位图转换为矢量图

　　将位图图像转换为矢量图形主要应用的是设置位图的命令。本实例中先打开 PowerTRACE 对话框，在对话框中对图形进行设置，然后应用编辑矢量图形的方法对变换后的图形进行编辑，删除多余图形，再将图形组合，放置于背景图形中，合成图像效果，如图 12-48 所示。

图12-48　编辑前后的效果

01 打开"随书资源\12\素材文件\10.cdr"，如图12-49所示。

图12-49　打开素材文件

02 执行"位图>轮廓描摹>高质量图像"菜单命令，打开PowerTRACE对话框，并进行设置，如图12-50所示。

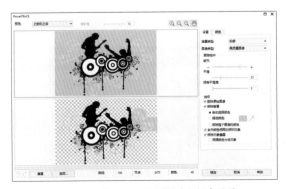

图12-50　在PowerTRACE对话框中设置

03 设置完成后单击"确定"按钮，即可将选择的位图转换为矢量图形，如图12-51所示。

图12-51　转换为矢量图效果

04 执行"对象>组合>取消组合对象"菜单命令，即可将图形分割为多个小的图形对象，如图12-52所示。

图12-52　取消组合对象

05 使用"选择工具"选择图中多余颜色的图形，然后按Delete键，将多余的图形删除，如图12-53所示。

图12-53 删除图形中多余的图形

06 按下快捷键Ctrl+A，全选图形，执行"对象>组合>组合对象"菜单命令，将所有图形组合起来，如图12-54所示。

图12-54 组合所有图形

07 打开"随书资源\12\素材文件\11.cdr"，将编辑后的图形拖到11.cdr文件中，并变换图形的大小和位置，如图12-55所示。

图12-55 变换图形的大小和位置

08 应用"对象>顺序"级联菜单中的命令，调整图形之间的顺序，完成本实例的制作，最终效果如图12-56所示。

图12-56 最终效果

12.3 调整与变换位图

调整与变换位图主要是指从明暗、颜色多个方面对位图图像进行调整，使编辑后的图像和原图像产生差异，从而得到更适合的位图图像效果。用户可以应用"位图"或"效果"菜单下的相应命令对位图进行编辑，调整图像时还可以使用多种命令的组合设置，但要注意不同命令之间的联系和区别。

12.3.1 自动调整位图

自动调整位图是指从图像的色调及明暗等方面，自动对图像进行编辑和调整。选择导入绘图窗口中的素材图像，如图12-57所示，然后执行"位图>自动调整"菜单命令，可以对图像效果进行自动变换，此时图像将变得更亮，如图12-58所示。

图12-57 打开并选择图像

图12-58　自动调整后的图像效果

12.3.2　调整位图

CorelDRAW 对于位图图像的调整，除了应用"自动调整"命令快速进行调整外，也可以使用"调整"菜单下的命令对位图图像进行明暗、色彩的手动调整。执行"效果 > 调整"菜单命令，在"调整"级联菜单中包含多个调整位图的命令，可以根据所需的效果来选择最合适的调整命令。大部分的调整命令都是通过对话框来完成的，在对话框中还可以预览原图像和编辑后的图像效果，便于制作更满意的图像效果。

1. 高反差

"高反差"命令的主要作用是突出表现图像的高光区域，使图像的明度加大。在"高反差"对话框中可以利用"吸管工具"在图中定义所要设置的高光区域，然后设置输出数值或输入数值，再设置颜色的模式等。其中，伽玛值控制的是图像的亮度，数值越大，图像越明亮。图 12-59 所示为"高反差"对话框，图 12-60 所示为应用"高反差"调整后的图像效果。

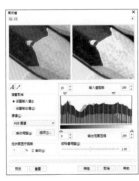

图12-59　"高反差"对话框　　图12-60　调整后的效果

2. 调合曲线

"调合曲线"命令的主要作用是通过调整单个颜色通道或复合通道来执行颜色和色调的校正工作。在"调合曲线"对话框中可以利用鼠标在图中调整曲线的位置和方向来控制图像的亮度、对比度等，还可以单击"预览"按钮来查看调整后的效果。如图 12-61 所示，选择要调整的图像，执行"效果 > 调整 > 调合曲线"菜单命令，打开"调合曲线"对话框，在对话框中设置曲线形状和选项，如图 12-62 所示。

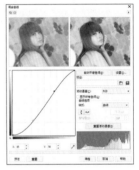

图12-61　选择要调整的对象　　图12-62　设置参数

在"调合曲线"对话框中，不但可以利用曲线调整全图的明暗对比效果，还可以在"活动通道"下拉列表框中选择一个通道，应用曲线调整来改变图像的颜色，如图 12-63 所示。设置完成后单击"确定"按钮，调整后的图像效果如图 12-64 所示。

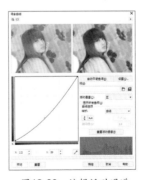

图12-63　编辑活动通道　　图12-64　调整后的效果

3. 亮度/对比度/强度

"亮度 / 对比度 / 强度"命令主要用于调整所有颜色的亮度以及明亮区域与暗色区域之间的差异。在"亮度 / 对比度 / 强度"对话框中有 3 个参数，设置时使用鼠标拖动相应的滑块即可，如图 12-65 所示。设置完成后单击"确定"按钮，可以在绘图窗口中查看调整后的位图效果，如图 12-66 所示。

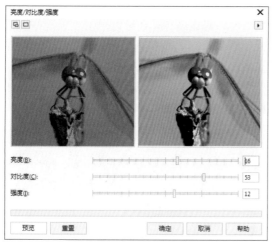

图12-65 "亮度/对比度/强度"对话框

图12-66 调整后的效果

4. 颜色平衡

"颜色平衡"命令主要用于对图像的颜色进行重新设置，可以增加其中一种颜色的比例，从而使图像呈现另一种色调的效果。选择所要编辑的位图图像，执行"效果 > 调整 > 颜色平衡"菜单命令，在对话框中通过选择要调整的颜色范围，再拖曳对应的选项滑块控制图像的颜色变化，设置后可在对话框中预览编辑后的效果，如图 12-67 所示。设置完成后单击"确定"按钮，即可得到编辑后的图像，效果如图 12-68 所示。

图12-67 "颜色平衡"对话框

图12-68 调整后的图像效果

5. 色度/饱和度/亮度

"色度 / 饱和度 / 亮度"命令的主要作用是用来调整位图中的颜色通道，并更改色谱中颜色的位置，从而改变图像中特定颜色及其浓度。在"色度 / 饱和度 / 亮度"对话框中可以设置"色度""饱和度"和"亮度"选项，并且可以查看编辑后的图像效果，如图 12-69 所示。另外，还可以对单独的某个颜色进行设置，以突出表现部分颜色。图 12-70 所示为应用"色度 / 饱和度 / 亮度"调整后的图像效果。

图12-69 "色度/饱和度/亮度"对话框

图12-70　调整后的图像效果

6. 替换颜色

"替换颜色"命令的主要作用是用所设置的颜色替换原图像的颜色。在"替换颜色"对话框中，通过"吸管工具"来选取原图像中所要替换的颜色，然后创建新的颜色，以替换所选择的颜色，如图 12-71 所示。新建颜色的饱和度、色度等可以通过拖动滑块来重新进行设置，替换颜色的范围也可以在对话框中重新进行设置，设置完成后单击"确定"按钮，在完成的图像效果中可以看出指定的区域被新设置的颜色替换了，如图 12-72 所示。

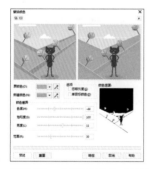

图12-71　"替换颜色"对话框　　图12-72　调整后的效果

7. 所选颜色

"所选颜色"命令的主要作用是将所选择的颜色调整为另一种色相或饱和度，即局部设置图像的效果。在"所选颜色"对话框中，要对所选择的颜色进行确认，然后通过拖动滑块来设置新的图像颜色，如图 12-73 所示；调整后的图像效果如图 12-74 所示。

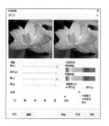

图12-73　"所选颜色"对话框　　图12-74　调整后的效果

8. 通道混合器

"通道混合器"命令的主要作用是突出某个单独的颜色，使其他颜色被所选择的颜色所替换。打开"通道混合器"对话框，在对话框中选择所要设置的通道，然后使用鼠标拖动相应的滑块来控制图像通道的颜色，如图 12-75 所示。调整后的图像效果如图 12-76 所示。

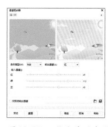

图12-75　"通道混合器"对话框　　图12-76　调整后的效果

边学边练：应用"调整"命令调整风景照片

　　应用"调整"命令可将原本效果较差的风景照片变得更为明亮、清晰，使照片整体效果更加美观。本实例中主要应用调整亮度及饱和度的方法来对风景照片进行编辑，而且在调整时要注意调整的顺序。图 12-77 所示为编辑前后的对比效果。

图12-77 编辑前后的效果

01 打开"随书资源\12\素材文件\21.cdr"，如图12-78所示。

图12-78 打开素材文件

02 用"选择工具"选取风景图像，执行"效果>调整>亮度/对比度/强度"菜单命令，打开"亮度/对比度/强度"对话框，并设置参数值，如图12-79所示。

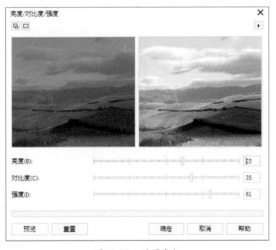

图12-79 设置参数

03 设置完成后单击"确定"按钮，即可应用调整效果，如图12-80所示。

图12-80 调整后的效果

04 执行"效果>调整>色度/饱和度/亮度"菜单命令，打开"色度/饱和度/亮度"对话框，并设置"主对象"的参数，如图12-81所示。

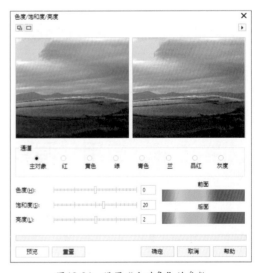

图12-81 设置"主对象"的参数

05 在"色度/饱和度/亮度"对话框中选择"红"单选按钮,并设置"色度"及"饱和度"的参数值,如图12-82所示。

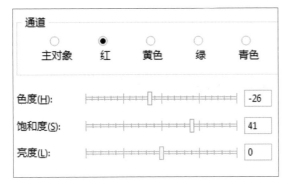

图12-82 设置"红"选项颜色

06 在"色度/饱和度/亮度"对话框中选择"黄色"单选按钮,并设置"饱和度"及"亮度"的参数值,如图12-83所示。

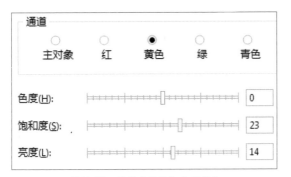

图12-83 设置"黄色"选项颜色

07 在"色度/饱和度/亮度"对话框中选择"青色"单选按钮,并设置"色度"及"饱和度"的参数值,如图12-84所示。

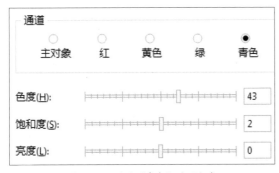

图12-84 设置"青色"选项颜色

08 设置完成后单击"确定"按钮,应用调整图像的效果,如图12-85所示。

图12-85 应用调整效果

09 执行"效果>调整>调合曲线"菜单命令,在打开的对话框中运用鼠标拖动曲线,调整曲线形状,如图12-86所示。

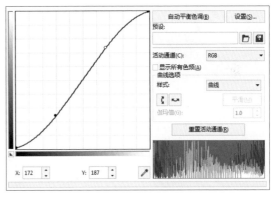

图12-86 拖动曲线

10 在对话框中设置完参数后,单击"确定"按钮,即可看到风景图像的颜色变得更艳丽了,如图12-87所示。

图12-87 最终效果

12.3.3 图像调整实验室

"图像调整实验室"可以快速、轻松地校正大多数相片的颜色和色调。执行"位图 > 图像调整实验室"菜单命令,即可打开"图像调整实验室"对话框,如图 12-88 所示,在对话框中根据校正图像的逻辑顺序进行组织,包括了自动和手动多个调整功能,用户可以根据需要调整其中一个选项,也可以同时调整多个选项,使图像达到最为理想的状态。

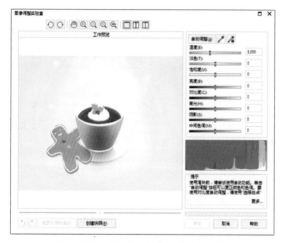

图12-88 "图像调整实验室"对话框

1. 旋转按钮

应用"图像调整实验室"中的旋转功能,可以将图像按顺时针或逆时针方向旋转。单击"逆时针旋转图像 90 度"按钮 ⟳,可以将图像按逆时针方向旋转 90°,如图 12-89 所示。

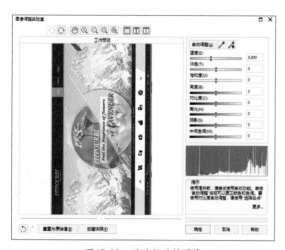

图12-89 逆时针旋转图像

逆时针旋转图像后,单击"顺时针旋转图像 90 度"按钮 ⟲,则可以将图像按顺时针方向翻转 90°,如图 12-90 所示。

图12-90 顺时针旋转图像

2. 缩放按钮

缩放按钮控制的是图像在对话框中显示的范围,通过单击缩放按钮可以对局部图像或整体图像进行查看和选择。应用"放大"按钮在图中单击,可以将图像进行放大显示,使局部图像更清晰,如图 12-91 所示;相反,应用"缩小"按钮在图中单击,则可以缩小图像,查看图像的整体效果。

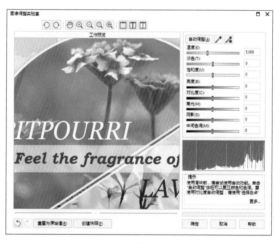

图12-91 放大图像效果

3. 预览模式

预览模式控制的是原图像与调整后的图像在对话框中的显示方式,可以同时显示原图像与编辑后的图像，也可以对图像进行分开预览，即一幅图像分为两个区域进行显示。单击"全屏预览之前和之后"按钮，可以在对话框中同时显示原图像和调整后的图像，如图 12-92 所示。

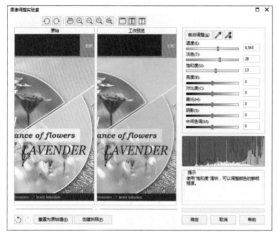

图12-92　全屏预览调整前后的图像效果

单击"拆分预览之前和之后"按钮，即可在一个图像中显示编辑前和编辑后的图像，如图 12-93 所示。

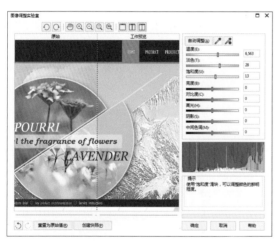

图12-93　拆分预览调整前后的图像效果

4. 自动调整

自动调整通过检测最亮的区域和最暗的区域并调整每个颜色通道的色调范围，自动校正图像的对比度和颜色。单击"自动调整"按钮，可得到自动调整后的图像效果，如图 12-94 所示。

图12-94　自动调整前后的效果

> **技巧>>使用"选择白点"工具和"选择黑点"工具调整图像**
>
> 在"图像调整实验室"中，除了使用"自动调整"快速调整图像外，也可以使用旁边的"选择白点"工具或"选择黑点"工具调整图像。"选择白点"工具依据设置的白点自动调整图像的对比度，使太暗的图像变亮；"选择黑点"工具依据设置的黑点自动调整图像的对比度，使太亮的图像变暗。如图 12-95 所示，为让图像变得更亮一些，单击"选择白点"工具，然后在画面中最亮的云朵位置单击，提亮图像。

图12-95　应用"选择白点"工具提亮图像

5. 参数设置

参数值的设置可以调整图像的明暗以及色彩，其中主要有 8 个选项，分别为"温度""淡色""饱和度""亮度""对比度""高光""阴影"和"中间色调"。应用鼠标拖动相应的滑块即可控制各参数的值，调整其中任意一个滑块，都可以影响最后的图像效果，也可以同时拖动

不同的滑块来共同控制最后的图像效果。如图
12-96 所示，拖动"高光"滑块，可以看到图
像的高光区域与暗部区域的区别更加明显。

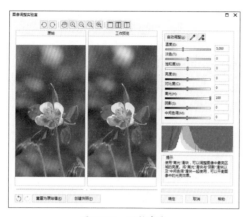

图12-96 调整高光

调整高光后，拖动"阴影"和"中间色调"
滑块，可以看到图像的颜色和影调对比变得更
强了。设置"淡色"为 -7，调整图像的颜色；
"饱和度"设置为 18，调整图像的饱和度，如
图 12-97 所示。设置后的效果如图 12-98 所示。
从图中可以看出图像的色调、饱和度、明暗关
系等都产生了变化，增强了图像的色调层次。
如果拖动其余滑块，将会继续对图像产生影响。

图12-97 设置参数值

图12-98 调整后的图像效果

12.3.4 变换位图

变换位图是应用相关的命令将位图制作成
富有创意的效果。执行"效果 > 变换"菜单命令，
在打开的级联菜单中共有 3 个命令，分别为"去
交错""反转颜色"和"极色化"，可以根据
需要应用相应的命令来变换位图效果。

1. 去交错

"去交错"命令的主要作用是将部分像素
相近的图像进行合并，并且以突出模糊的像素
效果进行显示。执行"效果 > 变换 > 去交错"
菜单命令，即可打开"去交错"对话框，如图
12-99 所示。在对话框中可对"扫描线"等重
新进行设置，应用此命令编辑后的图像效果不
是很明显，该命令只对局部的图像进行变换和
设置。

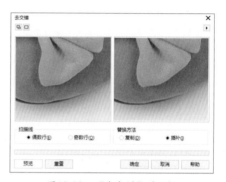

图12-99 "去交错"对话框

2. 反转颜色

"反转颜色"命令的主要作用是将图像色
彩进行反转处理，其效果类似于将图像转换为
底片的效果。应用"反转颜色"命令对图像进
行编辑时不会弹出对话框。执行"效果 > 变
换 > 反转颜色"菜单命令，对图像进行反相处理。
图 12-100 所示为原图像效果，图 12-101 所示
为应用"反转颜色"命令后的效果。

 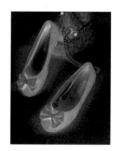

图12-100 原图像效果　　图12-101 反转颜色后的效果

3. 极色化

"极色化"命令的主要作用是将临近的图像像素进行合并，制作成单个色块区域的图像，并且形成矢量化的效果。选择所要编辑的图像，执行"效果 > 变换 > 极色化"菜单命令，在打开的"极色化"对话框中将"层次"设置为 11，如图 12-102 所示。设置完成后单击"确定"按钮，即可看到颜色分布的情况，如图 12-103 所示。

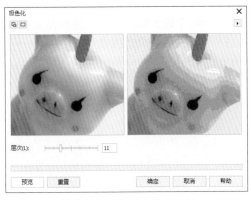

图12-102 "极色化"对话框

图12-103 调整后的图像效果

12.4 创建 PowerClip 对象

创建 PowerClip 对象是指将对象放置到指定的图文框中。CorelDRAW 允许在其他任何对象或图文框内放置矢量对象和位图，并且图文框可以是任何对象，如美术字或矩形、圆形等。当对象大于图文框时，将会对图文框中的内容进行裁剪以适合图文框形状。

12.4.1 将对象设置于图框中

图框与位图的关系指的是可以将所选择的位图放置到边框图形中，并且根据需要对图形的位置等进行设置。应用图框精确裁剪的方法，可将复杂多变的图形置于一个轮廓矢量图形中，还可以对图框中的位图进行编辑和调整。

首先打开"随书资源 \12\ 素材文件 \28.cdr"，然后应用"钢笔工具"绘制一个图形，如图 12-104 所示。确认所绘制的图形为闭合曲线，再将要编辑的位图图像导入图形文件中，应用"选择工具"选取将要编辑的人物图像，如图 12-105 所示。

执行"对象 > PowerClip > 置于图文框内部"菜单命令，如图 12-106 所示。此时鼠标会变为黑色箭头，应用鼠标单击前面所绘制的图形，即可将选取的人物图像置于绘制的图形中，如图 12-107 所示。

图12-106 执行"置于图文框内部"命令

图12-104 绘制图形轮廓

图12-105 导入人物图像

图12-107 将人物图像置于图文框中

12.4.2 编辑图框中的图像

编辑图框中图像的目的是使图框中的图像更适合图框的大小及形状。选中图框，并按住 Ctrl 键单击图框，即可选中图框内部的对象，如图 12-108 所示。此时可以对图像进行编辑，使用鼠标在图像边缘拖动，可以对图像进行旋转，如图 12-109 所示。

释放鼠标后，可以看到旋转后的图像，如图 12-110 所示；还可以继续对图像进行编辑，使图像更适合所绘制的图形边框。编辑完成后，可以在按住 Ctrl 键的同时单击页面的空白区域，结束编辑。此时从图中可以看到图框中的内容已经被重新编辑和调整了。应用这种方法可以反复调整图框中的图像，使其与画面更协调。图 12-111 所示为反复调整图像后的效果。

图12-108　选择内部图像

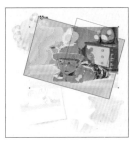

图12-109　旋转选择的图像

图12-110　旋转后的图像

图12-111　编辑后的效果

边学边练：应用"置于图文框内部"命令将图像放置到容器中

应用"置于图文框内部"命令可以将多个不同的图像进行创意设置。本实例中先应用绘制矢量图形的工具在页面中绘制闭合曲线作为图框，然后执行"置于图文框内部"命令将图像放置到容器中，得到全新的图像效果，编辑前后的对比效果如图 12-112 所示。

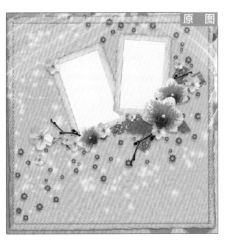

图12-112　编辑前后的效果

01 新建一个空白文档，将"随书资源\12\素材文件\30.jpg"导入新建文档中，如图12-113所示。

02 应用"钢笔工具"在图中沿着相框部分单击并拖动鼠标，绘制两个不规则的图形，并填充为白色，如图12-114所示。

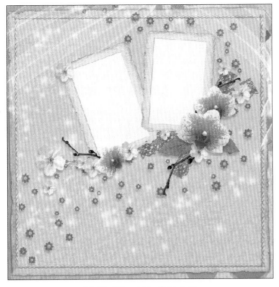

图12-113 导入素材文件

图12-114 绘制并填充图形

03 将"随书资源\12\素材文件\31.jpg"导入绘图窗口中,适当缩小图像到与图框相接近的高度,如图12-115所示。

图12-115 导入图像并调整大小

04 使用"选择工具"选取导入的图像,执行"对象>PowerClip>置于图文框内部"菜单命令,此时在图中会出现一个黑色箭头,如图12-116所示。

图12-116 应用"置于图文框内部"命令

05 在左侧的相框中单击,即可将选中图像置于图文框中。按住Ctrl键的同时单击绘制的图框,图中将只显示导入的图像和图框,如图12-117所示。

图12-117 仅显示图框及其中的图像

06 使用"选择工具"对图像的大小和角度进行调整,并将图像拖至矩形框的中央,如图12-118所示。

图12-118 编辑图文框中的图像

07 完成步骤06的操作后，按住Ctrl键的同时在图中的空白处单击，结束编辑，显示所有的图像，如图12-119所示。

图12-119　显示所有图像

08 将"随书资源\12\素材文件\32.jpg"导入绘图窗口中，并应用"置于图文框内部"命令将图像放置于右侧的图形中，并调整图像的大小和角度，如图12-120所示。

图12-120　导入并调整图像

09 确认步骤08的操作后，使用"轮廓笔"工具去除两个图框的轮廓，如图12-121所示。

图12-121　去除图框的轮廓

10 使用"选择工具"选中背景部分，执行"效果>调整>亮度/对比度/强度"菜单命令，在打开的对话框中设置参数值，然后单击"确定"按钮，如图12-122所示。

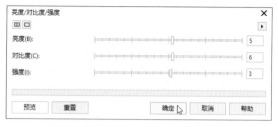

图12-122　调整图像亮度/对比度/强度

11 执行"效果>调整>颜色平衡"菜单命令，在打开的对话框中设置参数值，如图12-123所示。设置完成后单击"确定"按钮，调整图像的颜色，完成本实例的制作。

图12-123　调整图像的颜色

第 13 章
滤镜特效的应用

在 CorelDRAW X8 中，滤镜是位图处理中非常有效的工具。用于位图处理的滤镜分为 10 大类，在每一类滤镜下又包含多种滤镜效果，可帮助用户在进行位图处理时更灵活地设置图像效果。本章将对各类滤镜进行深入介绍，表现各具特色的图像处理效果。

13.1 三维类滤镜效果

三维类滤镜效果是为图像增加层次感和立体感的滤镜特效。在"三维效果"级联菜单中有 7 种不同的滤镜特效，包括"三维旋转""柱面""浮雕""卷页""透视""挤远/挤近"和"球面"滤镜，如图 13-1 所示。应用这些滤镜可以为图形添加各种模拟的 3D 立体效果。

图13-1 三维类滤镜

13.1.1 三维旋转

"三维旋转"滤镜模拟三维效果对图像进行水平和垂直方向的旋转。选中需要进行设置的位图图像，执行"位图 > 三维效果 > 三维旋转"菜单命令，打开"三维旋转"对话框，如图 13-2 所示。在其中设置"垂直"参数值为40，设置后图像将在垂直方向旋转40°，如图 13-3 所示。

图13-2 设置"垂直"为40

图13-3 垂直旋转

设置"水平"参数值为 30，如图 13-4 所示。设置后图像将在水平方向旋转 30°，如图 13-5 所示。

图13-4 设置"水平"为30

图13-5 水平旋转

13.1.2 柱面

"柱面"滤镜是通过模拟柱形的环绕效果对图像进行垂直或水平方向的挤压，从而制作特殊的柱面环形效果。打开并选中需要进行设置的图像，如图 13-6 所示。

图13-6 打开并选择图像

执行"位图 > 三维效果 > 柱面"菜单命令，打开"柱面"对话框，分别选中"水平"和"垂直的"单选按钮后，拖动"百分比"滑块，设置挤压和扩张的程度，设置范围为 -100 ～ +100。设置后可在对话框中预览设置的效果，如图 13-7 和图 13-8 所示。

图13-7 "水平"柱面模式效果

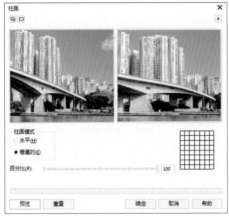

图13-8 "垂直的"柱面模式效果

13.1.3 浮雕

"浮雕"滤镜可以使图像产生深度感,创建具有凹凸质感的图像效果。选择需要设置的位图图像后,执行"位图 > 三维效果 > 浮雕"菜单命令,打开"浮雕"对话框,如图13-9所示。对话框中各选项的功能具体如下。

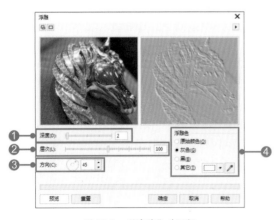

图13-9 "浮雕"对话框

❶深度:拖动"深度"滑块或在其后的数值框中输入数值,可以设置浮雕效果凸起区域的深度。"深度"的数值范围为 1 ~ 20,数值越大,凸起区域的程度越强。图 13-10 和图 13-11 所示分别为设置不同"深度"值的图像效果。

图13-10 "深度"值为5　　图13-11 "深度"值为20

❷层次:拖动"层次"滑块或在其后的数值框中输入数值,可以设置浮雕效果的背景颜色总量。设置层次效果的数值范围为 1 ~ 500,数值越大,浮雕效果中背景颜色的含量越高。图 13-12 和图 13-13 所示分别为设置不同"层次"值的图像效果。

图13-12 "层次"值为200　　图13-13 "层次"值为500

❸方向:拖动圆盘上的角度指针或在其后的数值框中输入数值,可设置浮雕效果的采光角度。图 13-14 和图 13-15 所示分别为不同采光度时的效果。

图13-14 "方向"值为0°　　图13-15 "方向"值为120°

④浮雕色：该选项组中的单选按钮用于设置创建浮雕所使用的颜色，可分别设置为原始颜色、灰色、黑色或其他颜色。选中不同的单选按钮，可得到不同的浮雕色效果，如图13-16～图13-19所示。

图13-16 原始颜色效果

图13-17 灰色效果

图13-18 黑色效果

图13-19 其他颜色效果

技巧>>滤镜处理中的预览

在位图中应用滤镜效果时，选择滤镜命令后将打开相应的滤镜对话框。在滤镜对话框的左上角位置有"双栏预览"按钮 和"单栏预览"按钮 ，如图13-20所示。

图13-20 默认显示对话框效果

单击"双栏预览"按钮 后，可以将位图的原始图像以及滤镜处理后的最终效果以双栏方式进行显示，如图13-21所示；单击"单栏预览"按钮，则会将图像以单栏方式显示，即显示处理后的图像效果，如图13-22所示。

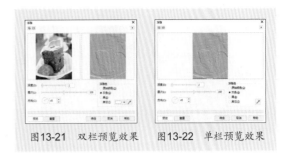

图13-21 双栏预览效果　　图13-22 单栏预览效果

13.1.4 卷页

"卷页"滤镜效果是指在位图上添加类似于卷起页面一角的效果。选中需要设置的位图图像，执行"位图>三维效果>卷页"菜单命令，打开"卷页"对话框，如图13-23所示。在该对话框中可以分别对卷起页面的位置、定向、纸张及颜色等方面进行设置，下面将对选项设置进行具体的介绍。

图13-23 "卷页"对话框

①卷页位置：在"卷页"对话框中，左侧有4个设置卷页位置的按钮，分别为"左上角"按钮 、"右上角"按钮 、"左下角"按钮 和"右下角"按钮 ，直接单击这些按钮即可对卷页的位置进行设置，如图13-24～图13-27所示。

图13-24 左上角卷页效果　　图13-25 右上角卷页效果

图13-26 左下角卷页效果　图13-27 右下角卷页效果

❷定向：用于设置页面卷曲的方向为垂直或水平方向，设置时直接选中相应的单选按钮即可改变卷页方向。图13-28和图13-29所示分别为选中"垂直的"和"水平"单选按钮时添加的卷页效果。

图13-28 垂直定向卷页效果 图13-29 水平定向卷页效果

❸纸张：用于设置纸张卷曲区域的透明性。图13-30所示为不透明的卷页效果，图13-31所示为透明的卷页效果。

图13-30 不透明的卷页效果

图13-31 透明的卷页效果

❹颜色：用于设置卷页的颜色和页面卷曲后的背景颜色。单击"卷曲"或"背景"选项后的颜色块，打开颜色挑选器，可根据需要选择合适的颜色作为纸张卷曲部分的颜色或背景颜色，如图13-32和图13-33所示。此外，还可以直接使用"颜色滴管" ✎ 在图像中吸取颜色，以改变卷页颜色或卷页背景颜色，如图13-34和图13-35所示。

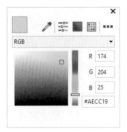 

图13-32 设置颜色　图13-33 设置卷页颜色效果

图13-34 设置颜色　图13-35 设置卷页背景颜色

❺"宽度"和"高度"：用于调整卷页的卷曲区域范围，数值越大，卷页的角度就越大。图13-36和图13-37所示为高度一定时，不同宽度的卷曲效果。

图13-36 设置"宽度"为90%的卷页效果

图13-37 设置"宽度"为40%的卷页效果

在 CorelDRAW 中，为创建的矢量图形添加滤镜效果时，滤镜菜单下的命令会呈灰色显示，如图 13-38 所示。此时需要先将矢量图形转换为位图，再进行滤镜效果的添加。

图13-38　命令呈灰色显示

位图的转换可以通过在"位图"菜单中执行"转换为位图"菜单命令，打开"转换为位图"对话框，如图 13-39 所示。在该对话框中设置选项，即可进行位图的转换。

图13-39　"转换为位图"对话框

13.1.5　透视

"透视"滤镜可以对图像进行透视和切变变形，使图像产生更自然的三维透视效果。选中需要设置的位图图像后，执行"位图 > 三维效果 > 透视"菜单命令，打开"透视"对话框，如图 13-40 所示。在对话框左侧的图形框中可对图像框架进行透视角度和透视变形形状的调整。在图形框中拖动矩形图形，可以变换不同的透视效果。图 13-41 和图 13-42 所示分别为调整透视前和调整透视后的效果。

图13-40　"透视"对话框

图13-41　素材图像

图13-42　透视变换的效果

边学边练：应用"透视"滤镜制作报纸广告

本实例先对素材图像进行双色调处理，再通过"透视"滤镜对图像进行透视效果的制作，然后使用"透明度工具"对图像进行透明渐变设置，设置后使用"折线工具"绘制多边形图形，对素材的图框进行精确裁剪，最后制作卷页广告效果，并在页面中添加合适的文字，如图 13-43 所示。

图13-43　编辑前后的效果

01 执行"文件>新建"菜单命令，创建一个空白页面，如图13-44所示。

02 双击工具箱中的"矩形工具"□，绘制一个与页面相同大小的矩形，填充颜色为C5、M100、Y95、K0，并设置轮廓宽度为"无"，如图13-45所示。

图13-44　新建空白页面　　图13-45　绘制并填充矩形

03 执行"文件>导入"菜单命令，将"随书资源\13\素材文件\08.jpg"导入新建文件中，如图13-46所示。

04 单击"裁剪工具"按钮 ⯑ ，在导入的图像上单击并拖动，绘制裁剪框，裁剪多余的图像，如图13-47所示。

图13-46　导入图像　　　　图13-47　创建裁剪框

05 创建合适的裁剪框后，直接双击绘制的裁剪框，即可对设置的图像进行裁剪，如图13-48所示。

06 应用"选择工具"将裁剪后的素材图像放置到页面中的适当位置，如图13-49所示。

图13-48　裁剪图像　　　　图13-49　调整图像位置

07 执行"位图>模式>双色（8位）"菜单命令，打开"双色调"对话框，双击"类型"下的"黑色"颜色块，打开"选择颜色"对话框。在该对话框中选中颜色名称为PANTONE 347 C的绿色，然后单击"确定"按钮，如图13-50所示。

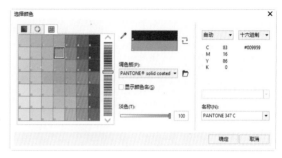

图13-50　设置双色调颜色

08 继续在"双色调"对话框中调整选中颜色的曲线，如图13-51所示，调整双色调图像的明亮度，设置后单击"确定"按钮。

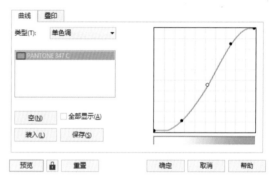

图13-51　调整曲线形状

09 执行"效果>调整>亮度/对比度/强度"菜单命令，在打开的"亮度/对比度/强度"对话框中设置参数值，调整图像的色调层次，如图13-52所示。

图13-52　在对话框中设置参数值

10 执行"位图>三维效果>透视"菜单命令，打开"透视"对话框，适当地对图像进行透视变形，如图13-53所示。设置完成后，单击"确定"按钮。

图13-53　设置图像的透视效果

11 使用"裁剪工具"对放大后的图像进行裁剪，去掉上下两边的白色边框，如图13-54所示。

12 执行"文件>导入"菜单命令，导入"随书资源\13\素材文件\09.jpg"，如图13-55所示。

图13-54　裁剪多余的图像

图13-55　导入图像

13 将图像调整为合适大小，并将其移至页面的适当位置，如图13-56所示。

14 单击工具箱中的"透明度工具"按钮▧，在调整位置后的图像中由下至上拖动，为图像添加透明渐变效果，如图13-57所示。

图13-56　调整图像位置

图13-57　透明渐变效果

15 选择工具箱中的"折线工具"，在页面中绘制多边形图形，再使用"形状工具"对绘制的多边形进行锚点位置的设置，然后使用"选择工具"调整其位置，如图13-58所示。

16 按住Shift键的同时使用"选择工具"选中之前编辑的两个图像，群组对象，执行"对象>PowerClip>置于图文框内部"菜单命令，将群组的图像放置在步骤15绘制的多边形中，再对放置的图像进行编辑，如图13-59所示。

图13-58　绘制多边形　　　　图13-59　置于图文框中

17 继续使用"折线工具"在页面中沿多边形图形底部绘制一个合适大小的梯形，并为其填充颜色为C3、M7、Y94、K0，如图13-60所示。

图13-60　绘制梯形并填充颜色

18 将图框精确裁剪后的图像和填充的黄色梯形同时选中并进行群组，执行"位图>转换为位图"菜单命令，在打开的"转换为位图"对话框中勾选"透明背景"复选框，如图13-61所示。设置完成后单击"确定"按钮，即可将图形转换为位图效果。

图13-61　勾选"透明背景"复选框

19 执行"位图>三维效果>卷页"菜单命令，打开"卷页"对话框。在该对话框中单击"右下角"按钮▫，并设置相关选项，如图13-62所示。设置完成后，单击"确定"按钮。

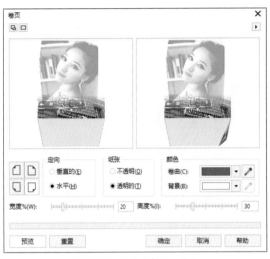

图13-62　设置"卷页"选项

20 此时在页面中可以看到图像右下角设置的卷页效果，如图13-63所示。

21 结合"矩形工具"和"文本工具"在页面下方绘制图形，并添加合适的文字，完成本实例的制作，如图13-64所示。

图13-63　制作卷页效果

图13-64　添加文字

13.1.6　挤远 / 挤近

　　"挤远 / 挤近"滤镜可以通过网状挤压的方式拉远或拉近图片某个点的区域，实现特定位置图像的挤压和扩张效果。当设置的参数为负数时，图像表现为挤远滤镜效果，如图13-65所示；当设置的参数为正数时，则为挤近滤镜效果，如图13-66所示。

图13-65　挤远滤镜效果　　　　图13-66　挤近滤镜效果

　　选择需要设置的位图图像后，执行"位图>三维效果>挤远 / 挤近"菜单命令，打开"挤远 / 挤近"对话框。在该对话框中单击"设置中心"按钮，在预览框左侧的图像中创建变形的中心位置，再拖动"挤远 / 挤近"选项后的滑块，调整挤压的程度，如图13-67所示。此时在预览框右侧可以查看图像的变形程度。

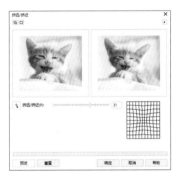

图13-67　"挤远/挤近"对话框

13.1.7　球面

　　"球面"滤镜可以对图像设置球面化的图像效果，产生类似将图像放置于凹凸镜下的效果。选中需要设置的位图图像，执行"位图>三维效果>球面"菜单命令，打开"球面"对话框，如图13-68所示。在该对话框中拖动"百分比"选项后的滑块，可调整图像凹进或凸出的程度。图13-69～图13-72所示分别为设置不同"百分比"时得到的图像效果。

图13-68　"球面"对话框

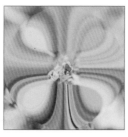

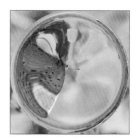

图13-69 "百分比"
为-50

图13-70 "百分比"
为-100

图13-71 "百分比"
为50

图13-72 "百分比"
为100

13.2 艺术笔触滤镜效果

艺术笔触滤镜可以运用手工绘画技巧，将图像转换为包括蜡笔画、印象派、彩色蜡笔画、水彩画和钢笔画等效果，增强图像的艺术气息。执行"位图 > 艺术笔触"菜单命令，在展开的级联菜单中可以看到艺术笔触滤镜组中包括了"炭笔画""单色蜡笔画""蜡笔画""立体派""印象派""调色刀""彩色蜡笔画""钢笔画""点彩派""木版画""素描""水彩画""水印画"和"波纹纸画"14 种滤镜效果，如图 13-73 所示。

图13-73 "艺术笔触"
滤镜

13.2.1 炭笔画

使用"炭笔画"滤镜可以使位图图像具有类似用炭笔绘画的效果。选择需要设置的位图图像，执行"位图 > 艺术笔触 > 炭笔画"菜单命令，打开"炭笔画"对话框，如图 13-74 所示。拖动"大小"滑块，可以设置炭笔的笔触大小；拖动"边缘"滑块，可以调整图像边缘的深浅程度。图 13-75 和图 13-76 所示分别为设置"大小"为 1 和 10 时的图像效果。

图13-75 设置"大小"为1

图13-76 设置"大小"为10

图13-74 "炭笔画"对话框

13.2.2 单色蜡笔画

"单色蜡笔画"滤镜可以将位图图像处理为像单一色彩的蜡笔绘制的图像效果，并可以对蜡笔的色彩进行变换和设置。选择需要设置的位图图像，执行"位图 > 艺术笔触 > 单色蜡笔画"菜单命令，打开"单色蜡笔画"对话框，如图 13-77 所示。在对话框中"单色"选项组用于设置蜡笔笔触的色彩；"纸张颜色"用于设置蜡笔画的底色效果；"压力"用于调节单色蜡笔画的压力轻重；"底纹"用于设置底纹质地的粗细，数值越大，质地越细腻。图13-78 所示为勾选"黑色"复选框时创建的单色蜡笔画效果，图 13-79 所示为更改纸张颜色后的效果。

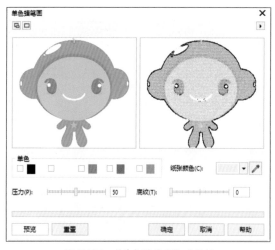

图13-77 "单色蜡笔画"对话框

图 13-78 单色滤镜效果　　图 13-79 纸张颜色效果

13.2.3 其他蜡笔画

除了"单色蜡笔画"效果外，CorelDRAW X8 还提供了"蜡笔画"和"彩色蜡笔画"滤镜，分别用于创建原始的颗粒状蜡笔笔触和湿润的蜡笔笔触艺术效果。图 13-80 所示为素材图像效果，图 13-81 和图 13-82 所示分别为应用"蜡笔画"和"彩色蜡笔画"滤镜后的效果。

图13-80 素材图像效果　　图13-81 "蜡笔画"效果

图13-82 "彩色蜡笔画"效果

13.2.4 立体派、印象派和点彩派

应用"艺术笔触"滤镜组中的滤镜不但可以创建各种蜡笔画效果，也可以用于创建立体派、印象派等风格的图像效果。在"艺术笔触"滤镜中，"立体派"滤镜可以使位图图像中相同颜色的像素组合成颜色块，生成类似于立体派的绘画风格。"印象派"滤镜可以使位图图像制作出印象派绘画效果，使画面呈现未经修饰的笔触，着重于光影的变化；"点彩派"滤镜可以将图像分解成颜色点。在"位图 > 艺术笔触"级联菜单中选择相应命令进行设置即可。图 13-83 所示为素材图像，图 13-84 ～图 13-86 所示分别为应用"立体派""印象派"和"点彩派"滤镜效果。

图13-83 素材图像　　　　图13-84 立体派效果

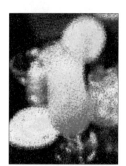

图13-85 印象派效果　　　图13-86 点彩派效果

13.2.5 素描

"素描"滤镜可以将图像设置成铅笔绘画的效果。选择需要进行处理的位图图像，执行"位图>艺术笔触>素描"菜单命令，打开"素描"对话框，如图 13-87 所示。在"铅笔类型"选项组中设置素描笔的颜色，再通过对"样式""笔芯"及"轮廓"等参数的设置，对素描笔的样式、笔芯的颜色深浅程度和图像轮廓的颜色深浅效果进行调整。图 13-88 和图 13-89 所示为调整前后的图像效果对比。

图13-87 "素描"对话框

图13-88 素材图像

图13-89 "素描"滤镜效果

13.2.6 其他艺术画笔效果

除了之前介绍的"艺术笔触"滤镜效果外，CorelDRAW X8 中还包括"调色刀""钢笔画""木版画""水彩画""水印画"和"波纹纸画"等艺术画笔效果。图 13-90 所示为素材图像效果，图 13-91 ～图 13-96 所示分别为应用这些滤镜后的图像效果。

图13-90 素材图像　　图13-91 调色刀　　图13-92 钢笔画

图13-93 木版画　　　　　图13-94 水彩画

图13-95 水印画　　　　　图13-96 波纹纸画

边学边练：应用"水彩画"滤镜制作杂志内页

　　本实例通过形状绘制工具创建基本的几何形状，使用"交互式填充工具"填充图形，并结合"3点矩形工具"和"形状工具"创建杂志页面形状；然后为素材图像添加"水彩画"滤镜，制作艺术人物图像效果，置于绘制的图形中，最后为杂志内页添加文字。编辑前后的效果如图 13-97 所示。

图13-97 编辑前后的效果

01 执行"文件>新建"菜单命令，创建一个横向的空白文档。双击"矩形工具"□，绘制同等大小的矩形，如图13-98所示。

图13-98 绘制矩形图形

02 单击工具箱中的"交互式填充工具"，在属性栏中单击"位图图样填充"按钮，在"填充挑选器"对话框中双击"咖啡豆"图样，即可将其填充到当前图形中，并去除矩形轮廓，如图13-99所示。

图13-99 填充图案

03 使用"3点矩形工具"在图中绘制一个倾斜的矩形图形，并为图形填充黑色，如图13-100所示。

图13-100 绘制并填充矩形

04 将黑色矩形转换为曲线后，应用"形状工具"在图形右上方单击，添加节点，并调整节点的位置，调整出具有弧度的曲线效果，如图13-101所示。

图13-101 调整图形曲线效果

05 复制矩形图形，并为其填充白色，设置轮廓宽度为"无"，然后使用"选择工具"调整白色矩形的角度，如图13-102所示。

图13-102 复制图形并填充颜色

06 执行"文件>导入"菜单命令，将"随书资源\13\素材文件\18.jpg"导入新建的文档中，如图13-103所示。

图13-103 导入图像

07 执行"位图>艺术笔触>水彩画"菜单命令，在弹出的"水彩画"对话框中设置相关参数值，如图13-104所示。设置完成后单击"确定"按钮，将图像转换为水彩画效果。

图13-104 设置"水彩画"滤镜参数

08 执行"对象>PowerClip>置于图文框内部"菜单命令，当图中出现黑色箭头时，单击白色矩形，将图像放置于白色矩形中，如图13-105所示。

图13-105 将图像放置于矩形图形中

09 按住Ctrl键的同时单击人物图像，然后对图像的角度和大小、位置等进行调整，完成后按住Ctrl键单击空白处，确认操作，如图13-106所示。

图13-106 在图文框中编辑图像

10 使用"选择工具"选取人物图像，单击工具箱中的"轮廓笔"工具，在打开的对话框中设置轮廓颜色为白色、轮廓宽度为1.0 mm，如图13-107所示。

图13-107 为矩形图形设置轮廓

11 选择"2点线工具"，在杂志中间拖动鼠标，绘制一条白色的线条，制作杂志内页效果，如图13-108所示。

图13-108 绘制白色线条

12 执行"文件＞导入"菜单命令，将"随书资源\13\素材文件\19.cdr"导入当前文件中，如图13-109所示。

图13-109 导入图形

13 使用"选择工具"选取花朵图案，打开"默认调色板"，将图形颜色填充为C60、M0、Y20、K0，如图13-110所示。

图13-110 填充图形颜色

14 执行"对象＞PowerClip＞置于图文框内部"菜单命令，当图中出现黑色箭头时，单击白色矩形框，将图形放置于人物图像中，如图13-111所示。

图13-111 将图形置于图文框中

15 单击工具箱中的"文本工具"按钮，在图中单击并拖动鼠标，绘制文本框，输入主题文字。打开"文本属性"泊坞窗，对字符间距、行距等参数进行设置，调整文字角度，并将文字填充为黄色，如图13-112所示。

图13-112 添加文字

16 选择文字，执行"对象＞转换为曲线"菜单命令，将文字转换为曲线，并使用"封套工具"对文字进行变形，在变形框中拖动节点位置即可，如图13-113所示。

图13-113 变形文字效果

17 在变形框中拖动节点位置，继续变形文字，使变形后的文字与杂志内页结合得更加自然，如图13-114所示。

图13-114　变形文字后的整体效果

18 选择之前复制的黑色矩形图形，执行"位图>转换为位图"命令，在弹出的对话框中勾选"透明背景"复选框，完成后单击"确定"按钮即可，如图13-115所示。

图13-115　转换图形为位图

19 选择黑色矩形图形，执行"位图>模糊>高斯式模糊"菜单命令，在打开的"高斯式模糊"对话框中设置相关参数，如图13-116所示。

图13-116　模糊选择的图形

20 完成设置后单击"确定"按钮，即可为杂志内页制作阴影效果，使其效果更加自然，完成本实例的制作。如图13-117所示。

图13-117　最终效果

13.3　模糊类滤镜效果

模糊滤镜效果能够使位图图像产生朦胧感。为了设置柔和、虚化的图像效果，CorelDRAW X8中提供了 10 种不同模糊效果的滤镜命令，包括"定向平滑""高斯式模糊""锯齿状模糊""低通滤波器""动态模糊""放射式模糊""平滑""柔和""缩放"和"智能模糊"，如图 13-118 所示。这些命令包含在"位图>模糊"级联菜单中，下面将对多个模糊滤镜进行具体分析和应用。

图13-118　模糊滤镜

13.3.1　高斯式模糊

"高斯式模糊"滤镜能够把某一高斯曲线周围的像素色值统计起来，采用数学上加权平均的计算方法得到这条曲线的色值，最后保留图像的轮廓，而周围的图像会被模糊的图像代替。选择需要进行模糊设置的位图图像，执行"位图>模糊>高斯式模糊"菜单命令，打开"高斯式模糊"对话框，如图 13-119 所示。

图13-119　"高斯式模糊"对话框

在对话框中设置"半径"的数值,控制模糊的程度,数值越大,模糊效果越强烈;反之,数值越小,变化则不明显。图 13-120 所示为设置"半径"值为 4.0 像素时的模糊图像效果,图 13-121 所示为设置"半径"为 30.0 像素时的模糊图像效果。

图13-123 "动态模糊"滤镜效果

13.3.3 放射式模糊

"放射式模糊"滤镜是指将图像围绕中心点进行旋转,呈现旋涡的图像效果。对于视觉点在中心的图像,应用"放射式模糊"滤镜可以创建特殊的图像效果。选中需要进行设置的位图图像,执行"位图 > 模糊 > 放射式模糊"菜单命令,打开"放射状模糊"对话框,如图 13-124 所示。单击"设置中心点"按钮,设置放射状的中心位置,再调整"数量"选项,设置旋转的参数,数值越大,模糊效果越强烈。图 13-125 和图 13-126 所示分别为设置"数量"为 5 和 45 时的图像效果。

图13-120 "半径"
为4.0像素

图13-121 "半径"
为30.0像素

13.3.2 动态模糊

"动态模糊"滤镜可以将图像沿一定方向创建镜头运动所产生的动态模糊效果,而且还能对运动的角度和模糊的强度进行设置,使图像更具动感。选中所要设置的位图图像,执行"位图 > 模糊 > 动态模糊"菜单命令,打开"动态模糊"对话框,在对话框中设置模糊的方向及间距等,如图 13-122 所示。设置后单击"确定"按钮,即可创建动态模糊效果,如图 13-123 所示。

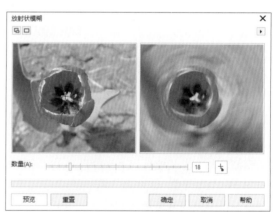

图13-124 "放射状模糊"对话框

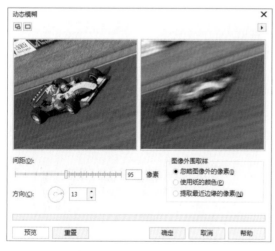

图13-122 "动态模糊"对话框

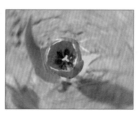
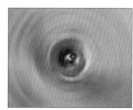

图13-125 "数量"为5

图13-126 "数量"为45

边学边练：应用"放射式模糊"滤镜制作人物画册内页

本实例中使用"封套工具"创建封套效果，限制对象的显示范围，再复制多个处理后的图像，创建倾斜的层叠图像效果，然后使用"双色调"对图像进行色彩处理，最后通过"放射式模糊"滤镜对人物图像进行交叉旋转，制作精美的个人画册内页效果，如图 13-127 所示。

图13-127　编辑前后的效果

01 创建一个空白的文档，使用"矩形工具"绘制一个和页面大小相同的矩形，并填充为黄色，如图13-128所示。

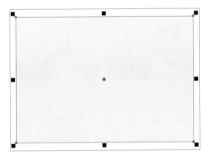

图13-128　绘制矩形

02 执行"文件>导入"菜单命令，将"随书资源\13\素材文件\23.jpg"导入新建文档中，如图13-129所示。

图13-129　导入图像

03 选择工具箱中的"封套工具"，创建封套效果，并对封套上的节点进行调整，将图像限制在封套中，如图13-130所示。

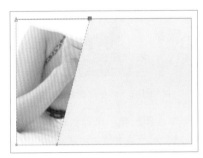

图13-130　调整图像封套效果

04 使用"选择工具"选择设置封套后的素材图像，按住Shift键进行水平移动，调整至合适位置后单击右键进行复制，如图13-131所示。

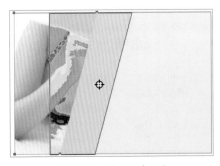

图13-131　复制封套图像

05 选中复制的素材图像，继续使用"封套工具"在封套形状上调整节点位置，设置为四边形效果，如图13-132所示。

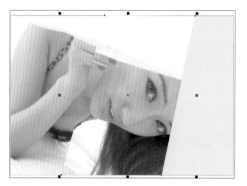

图13-132　调整封套图像位置

06 重复之前对素材图像进行复制和封套形状变换的操作，再次复制人物图像，并进行封套形状的变换，将其右侧边缘紧贴页面，如图13-133所示。

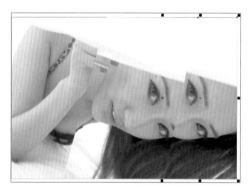

图13-133　调整封套图像位置

07 选中左侧图像，执行"位图>模式>双色（8位）"菜单命令，在打开的对话框中单击"类型"下三角按钮，在展开的列表中选择"双色调"选项，设置颜色并调整红色曲线的形状，如图13-134所示。设置完成后，单击"确定"按钮。

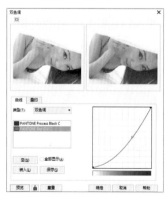

图13-134　设置双色调颜色

08 使用相同的方法，选中右侧的人物图像，执行"位图>模式>双色（8位）"菜单命令，在打开的"双色调"对话框中设置颜色，再调整蓝色曲线的形状，如图13-135所示。设置完成后，单击"确定"按钮。

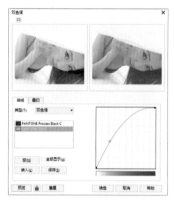

图13-135　设置双色调颜色

09 选取左侧的人物图像，执行"位图>模糊>放射式模糊"菜单命令，打开"放射状模糊"对话框。在对话框左侧的原始图像的左上角位置单击，调整模糊"数量"为6，如图13-136所示。设置完成后，单击"确定"按钮。

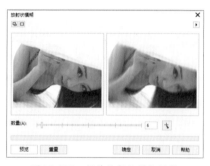

图13-136　制作放射状模糊效果

10 选中右侧的图像，执行"位图>模糊>放射式模糊"菜单命令，在对话框中保持参数值不变，调整模糊中心的位置，如图13-137所示。设置完成后，单击"确定"按钮。

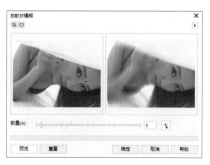

图13-137　设置图像模糊效果

11 分别对左侧和右侧的图像进行双色调和放射状模糊处理后，制作出了具有层次的图像效果，如图13-138所示。

图13-138　调整后的图像效果

12 选中左侧的图像，执行"效果>调整>亮度/对比度/强度"菜单命令，在打开的对话框中设置相应的参数值，调整图像的色调层次，如图13-139所示。

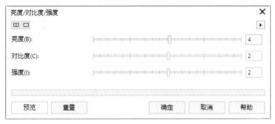

图13-139　设置参数值

13 选中右侧的人物图像，再次执行"效果>调整>亮度/对比度/强度"菜单命令，在打开的对话框中保持设置的参数值不变，单击"确定"按钮，即可应用调整，如图13-140所示。

图13-140　调整图像效果

14 单击"贝塞尔工具"按钮，沿着中间的封套图像绘制一个多边形，并应用"交互式填充工具"填充渐变色，如图13-141所示。

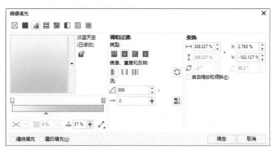

图13-141　设置渐变色

15 在"编辑填充"对话框中设置完成后，单击"确定"按钮，即可为多边形填充渐变色，如图13-142所示。

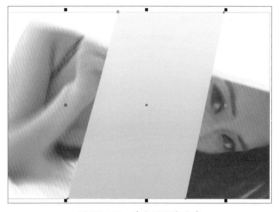

图13-142　填充图形渐变色

16 选择渐变填充的多边形图形，选择"透明度工具"，在属性栏中设置"合并模式"为"柔光"，创建半透明的图形效果，如图13-143所示。

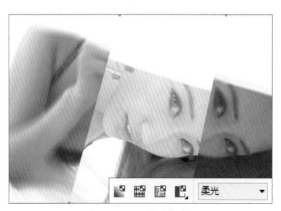

图13-143　调整图像色调

17 使用"选择工具"复制合并的渐变图形，并应用"封套工具"调整多边形的形状，如图13-144所示。

图13-144　调整多边形图形

18 单击"矩形工具"按钮，在页面中绘制一个合适大小的条状矩形，为其填充淡青色，并去除轮廓，如图13-145所示。

图13-145　绘制矩形图形

19 单击"椭圆形工具"按钮，绘制一个正圆图形，并填充为黄色，如图13-146所示。

20 继续使用"椭圆形工具"在相应位置绘制一个白色正圆和绿色正圆，去除轮廓并调整其图形顺序，制作同心圆效果，如图13-147所示。

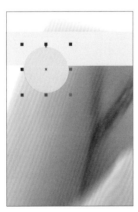

图13-146　绘制并填充图形　　图13-147　继续绘制图形

21 选中绘制的正圆图形，按下快捷键Ctrl+G，群组对象，然后复制群组的圆环图形，再进行缩放和位置的变换，如图13-148所示。

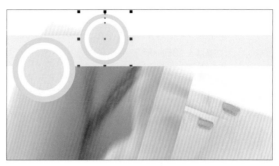

图13-148　调整圆形图形

22 使用"选择工具"选择条状矩形图形，执行"对象>顺序>到图层前面"菜单命令，调整图形顺序，如图13-149所示。

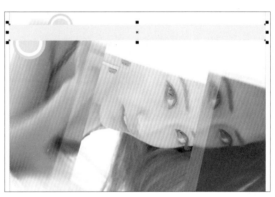

图13-149　调整图形顺序

23 选择"文本工具"，在条状矩形上添加合适的文字对象，将文字转换为美术字后，使用"选择工具"变换文字的间距和位置，完成本实例的制作，如图13-150所示。

图13-150　最终效果

13.3.4　平滑、柔和及缩放

对图像进行模糊操作时，"平滑"滤镜效果和"柔和"滤镜效果类似，都是对图像进行较轻程度的模糊，而"缩放"滤镜是对图像缩放变形的同时进行模糊操作。具体操作方法为：选中需要进行设置的位图图像，执行"位图 > 模糊 > 缩放"菜单命令，打开"缩放"对话框，如图 13-151 所示。在该对话框中单击"设置中心点"按钮 ，设置缩放的中心位置；调整"数量"选项，设置缩放的参数，数值越大，缩放效果越强烈。图 13-152 和图 13-153 所示为应用"缩放"滤镜前后的对比效果。

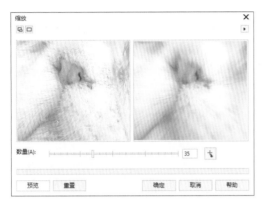

图13-151 "缩放"对话框

图13-152 素材图像效果

图13-153 "缩放"滤镜效果

13.4 创造类滤镜效果

创造性滤镜包括"工艺""马赛克""散开""虚光""茶色玻璃""织物""旋涡"和"天气"等效果，如图 13-154 所示。应用这些滤镜可以将图像变换成由不同块状物组成的特殊效果。例如，在图像的表面添加原点及各种粒子图形来表示不同的天气效果。

图13-154 创造类滤镜

13.4.1 工艺

"工艺"滤镜是应用各种不规则的图形排列成特殊效果。选中需要进行设置的位图图像，执行"位图 > 创造性 > 工艺"菜单命令，打开"工艺"对话框。在其中的"样式"下拉列表框中设置图像的工艺样式，选择不同的样式选项，可以产生不同的拼贴效果。图 13-155 ～图 13-161 所示分别为原图和应用不同样式得到的"工艺"滤镜效果。

图13-157 齿轮效果

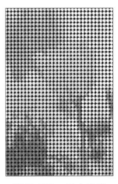

图13-158 弹珠效果

图13-155 原素材效果

图13-156 拼图板效果

图13-159 糖果效果

图13-160 瓷砖效果

图13-161 筹码效果

13.4.2 晶体化

"晶体化"滤镜效果是使图像中的像素结块，形成多边形纯色块状效果。选中需要设置的位图图像，执行"位图 > 创造性 > 晶体化"菜单命令，打开"晶体化"对话框，如图13-162所示。调整"大小"滑块，可设置块状形状的大小，数值越大，"晶体化"滤镜效果就越明显，反之亦然。图13-163所示为应用"晶体化"滤镜后的效果。

图13-162　"晶体化"对话框

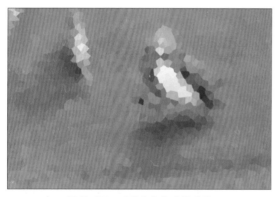

图13-163　"晶体化"滤镜效果

13.4.3 马赛克

"马赛克"滤镜效果是将图像变为由多个方块排列成的图形，模拟墙面上的马赛克瓷砖效果。选中需要设置的位图图像，执行"位图 > 创造性 > 马赛克"菜单命令，打开"马赛克"对话框，如图13-164所示。通过调整"大小"滑块，可设置马赛克形状的大小，数值越大，"马赛克"滤镜效果就越明显，反之亦然。图13-165所示为应用"马赛克"滤镜后的效果。

图13-164　"马赛克"对话框

图13-165　"马赛克"滤镜效果

在"马赛克"对话框中，设置"背景色"颜色可对应用滤镜后的底部色彩进行填充。勾选"虚光"复选框，如图13-166所示，可对图像的边缘位置设置虚化效果，虚化的部分使用背景色进行填充，如图13-167所示。

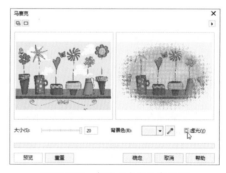

图13-166　勾选"虚光"复选框

图13-167　设置虚化后的马赛克效果

13.4.4　散开

　　"散开"滤镜可以对位图图像进行色彩喷溅制作，模拟色彩喷洒后的图像效果。选择需要设置的位图图像，执行"位图>创造性>散开"菜单命令，打开"散开"对话框，如图13-168所示。在该对话框中可对散开的"水平"和"垂直"选项进行设置，调整图像散开的水平和垂直宽度。图13-169和图13-170所示分别为原图像效果和应用"散开"滤镜后的效果。

图13-168　"散开"对话框

图13-169　素材图像效果　　图13-170　"散开"滤镜效果

技巧>>锁定与解锁设置

　　在"散开"对话框中单击"锁定"按钮，将会锁定"水平"和"垂直"选项，当重新设置"水平"或"垂直"选项时，另一个选项也会自动更改为相同的参数值。单击"锁定"按钮后，该按钮将变为"解除锁定"按钮；单击"解除锁定"按钮，则可以为"水平"和"垂直"选项设置不同的参数值，如图13-171所示。

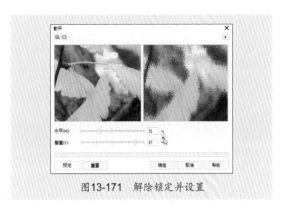

图13-171　解除锁定并设置

13.4.5　茶色玻璃

　　"茶色玻璃"滤镜可使图像产生类似于透过茶色玻璃或其他单色玻璃看到的画面效果。选择需要设置的位图图像，执行"位图>创造性>茶色玻璃"菜单命令，在打开的"茶色玻璃"对话框中，"淡色"选项用于控制覆盖颜色的浓度，"模糊"选项用于设置图像的朦胧程度，"颜色"选项用于对添加的色彩进行变换，如图13-172所示。

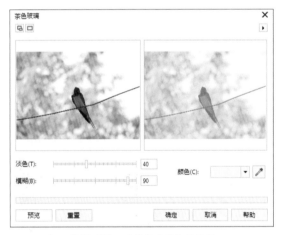

图13-172　"茶色玻璃"对话框

13.4.6　彩色玻璃

　　"彩色玻璃"滤镜是指将图像重新绘制成许多相邻的单色单元格效果，边框由前景色填充，制作成以玻璃色块组成的滤镜效果。选择需要设置的位图图像，执行"位图>创造性>彩色玻璃"菜单命令，在打开的对话框中，"大小"选项用于控制玻璃色块的大小，"光源强度"选项用于设置图像的光照程度，"焊接宽度"选项用于设置单元格与单元格之间的焊接度，创建更符合需要的图像效果，如图 13-173 所示。

图13-173 "彩色玻璃"对话框

13.4.7 虚光

"虚光"滤镜是在图像的周围用设置的颜色进行覆盖，只保留中间的主体图像。选择需要进行调整的位图图像，执行"位图 > 创造性 > 虚光"菜单命令，打开"虚光"对话框，如图 13-174 所示。"颜色"和"形状"选项组中的选项用于调整虚光的颜色和形状；"调整"选项组中的"偏移"和"褪色"滑块用于设置虚光出现的位置和图像边缘柔化的程度。图 13-175 所示为应用"虚光"滤镜后的效果。

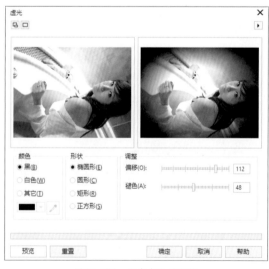

图13-174 "虚光"对话框

图13-175 设置颜色为黄色的滤镜效果

13.4.8 旋涡

"旋涡"滤镜可以将图像变换为具有模拟气流的旋涡效果，类似于图像的动态模糊，但并不是仅从一个方向到另一个方向的动态模糊效果。选择需要进行设置的位图图像，执行"位图 > 创造性 > 旋涡"菜单命令，打开"旋涡"对话框，如图 13-176 所示。在该对话框中，可以在原始图像上设置旋涡的中心位置和旋涡流动的强度，还可以设置旋涡内部和外部图像的旋转角度。

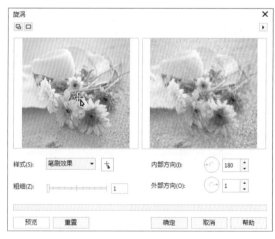

图13-176 "旋涡"对话框

在"旋涡"对话框的"样式"下拉列表框中可以设置旋涡的不同样式，包括"笔刷效果""层次效果""粗体"和"细体"4 个选项，如图 13-177 ～图 13-180 所示。

图13-177 "笔刷效果"样式

图13-178 "层次效果"样式

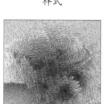

图13-179 "粗体"样式

图13-180 "细体"样式

13.4.9 天气

"天气"滤镜可以为图像添加不同的天气变化效果。选择需要进行设置的位图图像,执行"位图 > 创造性 > 天气"菜单命令,打开"天气"对话框,如图 13-181 所示。在该对话框中选择相应的单选按钮,并设置合适的参数值,即可为图像添加相应天气效果。

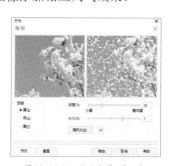

图13-181 "天气"对话框

在"预报"选项组中提供了"雪""雨""雾"3种不同的天气效果,选中"雪"单选按钮,可设置小雪或大雪效果,如图 13-182 和图 13-183 所示;选中"雨"单选按钮,可以设置小雨或暴雨效果,如图 13-184 所示;选中"雾"单选按钮,可设置薄雾或浓雾效果,如图 13-185 所示。

图13-182 小雪效果

图13-183 暴风雪效果

图13-184 暴雨效果

图13-185 浓雾效果

13.5 扭曲类滤镜效果

扭曲类滤镜可以将图像进行不同方式的扭曲变换,包括"置换""偏移""像素""旋涡"等滤镜,如图 13-186 所示。通过这些滤镜可以制作对比强烈的图像效果。选择需要进行设置的位图图像,执行"位图 > 扭曲"级联菜单中的命令,在弹出的对话框中对相关参数进行设置,图像即可显示出与之相应的效果。

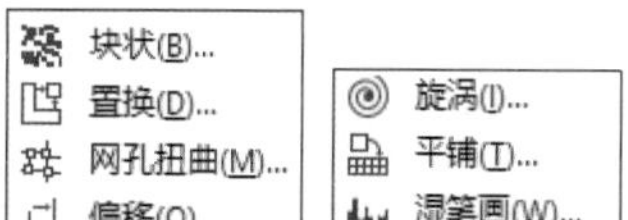

图13-186 扭曲类滤镜

13.5.1 置换

"置换"滤镜主要是通过提供的预设纹理在图像上进行纹理的叠加,以创建一些特殊的视觉效果。选择需要进行设置的位图图像,执行"位图 > 扭曲 > 置换"菜单命令,打开"置换"对话框,如图 13-187 所示。在对话框的"缩放模式"选项组中可以设置置换的叠加方式为"平铺"或"伸展适合"效果；在"缩放"选项组中可控制置换图像的垂直和水平距离。图 13-188 所示为原素材图像，图 13-189 所示为应用"置换"滤镜后的效果。

像的不同位置，而且被分割后的图像通过裁剪和复制等操作可以重新拼贴出原图像。选择需要进行设置的位图图像，执行"位图 > 扭曲 > 偏移"菜单命令，打开"偏移"对话框，如图 13-190 所示。在该对话框中对"水平"选项进行设置，可调整偏移效果的水平位置；对"垂直"选项进行设置，可调整偏移效果的垂直位置；"未定义区域"下拉列表框用于设置图像的偏移效果。图 13-191 所示为应用"偏移"滤镜后的效果。

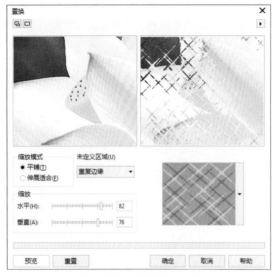

图13-187　"置换"对话框

图13-190　"偏移"对话框

图13-188　素材图像　　图13-189　"置换"滤镜效果

13.5.2　偏移

"偏移"滤镜可以将完整的图像分割为不同的区域，重新进行排列，不同的区域代表图

图13-191　应用"偏移"滤镜后的效果

边学边练：应用"偏移"滤镜制作商场宣传单

本实例先对素材图像添加"偏移"滤镜效果，设置素材图像的重新拼贴效果，再使用"透明度工

具"调整重新拼贴后的图像混合效果；然后制作宣传单中的装饰花纹，并应用"选择工具"和"透明度工具"创建具有层次感的多层花纹效果；最后使用"交互式填充工具"对添加的文字填充渐变颜色，完成实例的制作。编辑前后的对比效果如图 13-192 所示。

图13-192　编辑前后的效果

01 执行"文件>新建"菜单命令，创建一个宽度为540 mm、高度为380 mm的空白文档，如图13-193所示。

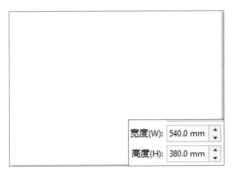

图13-193　新建空白文档

02 双击"矩形工具"按钮□，绘制一个与页面相同大小的矩形图形，并将矩形颜色填充为C6、M7、Y9、K0，然后在属性栏中设置该图形的"轮廓宽度"为5.6 mm，如图13-194所示。

图13-194　绘制并设置图形颜色和轮廓

03 执行"文件>导入"菜单命令，将"随书资源\13\素材文件\36.jpg"导入新建的页面中，并调整图像的高度为380 mm，如图13-195所示。

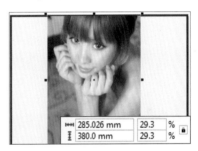

图13-195　导入人物图像

04 选中导入的素材图像，执行"位图>扭曲>偏移"菜单命令，打开"偏移"对话框。分别设置"水平"和"垂直"参数值为35、-14，在"未定义区域"下拉列表框中选择"环绕"，如图13-196所示。

图13-196　设置"偏移"参数

05 设置完成后单击"确定"按钮，即可应用该滤镜效果。调整图像的位置，使其与矩形图形内侧对齐，如图13-197所示。

图13-197　调整图像位置

06 选择"透明度工具"，在属性栏中单击"均匀透明度"按钮■，调整图像透明度，如图13-198所示；设置"合并模式"为"亮度"，使该图像与矩形图形的颜色相结合，如图13-199所示。

图13-198　设置透明度　　图13-199　设置"合并模式"

07 选中设置好的图像，执行"位图>扭曲>置换"菜单命令，打开"置换"对话框，分别设置"水平"和"垂直"参数值为65、50，如图13-200所示。设置完成后单击"确定"按钮，应用滤镜效果。

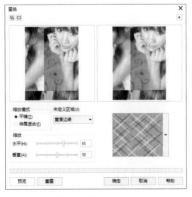

图13-200　设置"置换"对话框

08 选择编辑好的滤镜图像，按住鼠标右键拖动图像至适当位置，释放鼠标，在弹出的快捷菜单中选择"复制"命令，即可复制该图像，如图13-201所示。

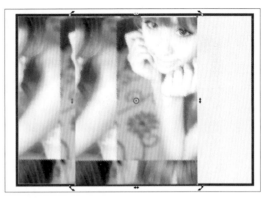

图13-201　复制图像

09 选中复制的图像，单击属性栏中的"水平镜像"按钮■，然后移动图像的位置，使两图像对齐，制作水平镜像效果，如图13-202所示。

图13-202　调整图像位置

10 选择右侧的图像，单击"封套工具"按钮■，在图像上调整节点的位置，隐藏多余的图像效果，如图13-203所示。

图13-203　隐藏多余的图像

11 选择"矩形工具",在图像中间区域绘制一个矩形图形,并去除其轮廓,设置填充颜色为C30、M0、Y6、K0,如图13-204所示。

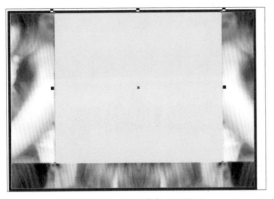

图13-204 绘制蓝色矩形图形

12 选择"透明度工具",单击属性栏中的"均匀透明度"按钮,调整图形透明度,如图13-205所示。

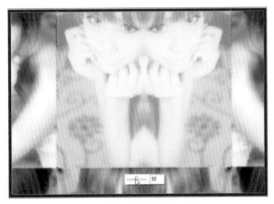

图13-205 设置图形透明度

13 继续在属性栏中设置选项,将"合并模式"更改为"乘",使该图像与矩形图形的颜色相结合,增强图像色调效果,如图13-206所示。

图13-206 应用"乘"合并模式

14 执行"文件>导入"菜单命令,将"随书资源\13\素材文件\37.cdr"导入图形文档中,如图13-207所示。

图13-207 导入素材图形

15 使用"选择工具"选中素材花纹图形,将素材花纹图形放置到页面中的合适位置,再选中左上侧和右下侧的花纹路径,并填充合适的颜色,然后选中左下侧的花纹图形,填充颜色为白色,如图13-208所示。

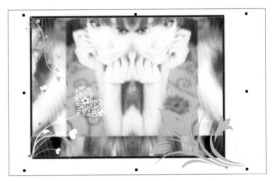

图13-208 调整图形的位置和颜色

16 使用"选择工具"选中左上侧的花纹图形并复制,对其进行等比例放大,填充为白色,再设置透明度为30%,然后使用相同的方法,调整右下侧的图形,如图13-209所示。

图13-209 复制图形并调整颜色和位置

17 选择所有的花纹图形，按下快捷键Ctrl+G，群组对象，然后在工具箱中单击"裁剪工具"按钮，在图像中绘制裁剪框，并适当调整裁剪框的大小和位置，如图13-210所示。

图13-210　编辑裁剪框的大小

18 确认裁剪框的位置后，双击当前图像，即可裁剪多余的图像，如图13-211所示。

图13-211　裁剪多余的图像

19 选择工具箱中的"文本工具"，在图像的中间区域输入文字"SUMMER.美肤"，填充文字颜色为黑色，并分别设置字体样式和大小，如图13-212所示。

图13-212　添加标题文字

20 复制当前文字，填充颜色为C100、M0、Y100、K0，移动文字位置，制作文字投影效果，如图13-213所示。

图13-213　复制文字图形

21 继续使用"文本工具"在相应位置创建文本框，并输入相应文字，完成本实例的制作，如图13-214所示。

图13-214　最终效果

13.5.3　像素

　　"像素"滤镜可以为位图图像创建由正方向、矩形和射线组成的像素效果。选择需要进行设置的位图图像，执行"位图 > 扭曲 > 像素"菜单命令，打开"像素"对话框，如图13-215所示。在该对话框中，"像素化模式"选项组用于设置像素块的形状样式；"调整"选项组用于设置像素块的宽度和高度；"不透明"滑块用于控制像素块的不透明效果。图13-216所示为应用"像素"滤镜后的效果。

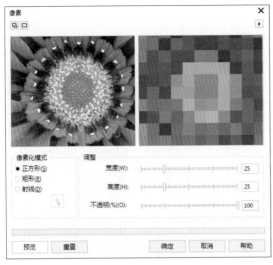

图13-215　"像素"对话框

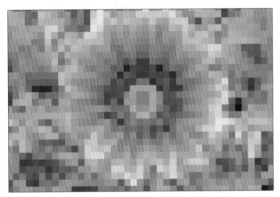

图13-216　"像素"滤镜效果

在滤镜对话框中设置选项后，如果要将参数恢复为默认的值，则可以单击对话框左下角的"重置"按钮，如图 13-217 所示。单击后即可恢复为默认值，可以根据需要重新调整参数值。

图13-217　单击"重置"按钮

13.5.4　旋涡

　　"旋涡"滤镜可以为图像制作螺旋形扭曲的效果。选择需要进行变换的位图图像，执行"位图 > 扭曲 > 旋涡"菜单命令，打开"旋涡"对话框，如图 13-218 所示。在该对话框的"定向"选项组中可设置图像旋涡流动的方向，选择不同选项时，图像旋转的效果也会不同，如图 13-219 和图 13-220 所示；在"优化"选项组中可设置涡流效果以速度或质量为标准；在"角度"选项组中可通过拖动"整体旋转"和"附加度"滑块来设置旋涡扭转的强度。

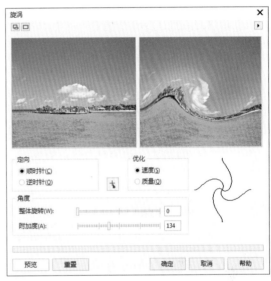

图13-218　"旋涡"对话框

图13-219　顺时针旋转效果

图13-220　逆时针旋转效果

13.5.5　风吹效果

　　"风吹效果"滤镜是在图像中制作一种类似于被风吹过的画面效果，应用此滤镜可制作拉丝效果。选择需要进行变换的位图图像，执行"位图 > 扭曲 > 风吹效果"菜单命令，打开"风吹效果"对话框，如图 13-221 所示。在该对话框中，"浓度"和"不透明"选项用于设置风吹过效果变换图像的宽度和滑动位置；"角度"选项用于设置风吹的角度及风吹过后边缘图像移动的角度。"风吹效果"滤镜可以进行重复设置，设置后的图像效果将更明显。图 13-222 所示为应用"风吹效果"滤镜后的图像效果。

图13-221　"风吹效果"对话框

图13-222　"风吹效果"滤镜效果

13.6　杂点类滤镜效果

杂点类滤镜效果用于在位图图像中模拟或消除由扫描或颜色过渡造成的颗粒效果，包括"添加杂点""最大值""中值""最小""去除龟纹"和"去除杂点"6 种滤镜效果，如图 13-223 所示。这些滤镜分别用于杂点的增加、减少和消除等操作，下面对常用的杂点类滤镜效果进行介绍。

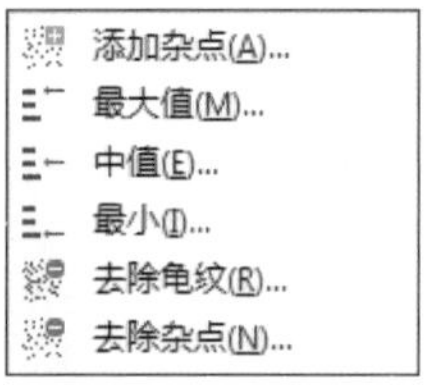

图13-223　杂点类滤镜

13.6.1　添加杂点

"添加杂点"滤镜可以为图像增加颗粒感，使画面具有一定的粗糙效果。选择需要进行设置的位图图像，执行"位图 > 杂点 > 添加杂点"菜单命令，打开"添加杂点"对话框，如图 13-224 所示。在该对话框中，"杂点类型"选项组用于设置杂点的分布方式；"层次"和"密度"滑块用于设置页面中颗粒的层次和数量；"颜色模式"选项组用于设置不同颜色的杂点效果。图 13-225 所示为应用"添加杂点"滤镜后的效果。

图13-225　"添加杂点"滤镜效果

13.6.2　最大值

"最大值"滤镜可以扩大图像边的亮区，缩小图像的暗区，产生边缘浅色块状模糊效果。选择需要设置的位图图像，执行"位图 > 杂点 > 最大值"菜单命令，打开"最大值"对话框，在对话框中"半径"选项用于设置暗区像素被替换为亮区像素的范围；"百分比"选项用于设置替换颜色的多少，值越大效果越强烈。图

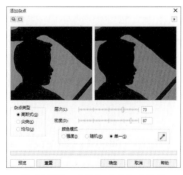

图13-224　"添加杂点"对话框

13-226 所示为打开的"最大值"对话框，图 13-227 和图 13-228 所示分别为应用滤镜前后的效果。

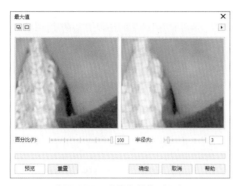

图13-226 "最大值"对话框

图13-227 素材效果　　图13-228 "最大值"滤镜效果

13.6.3 中值

"中值"滤镜会对图像的边缘进行检测，将邻域中的像素按灰度级进行排序，然后选择该组的中间值作为像素的输出值，产生边缘模糊效果。选择需要进行调整的位图图像，执行"位图 > 杂点 > 中值"菜单命令，打开"中值"对话框，如图 13-229 所示，在对话框中应用"半径"选项控制模糊的范围，设置的参数值越大时，得到图像图越模糊。图 13-230 所示为应用"中值"滤镜后的效果。

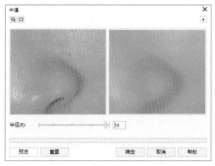

图13-229 "中值"对话框

图13-230 应用"中值"滤镜后的效果

13.6.4 最小值

"最小"滤镜与"最大"作用相反，可以使图像中颜色浅的区域缩小，颜色深的区域扩大，产生深色的块状杂点，进而产生边缘模糊效果。选择需要设置的位图图像，执行"位图 > 杂点 > 最小"菜单命令，打开"最小"对话框，与"最大"滤镜类似，在"最小"对话框中"半径"选项用于设置亮区像素被替换为暗区像素的范围；"百分比"选项用于设置替换颜色的多少，如图 13-231 所示。

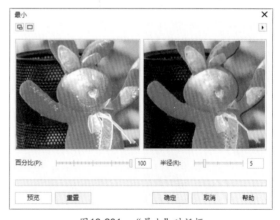

图13-231 "最小"对话框

13.6.5 去除杂点

"去除杂点"滤镜是将图像上的杂点去除，还原整洁的图像效果。选择需要设置的位图图像，执行"位图 > 杂点 > 去除杂点"菜单命令，打开"去除杂点"对话框，如图 13-232 所示。系统默认勾选"自动"复选框，此时会根据打开的图像效果自动去除杂点；也可以取消勾选，并在"阈值"选项中通过拖动滑块进行手动设置。单击"双栏预览"按钮 回，可在预览框中预览效果。

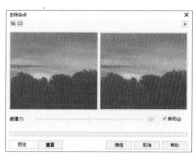

图13-232 "去除杂点"对话框

13.7 底纹类滤镜效果

底纹类滤镜可以为位图图像添加底纹效果，使图片呈现一种特殊的质感。底纹类滤镜包括"鹅卵石""折皱""蚀刻""塑料""浮雕"和"石头"6种滤镜效果，如图13-233所示。这些滤镜通过模拟各种表面向图像添加底纹，如圆石、皱皮、塑料和浮雕等，下面简单介绍这些滤镜的设置和使用方法。

图13-233 底纹类滤镜

13.7.1 鹅卵石

"鹅卵石"滤镜可以为图像添加类似于砖石块拼接的效果。选择要编辑的位图图像，执行"位图>底纹>鹅卵石"菜单命令，打开"鹅卵石"对话框，如图13-234所示。在对话框中设置粗糙度及大小等参数，单击"预览"按钮，即可查看应用滤镜后的效果。确认设置后单击"确定"按钮，即可为位图应用滤镜，效果如图13-235所示。

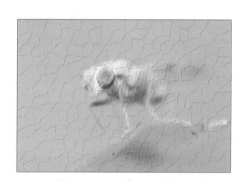

图13-235 "鹅卵石"滤镜效果

13.7.2 折皱

"折皱"滤镜可以为图像添加类似于折皱纸张的效果，常用此滤镜制作皮革材质的物品效果。选择要编辑的位图图像，如图13-236所示；执行"位图>底纹>折皱"菜单命令，打开"折皱"对话框，如图13-237所示。

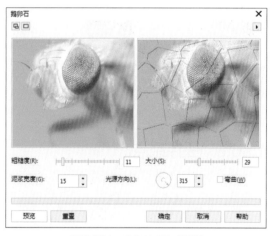

图13-234 "鹅卵石"对话框

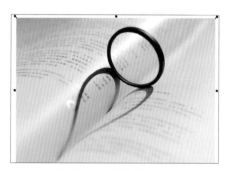

图13-236 选择素材图像

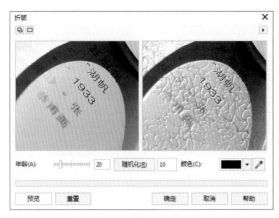

图13-237　"折皱"对话框

在"折皱"对话框中不仅可以调整"年龄"滑块，以改变折皱底纹的密度大小，而且可以单击"颜色"右侧的下三角按钮，在展开的列表中选择底纹的颜色，如图 13-238 所示。

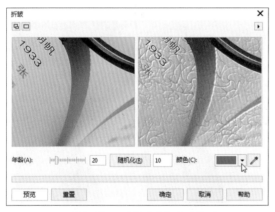

图13-238　重新设置颜色效果

13.7.3　蚀刻

蚀刻通常在抛光的硬物板上进行，如钢板、铜板等。使用"蚀刻"滤镜可以将图像转换为类似在金属板上雕刻出的艺术效果。选择需要设置的位图图像，执行"滤镜 > 底纹 > 蚀刻"菜单命令，打开"蚀刻"对话框，如图 13-239所示。在对话框中设置参数，即可通过预览框查看滤镜效果。

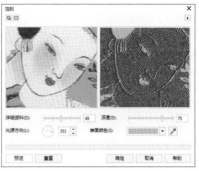

图13-239　"蚀刻"对话框

13.7.4　塑料

"塑料"滤镜可以描摹图像的边缘细节，通过为图像添加液体塑料质感的效果，使图像看起来更具真实感。选择需要设置的位图图像，执行"滤镜 > 底纹 > 塑料"菜单命令，打开"塑料"对话框，如图 13-240 所示。在对话框中设置各项参数，然后单击"确定"按钮，即可对图像应用该滤镜效果，如图 13-241 所示。

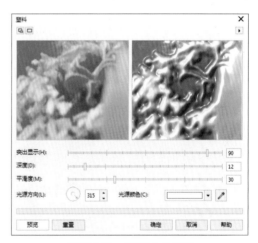

图13-240　"塑料"对话框

图13-241　应用"塑料"滤镜后的效果

13.7.5 浮雕

"浮雕"滤镜可以增强图像的凹凸立体效果，创造出浮雕效果。选择需要设置的位图图像，执行"位图 > 底纹 > 浮雕"菜单命令，打开"浮雕"对话框，如图 13-242 所示。其中，"详细资料"选项用于调整在进行浮雕处理时保留图像的细节变化；"深度"和"平滑度"选项用于调整图像凸起的高度和光泽效果；"光源方向"选项用于设置浮雕效果中光源的角度；"表面颜色"选项可改变浮雕基底的颜色。

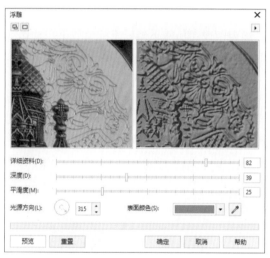

图13-242　"浮雕"对话框

设置完各项参数后，单击"确定"按钮，即可对位图应用该滤镜，效果如图 13-243 所示。

图13-243　"浮雕"滤镜效果

13.7.6 石头

"石头"滤镜可以使图像产生摩擦效果，模拟石头表面纹理。选择需要设置的位图图像，如图 13-244 所示；执行"位图 > 底纹 > 石头"菜单命令，打开"石头"对话框，如图 13-245 所示。在对话框中通过上方的预览框可以查看应用滤镜后的效果，并且还能通过调整"粗糙度"控制表面纹理的精细度、指定石头纹理的样式等。

图13-244　选中素材图像

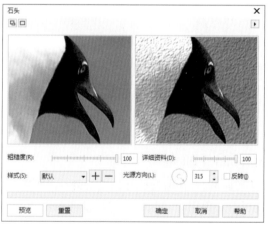

图13-245　"石头"对话框

第 14 章
作品的输出与打印

作品的输出与打印是完成图形对象绘制后的下一个步骤，图像的输出包括多种不同的方式。本章将对文件发布至 PDF、导出到网页、打印设置、打印效果的预览和合并打印等内容进行具体介绍。

14.1　作品的输出

作品的输出即作品的发布，是导出作品的一种方式。通过作品的输出，可以对其以选择的格式进行导出和保存。在 CorelDRAW 中，应用"文件"菜单中的相应命令即可完成作品的导出与输出工作。

14.1.1　发布为 PDF

发布为 PDF 是指将文件以 PDF 格式导出并保存。如图 14-1 所示，执行"文件 > 发布为 PDF"菜单命令，打开"发布至 PDF"对话框，选择文件存放的位置，然后单击"保存"按钮，即可完成导出和保存操作，如图 14-2 所示。

图14-1　执行"发布为PDF"命令

图14-2　"发布至PDF"对话框

打开存储 PDF 的文件夹，即可找到新创建的 PDF 文件，如图 14-3 所示。

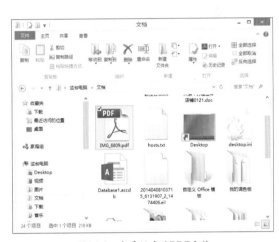

图14-3　查看保存的PDF文件

14.1.2　导出为 HTML

导出为 HTML 是指将在 CorelDRAW X8 中绘制、编辑的图形发布到网络中，或将编辑好的图形作为网页进行显示。导出 HTML 也是将文件导出并保存的一种方式，导出时可以选择导出或保存的排版方式，还可以在相关对话框中对其进行图像优化设置。如图 14-4 所示，执行"文件 > 导出为 >HTML"菜单命令，打开"导出到 HTML"对话框。

图14-4 执行"导出为>HTML"命令

在"导出到 HTML"对话框中可看到"常规""细节""图像""高级"和"总结"等选项卡,如图 14-5 所示。各选项卡的具体作用和功能如下。

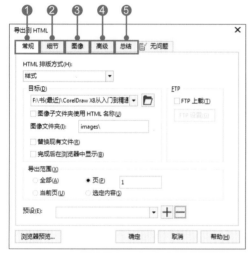

图14-5 "导出到HTML"对话框

❶常规:该选项卡为默认的选项卡,在其中可以设置"HTML 排版方式""目标""导出范围"和 FTP 协议等内容。

❷细节:在选项卡中显示了生成 HTML 文件的页面名称和文件名等,如图 14-6 所示。

图14-6 "细节"选项卡

❸图像:在该选项卡中,单击图像名称即可对图像进行预览,如图 14-7 所示。单击该选项卡右下角的"选项"按钮,在打开的"选项"对话框中可以对文件的位置等参数进行设置,如图 14-8 所示。

图14-7 "图像"选项卡

图14-8 "选项"对话框

单击"图像"选项卡左下角的"浏览器预览"按钮,在 IE 浏览器中预览当前导出的图像效果,如图 14-9 所示。

图14-9 在浏览器中预览图像

❹高级：单击"高级"标签，即可切换到"高级"选项卡，在此选项卡中提供生成翻转和层叠样式表的 JavaScript，维护到外部文件的链接的选项，如图 14-10 所示。

图14-10 "高级"选项卡

❺总结：在该选项卡中显示了文件下载时间等信息，如图 14-11 所示。

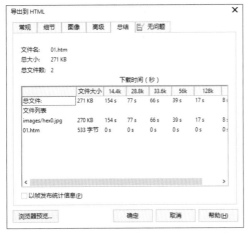

图14-11 "总结"选项卡

14.1.3 导出为网页

导出为网页是导出文件的一种方式，应用"导出为 >Web"命令可以将页面或页面中选定的部分转换为网页中常用的文件格式，如 GIF、PNG 和 JPEG 等，方便用户在网页上应用该图像。在 CorelDRAW X8 中对图像编辑完成后，使用"选择工具"选取需要导出的图像，执行"文件 > 导出为 >Web"菜单命令，如图 14-12 所示。

图14-12 执行"导出为>Web"命令

执行命令后，打开"导出到网页"对话框，在其中可设置导出的文件格式、存储位置等，如图 14-13 所示。

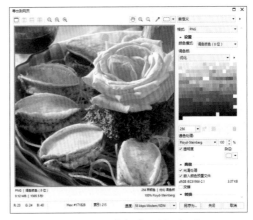

图14-13 "导出到网页"对话框

14.2 文件的打印

打印文件是导出文件的一种形式。在打印文件之前需要先对文件进行打印设置，设置完成后，可在 CorelDRAW 中进行预览，并且在预览过程中可以对文件进行进一步的调整与编辑。此外，用户还可以对多个文件进行合并打印。

14.2.1 打印选项设置

对图像进行打印之前，需要根据需要对打印的尺寸、页面方向、页数、版面等进行相应设置。在需要打印的文件中，执行"文件 > 打印"菜单命令，如图 14-14 所示，或按下快捷键 Ctrl+P，打开"打印"对话框。

图14-14 执行"打印"命令

在"打印"对话框中包括"常规""颜色""复合""布局"和"预印"5个选项卡，如图14-15所示。用户可以根据需要单击不同的标签，切换到对应的选项卡，并进行选项的设置。

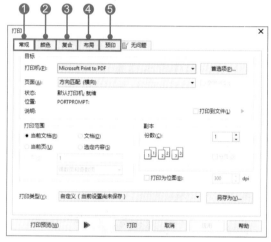

图14-15 "打印"对话框

❶常规：打开"打印"对话框时默认显示"常规"选项卡，在其中可以对"打印范围""份数"及"打印类型"等参数进行设置，并且可以保存设置，用于其他文件的打印。如果需要更改打印文档方向，则可以单击右上方的"首选项"按钮，如图14-16所示。单击后，可打开文档属性的"布局"选项卡。在该选项卡中可以设置文档的方向为"纵向"或"横向"，如图14-17所示。

图14-16 单击"首选项"按钮

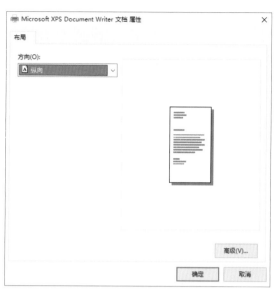

图14-17 文档属性对话框

❷颜色："颜色"选项卡用于对选择的打印机的颜色进行设置，用户可以根据需要选择适合的颜色打印方式，并且可对输出的颜色模式进行选择，如图14-18所示。

图14-18 "颜色"选项卡

❸"复合"和"分色"：在"颜色"选项卡中选中"复合打印"单选按钮，在"打印"对话框上方将显示"复合"标签，如图14-19所示。单击此标签，将切换到"复合"选项卡，在其中可对"文档叠印"和"网频"进行设置，如图14-20所示。

图14-19 选择"复合打印"

图14-20 "复合"选项卡

如果在"颜色"选项卡中选中"分色打印"单选按钮，则在"打印"对话框上方会显示"分色"标签。单击此标签，将切换到"分色"选项卡，在其中可对与分色相关的选项进行设置，如图 14-21 所示。

图14-21 "分色"选项卡

❹布局："布局"选项卡用于对"图像位置和大小""出血限制"等进行设置，如图 14-22 所示。

图14-22 "布局"选项卡

❺预印："预印"选项卡用于对"纸片／胶片设置""文件信息""裁剪／折叠标记"等进行设置，如图 14-23 所示。

图14-23 "预印"选项卡

14.2.2 打印预览

打印预览是在打印前对文件的打印效果进行预先浏览。用户可以在预览效果的同时对文件大小、版面布局及颜色模式等进行重新设置。单击"打印"对话框左下角的"打印预览"按钮，如图 14-24 所示；或者在打印文件中直接执行"文件 > 打印预览"菜单命令，如图 14-25 所示。

图14-24 单击"打印预览"按钮

图14-25 执行"打印预览"命令

执行命令后，即可打开"打印预览"窗口，如图14-26所示。在此窗口中可对打印图像进行预览和设置。

图14-26　"打印预览"窗口

1. 自定义图像位置

在"打印预览"窗口中单击工具箱中的"挑选工具"按钮，可以上下或左右移动图像。图14-27和图14-28所示分别为移动位置前和移动位置后的对比效果。

图14-27　移动图像位置　　图14-28　移动位置后的效果

此外，还可在属性栏中打开"与文档相同"下拉列表，选择以固定的位置显示图像，如图14-29所示。

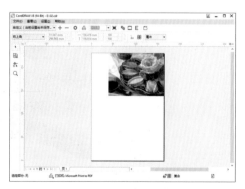

图14-29　"右上角"图像效果

2. 版面布局

版面布局指的是所要打印的图像在预览框中排列的位置，可以进行水平排列，也可以翻转后重新进行排列。单击工具箱中的"版面布局工具"按钮，可以对版面中的边距等属性进行设置；再次单击图中的箭头，还可以对版面进行翻转，如图14-30和图14-31所示。

图14-30　单击页面　　　图14-31　翻转版面的效果

3. 预览比例的设置

在"打印预览"窗口中，可以对预览的页面比例进行设置，以帮助用户更自由地查看图像细节。选择工具箱中的"缩放工具"，单击属性栏中的"放大"按钮、"缩小"按钮可以进行缩放，也可以在"缩放"下拉列表中选择选项进行缩放。图14-32和图14-33所示分别为放大和缩小显示的图像效果。

图14-32　放大显示的图像效果

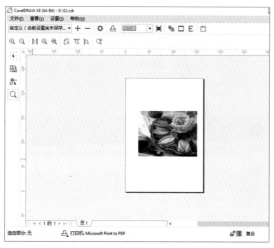

图14-33 缩小显示的图像效果

4. 分色预览

分色预览用于设置图像以其他颜色进行预览，如以灰度模式预览。选择要预览的对象，再单击工具栏中的"分色"按钮 ⬛，即可以灰度模式预览图像，如图 14-34 所示。另外，也可以执行"查看 > 彩色预览 > 灰度"菜单命令，在页面中即可查看转换为灰度模式的图像效果。

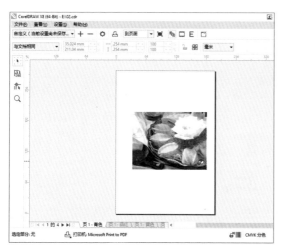

图14-34 以灰度模式预览的打印效果

5. 反转预览

反转预览用于设置图像以反转片进行预览。选择要预览的对象，在工具栏中单击"反转"按钮 ▢，即可以反转颜色，以胶片方式预览图像，如图 14-35 所示。

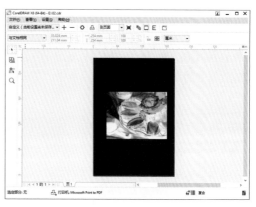

图14-35 反转预览效果

14.2.3 合并打印

通过 CorelDRAW 中的"合并打印"功能可以将来自数据源的文本与当前绘图文档合并，并快速完成打印输出工作。在日常工作中，应用"合并打印"能够快速打印一些格式相同但内容不同的对象，如信封、名片、明信片等。具体方法为，选择需要打印的图像，执行"文件 > 合并打印 > 创建 / 载入合并打印"菜单命令，如图 14-36 所示。

图14-36 执行"创建/载入合并打印"命令

启动合并打印向导，打开"合并打印向导"对话框，选中"创建新文本"单选按钮，然后单击"下一步"按钮，如图 14-37 所示。

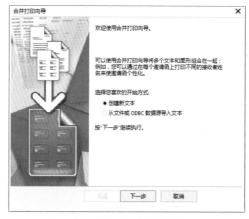

图14-37 "合并打印向导"对话框

进入"添加域"页面，用于设置要创建的文本域，如图 14-38 所示。在"文本域"文本框中输入域名，单击"添加"按钮，即可将其添加至下方的域名列表中，然后单击"下一步"按钮。

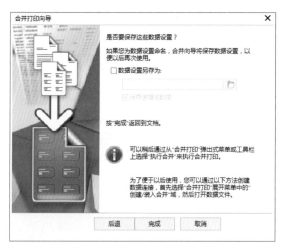

图14-38　设置并添加文本域

进入"添加或编辑记录"页面，在页面中可以添加、删除或编辑记录中的数据，如图 14-39 所示，设置后单击"下一步"按钮。

图14-39　设置记录中的数据

返回"合并打印向导"对话框，如图 14-40 所示，确认是否保存数据设置，如果确认数据无误，单击"完成"按钮，即可完成设置。

图14-40　保存数据设置

此时在窗口中会显示如图 14-41 所示的"合并打印"工具栏。在工具栏中单击"插入合并打印字段"按钮，添加需要打印的多个对象，并适当调整字段位置。

图14-41　"合并打印"工具栏

然后单击"执行合并打印"按钮即可执行合并打印工作，并弹出如图 14-42 所示的"打印"对话框，在对话框中设置更多打印选项，单击"打印"按钮，即可合并打印图像。

图14-42　设置"打印"选项

第 15 章
CI 企业形象标志系列

企业形象识别系统（Corporate Identity System）简称 CI，它是为企业制定的一套完整的行为、视觉识别规范，可以使企业在内外的信息传递和广告宣传上具有良好的一致性。任何一家企业想要进行宣传并传播给社会大众、塑造可视的企业形象，都需要依赖于它。本实例将运用软件制作一个电子科技公司的企业形象标志。整个设计围绕电子类公司以科技为导向的设计思想，再将所绘制的标志应用到信笺和名片中，从而完成整个 CI 企业形象标志设计，最终效果如图15-1 所示。

图15-1 最终效果

15.1 绘制标志

标志是造型简单、意义明确的视觉符号，也是图形和商标的统称，包括企业、集团、政府机关及会议和活动等的标志和产品的商标。本节将以绘制某电子科技公司的企业标志为例进行讲解。主要应用"椭圆形工具"绘制圆，然后填充不同的渐变颜色，最后添加文字效果，完成标志的设计。

01 新建一个A4尺寸横向的空白文档，双击"矩形工具"按钮口，绘制一个白色矩形图形，如图15-2所示。

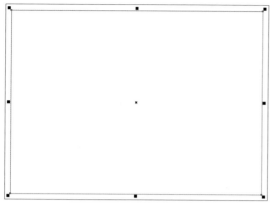

图15-2　绘制白色矩形图形

02 单击"交互式填充工具"按钮，在属性栏中单击"渐变填充"按钮，再单击"编辑填充"按钮，在打开的"编辑填充"对话框中设置渐变样式及渐变颜色，如图15-3所示。

图15-3　设置渐变颜色

03 完成后单击"确定"按钮，应用所设置的渐变颜色填充矩形，如图15-4所示。

图15-4　渐变颜色填充效果

04 单击"矩形工具"按钮口，在页面的右下角区域绘制一个矩形图形，并填充为黑色，如图15-5所示。

图15-5　绘制黑色矩形图形

05 双击矩形，移动鼠标到双向箭头形状上，当鼠标指针变成旋转箭头时，拖动旋转图形。旋转后的矩形图形如图15-6所示。

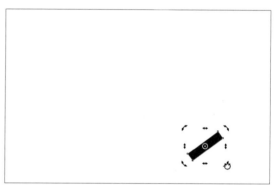

图15-6　旋转黑色矩形图形

06 使用"选择工具"移动图形至右下角位置，并单击"形状工具"按钮，然后拖动矩形四角的节点，修改图形形状，使条形矩形和页面矩形对齐，如图15-7所示。

图15-7　改变矩形形状

07 单击工具箱中的"文本工具"按钮，在页面中输入字母g，设置字体为"宋体"，字体大小为72 pt，如图15-8所示。

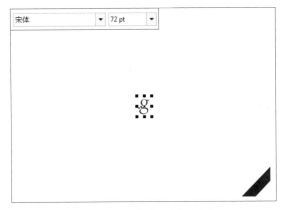

图15-8　输入文字并设置字体和大小

08 选择文字，单击调色板中的白色色标，将文字填充为白色，并调整文字的位置和角度，如图15-9所示。

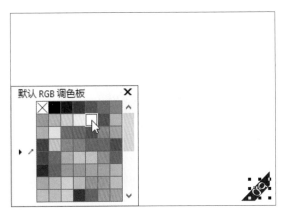

图15-9　调整字母文字的位置

09 单击工具箱中的"椭圆形工具"按钮，按住Ctrl键的同时拖动鼠标，绘制一个正圆，填充为黑色，如图15-10所示。

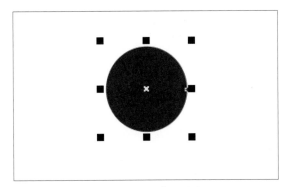

图15-10　绘制黑色正圆图形

10 单击"交互式填充工具"按钮，单击属性栏中的"编辑填充"按钮，打开"编辑填充"对话框。在对话框中设置渐变样式和颜色，如图15-11所示。

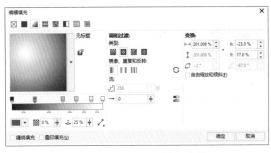

图15-11　设置渐变样式和颜色

11 完成后单击"确定"按钮，应用所设置的渐变颜色填充正圆图形，如图15-12所示。

12 单击"透明度工具"按钮，从右往左拖动鼠标，调整圆形图形的渐变透明效果，如图15-13所示。

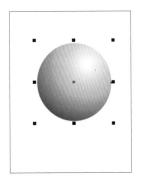 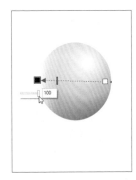

图15-12　渐变填充效果　　图15-13　设置图形透明度

13 应用"椭圆形工具"按钮，在原灰色正圆上方再绘制一个相同大小的正圆图形，如图15-14所示。

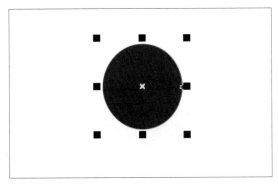

图15-14　绘制正圆图形

14 单击"交互式填充工具"按钮，单击属性栏中的"编辑填充"按钮，打开"编辑填充"对话框。在对话框中设置渐变样式和颜色，如图15-15所示。

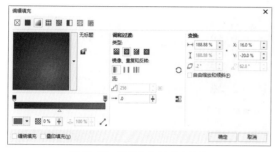

图15-15　设置渐变样式和颜色

15 单击"确定"按钮，应用所设置的渐变颜色填充正圆图形，并使用"形状工具"按钮稍微调整图形，以增强立体效果，如图15-16所示。

16 单击"透明度工具"按钮，从左下角往右上角拖动鼠标，调整圆形图形的渐变透明效果，如图15-17所示。

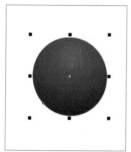

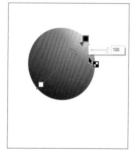

图15-16　渐变填充效果　　图15-17　设置图形透明度

17 单击工具箱中的"椭圆形工具"按钮，在红色渐变圆形上绘制一个较小的正圆图形，如图15-18所示。

图15-18　绘制正圆图形

18 单击"交互式填充工具"按钮，单击属性栏中的"编辑填充"按钮，在打开的"编辑填充"对话框中设置渐变样式和颜色，如图15-19所示。

图15-19　设置渐变样式和颜色

19 完成后单击"确定"按钮，应用所设置的渐变颜色填充圆形图形，并去除轮廓，如图15-20所示。

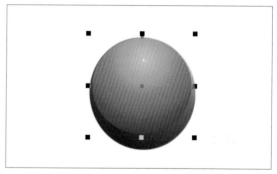

图15-20　渐变填充图形效果

20 按Ctrl+D键，复制一个同样大小的正圆图形，如图15-21所示。调整其位置，使复制的对象与原对象的位置重合。

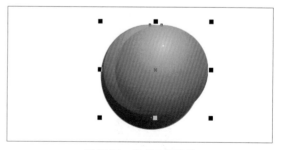

图15-21　复制正圆图形

21 单击"交互式填充工具"按钮，单击属性栏中的"编辑填充"按钮，在打开的"编辑填充"对话框中改变渐变颜色，效果如图15-22所示。

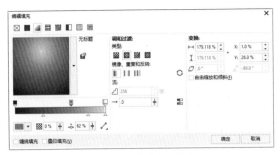

图15-22 更改渐变颜色

22 完成后单击"确定"按钮，应用所设置的渐变颜色填充图形，效果如图15-23所示。

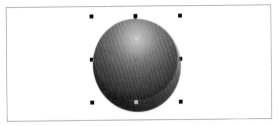

图15-23 应用渐变填充效果

23 单击工具箱中的"椭圆形工具"按钮○，在圆形上方绘制一个更小的正圆，如图15-24所示。

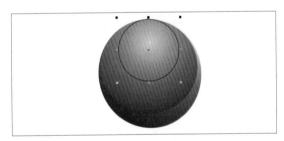

图15-24 绘制正圆图形

24 单击"交互式填充工具"按钮◇，单击属性栏中的"编辑填充"按钮，在打开的"编辑填充"对话框中设置渐变样式和颜色，如图15-25所示。

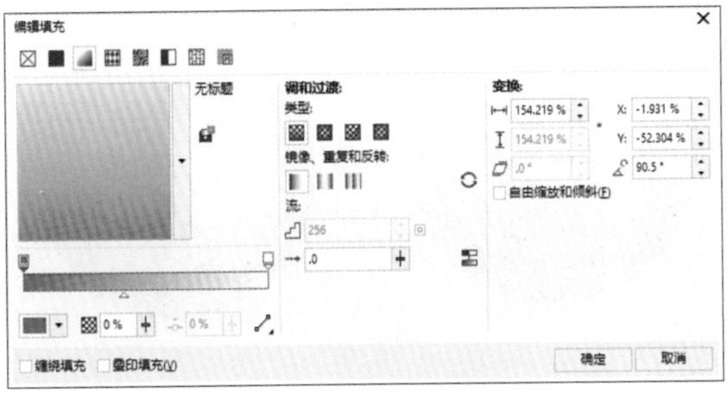

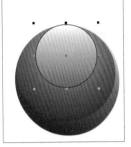

图15-25 设置渐变角度和颜色

25 完成后单击"确定"按钮，应用所设置的渐变颜色填充图形，如图15-26所示。在属性栏中设置"轮廓宽度"为"无"，去除图形轮廓，如图15-27所示。

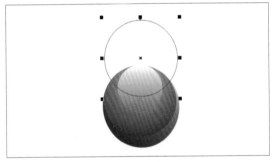

图15-26 渐变填充效果 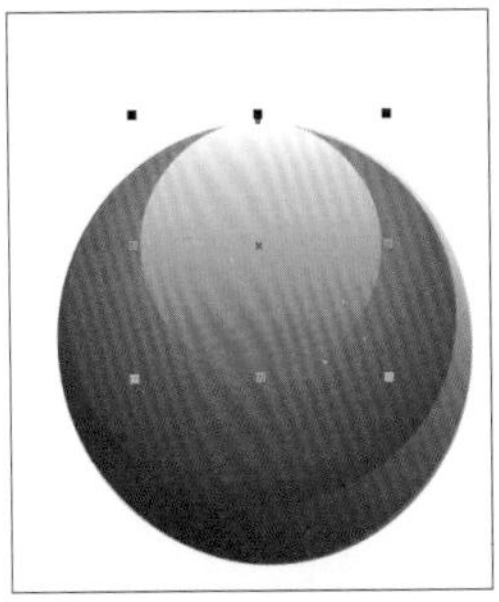　　图15-27 去除轮廓色

26 单击工具箱中的"椭圆形工具"按钮○，在圆形上方绘制一个正圆图形，如图15-28所示。

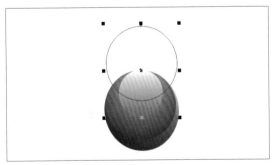

图15-28 绘制正圆图形

27 按住Shift键，选中当前图形和较小的橙色正圆图形，如图15-29所示。

图15-29 选中两个正圆图形

28 单击属性栏中的"相交"按钮，组合图形，并按Delete键，删除多余图形，只保留相交图形，如图15-30所示。

29 单击工具箱中的"透明度工具"按钮▨，单击属性栏中的"均匀透明度"按钮▣，设置"透明度"为7，效果如图15-31所示。

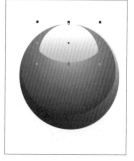

图15-30　相交后的图形

图15-31　设置图形透明度

30 结合使用"贝塞尔工具"和"形状工具"，绘制一个W形状的图形，如图15-32所示。

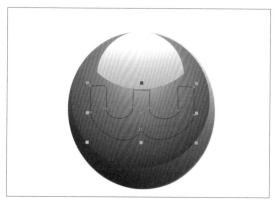

图15-32　绘制W形状图形

31 单击调色板中的白色色标，将图形填充为白色，并去除轮廓，得到如图15-33所示的图形效果。

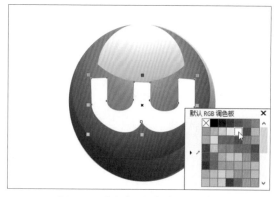

图15-33　填充图形颜色并去除轮廓色

32 单击"阴影工具"按钮▣，然后在属性栏内设置"阴影角度"为90，"阴影的不透明度"为79，"阴影羽化"为12，如图15-34所示。

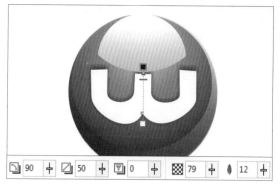

图15-34　设置图形的投影效果

33 按Ctrl+D键，复制W图形，并取消其投影效果，如图15-35所示。

图15-35　复制图形并去除投影

34 单击工具箱中的"阴影工具"按钮▣，在属性栏内设置"阴影角度"为90，"阴影的不透明度"为50，"阴影羽化"为15，更改投影效果，效果如图15-36所示。

35 按Ctrl+D键，复制图形，然后取消投影。单击调色板中的"20%黑"色标，填充图形，效果如图15-37所示。

图15-36　设置图形投影

图15-37　填充图形颜色

36 单击"透明度工具"按钮❖，在属性栏中单击"均匀透明度"按钮█，并设置"透明度"为30，如图15-38所示。

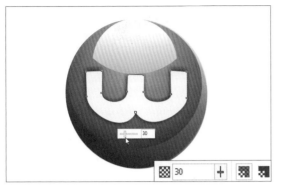

图15-38 设置图形透明度

37 结合使用"贝塞尔工具"和"形状工具"，绘制一个不规则的橘红色图形，并与字母图形相结合，如图15-39所示。

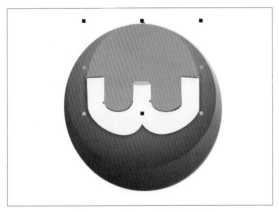

图15-39 绘制不规则橘红色图形

38 单击工具箱中的"透明度工具"按钮❖，在图形上从上往下拖动鼠标，设置渐变透明度，如图15-40所示。

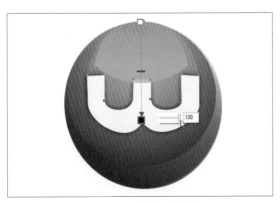

图15-40 设置图形透明度

39 连续按Ctrl+Page Down键3次，将图形向后层移动，使其效果更加自然，如图15-41所示。

图15-41 调整图形顺序

40 单击工具箱中的"椭圆形工具"按钮◯，在图形下方绘制一个黑色轮廓的椭圆图形，如图15-42所示。

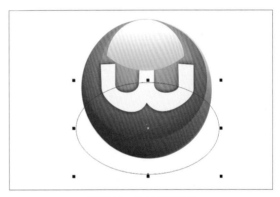

图15-42 绘制椭圆图形

41 选中当前轮廓图形的同时，按住Shift键选中底层的灰色正圆图形，如图15-43所示。

42 选中图形后，单击属性栏中的"相交"按钮█，相交图形，并按Delete键，删除多余的图形，只保留相交图形轮廓，如图15-44所示。

图15-43 选中两个图形

图15-44 保留相交图形

43 单击右侧调色板中的白色色标，为相交图形填充白色，并取消轮廓色，如图15-45所示。

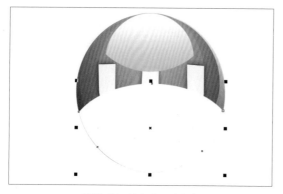

图15-45　填充图形为白色

44 单击"透明度工具"按钮，在属性栏中单击"均匀透明度"按钮，设置"透明度"为80，制作立体图形效果，如图15-46所示。

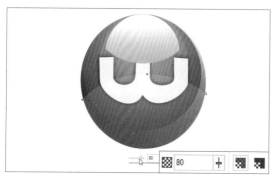

图15-46　设置相交图形的透明度

45 结合使用"贝塞尔工具"和"形状工具"，在图形左侧绘制一个不规则的黑色图形，如图15-47所示。

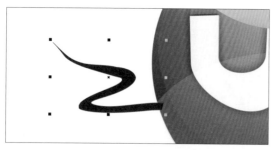

图15-47　绘制不规则黑色图形

46 再次结合使用"贝塞尔工具"和"形状工具"，绘制一个不规则的黑色图形，如图15-48所示。

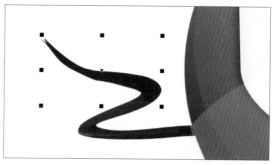

图15-48　绘制黑色图形

47 单击工具箱中的"网状填充工具"按钮，并拖动图形上的网点，调整网格线，对图形的填充色进行调整，如图15-49所示。

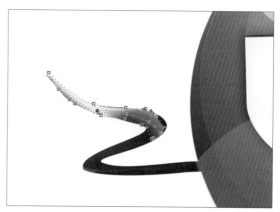

图15-49　网格填充图形颜色

48 单击"透明度工具"按钮，在属性栏中单击"渐变透明度"按钮，并在图像上从左往右拖动鼠标，创建交互式透明效果，如图15-50所示。

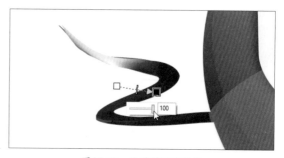

图15-50　设置图形透明度

49 继续结合使用"贝塞尔工具"和"形状工具"，绘制黑色图形，如图15-51所示。应用"网状填充工具"填充图形，设置相应的透明度和投影，设置后的效果如图15-52所示。

图15-51 绘制图形

图15-52 添加投影效果

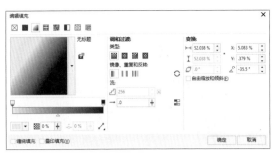

图15-55 设置渐变颜色

50 使用同样的方法，结合工具绘制其他的线条图形，填充网状颜色并添加相应的投影和透明度，如图15-53所示。

图15-53 为图形添加的线条效果

51 单击工具箱中的"钢笔工具"按钮，在圆形图形右上角绘制一个黑色轮廓图形，如图15-54所示。

图15-54 绘制黑色轮廓图形

52 单击"交互式填充工具"按钮，单击属性栏中的"编辑填充"按钮，在打开的"编辑填充"对话框中设置渐变样式和颜色，如图15-55所示。

53 单击"确定"按钮，应用所设置的渐变颜色填充图形，效果如图15-56所示。

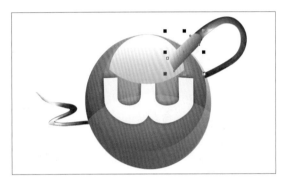

图15-56 填充图形

54 连续多次按Ctrl+Page Down键，调整图形顺序，调整后的效果如图15-57所示。

图15-57 调整图形顺序

55 结合使用"贝塞尔工具"和"形状工具"，绘制黑色图形，并在"编辑填充"对话框中设置渐变颜色，填充图形渐变色效果，如图15-58所示。

56 单击"透明度工具"按钮，在属性栏中单击"渐变透明度"按钮，并在图形上拖动鼠标，设置图形的渐变透明度，如图15-59所示。

图15-58　填充渐变色

图15-59　调整图形透明度

57 继续使用"贝塞尔工具"和"形状工具"绘制图形，设置图形，填充渐变颜色，如图15-60所示。使用"透明度工具"调整图形的透明度效果，如图15-61所示。

图15-60　填充渐变色

图15-61　调整图形透明度

58 继续使用相同的方法，绘制图形并填充相应颜色，然后调整图形顺序，如图15-62所示。

图15-62　调整图形顺序

59 群组绘制的所有图形，单击"阴影工具"按钮🔲，从下往上拖动鼠标，然后在属性栏中设置"阴影角度"为58，"阴影的不透明度"为18，"阴影羽化"为15，为图形添加投影效果，如图15-63所示。

图15-63　添加图形投影效果

60 单击工具箱中的"椭圆形工具"按钮◯，在阴影下方绘制一个椭圆图形，如图15-64所示。

图15-64　绘制椭圆图形

61 单击"交互式填充工具"按钮🔲，单击属性栏中的"编辑填充"按钮🔲，在打开的"编辑填充"对话框中设置图形的渐变颜色，并去除图形轮廓，如图15-65所示。

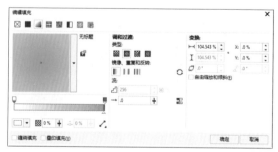

图15-65　设置渐变填充色

62 完成后单击"确定"按钮，应用设置的渐变颜色填充图形，效果如图15-66所示。

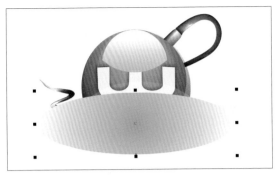

图15-66 应用渐变填充颜色

63 执行"对象>顺序>置于此对象后"菜单命令，在球体图形上单击，即可将图形向后移动，如图15-67所示。

图15-67 调整图形顺序

64 单击"透明度工具"按钮▨，在属性栏中单击"均匀透明度"按钮▨，设置"透明度"为85，制作图形均匀透明度效果，如图15-68所示。

图15-68 设置图形均匀透明度

65 单击工具箱中的"文本工具"按钮▨，设置字体颜色为"40%黑"，在图形下方输入文字，并选择字母"o"，更改文字颜色为橘红色，然后继续输入相应文字，如图15-69所示。

图15-69 输入文字效果

66 单击工具箱中的"钢笔工具"按钮▨，在文字上半部分绘制一个不规则的白色图形，如图15-70所示。

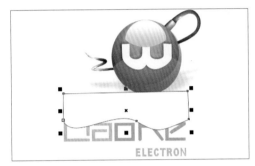

图15-70 绘制不规则白色图形

67 去除图形轮廓色，并单击"透明度工具"按钮▨，在属性栏中单击"渐变透明度"按钮▨，在图形上拖动鼠标，如图15-71所示；为图形设置渐变透明度，完成标志图案的绘制，效果如图15-72所示。

图15-71 设置图形透明度

图15-72 标志的最终效果

15.2 公司信笺设计

一家公司为了企业形象，通常会使用统一格式的信笺、便笺和留言条等，这也是 CI 应用系统的重要组成要素之一。在本节中，将上一节绘制的 CI 标志添加到新的页面中，并绘制一些不同大小的椭圆，制作具有企业标志的统一信笺。

01 单击"插入页面"按钮画，添加页面，并创建一个矩形轮廓图形，填充"20%黑"的轮廓色，然后打开标志图像，将其复制到页面左上角，调整其大小和位置，如图15-73所示。

图15-73 调整标志图形的大小和位置

02 应用"文本工具"，在右上角位置输入公司的资料，再分别设置合适的字体、大小和位置，文字设为右对齐，如图15-74所示。

图15-74 输入并设置文字样式

03 单击"矩形工具"按钮□，绘制一个210 mm×285 mm的白色矩形，并调整图形顺序，将其置于文字和标志图形下方，如图15-75所示。

图15-75 绘制并填充图形

04 单击工具箱中的"椭圆形工具"按钮○，在矩形图形的右下角绘制一个颜色为R161、G232、B202的圆形，并去除图形轮廓，如图15-76所示。

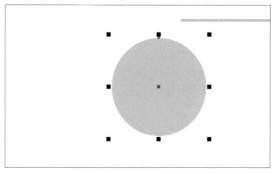

图15-76 绘制图形并去除轮廓

05 继续单击"裁剪工具"按钮□，沿着白色矩形边缘绘制裁剪框，以裁剪绘制的圆形图形，如图15-77所示。

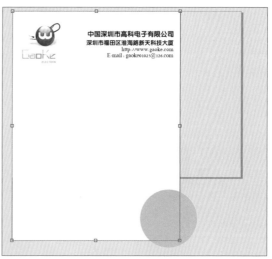

图15-77 绘制裁剪框

06 绘制好裁剪框后，按Enter键，即可裁剪选框外的图形，如图15-78所示。

07 应用"椭圆形工具"按钮○，再绘制不同颜色、不同大小的圆形图形，如图15-79所示。

图15-78　裁剪图形后的效果

图15-79　绘制图形

08 选中绘制的圆形图形，继续应用"裁剪工具"按钮，双击鼠标即可裁剪多余的图形，如图15-80所示。

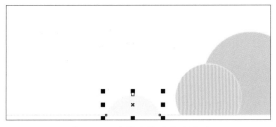

图15-80　裁剪绘制的圆形图形

09 单击工具箱中的"椭圆形工具"按钮，在页面的右下角区域绘制更多不同颜色的小圆图形，如图15-81所示。

图15-81　绘制圆形图形

10 单击工具箱中的"钢笔工具"按钮，再按住Shift键不放，在标志图形下方绘制一条水平的工作路径，如图15-82所示。

图15-82　绘制直线

11 在"钢笔工具"属性栏中设置"线条样式"和"轮廓宽度"，以绘制信笺图形效果，如图15-83所示。

图15-83　设置"线条样式"和"轮廓宽度"

12 选中线条图形的同时，移动鼠标并右击，即可复制线条图形，如图15-84所示。

图15-84　拖动线条图形

13 按Ctrl+D键，复制多个线条图形，并移至不同的位置，然后将这些线条左对齐，如图15-85所示。

14 选择需要调整的线条图形，分别调整线条的长度，完成信笺的设计，效果如图15-86所示。

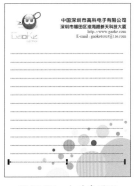

图15-85　左对齐图形

图15-86　调整长度效果

15.3　名片设计

　　名片是一种重要的信息传达方式，而企业名片与普通职员名片有所不同，企业名片追求简单、大方。本节通过复制、粘贴的方法将标志及信笺中的圆形复制到新的页面，然后以适当的方式排列，制作公司名片的正面和背面。

01 单击"插入页面"按钮，添加页面，并应用"矩形工具"创建一个白色矩形图形，填充轮廓色为"20%黑"，如图15-87所示。

图15-87　绘制白色矩形图形

02 将绘制的标志图形复制到矩形的左上角，并适当调整其大小和位置，如图15-88所示。

图15-88　调整标志图形

03 将信笺中绘制的圆形图形复制到当前页面中，将其整体移至矩形右下角，并适当调整各个圆形的位置，如图15-89所示。

图15-89　复制图形

04 应用"文本工具"在右下角位置输入公司的资料，设置字体、大小和位置，并右对齐文字，制作名片正面效果，如图15-90所示。

图15-90　输入文字内容并设置样式

05 应用"矩形工具"创建一个白色矩形图形，并填充轮廓色为"20%黑"，如图15-91所示。

图15-91　绘制白色矩形图形

06 打开绘制的标志图形，选取标志，按Ctrl+C键，再在新页面中按Ctrl+V键，粘贴后调整标志图形的位置和大小，制作名片背面效果，如图15-92所示。

图15-92　复制图形

07 单击工具箱中的 "文本工具" 按钮🅰，在图形中间区域输入公司名称，如图15-93所示。

图15-93　输入文字

08 继续使用 "文本工具"，在文字下方输入公司的相关信息，完成名片背面效果的制作，效果如图15-94所示。

图15-94　名片背面效果

15.4　制作 CI 手册页面

CI 手册中包括标志、信笺及名片等各项元素，为了更清楚地查看这些元素和效果，可以将它们都移至新页面中，然后进行适当排版，并添加文字。本节将通过复制的方式将上面已经完成的标志、信笺和名片等要素添加到一个页面中，制作一个 CI 手册页面。

01 单击 "插入页面" 按钮🔲，添加页面，并应用 "矩形工具" 创建一个与文档大小相同的白色矩形图形，如图15-95所示。

图15-95　绘制白色矩形图形

02 单击 "交互式填充工具" 按钮🔳，单击属性栏中的 "编辑填充" 按钮🔳，打开 "编辑填充" 对话框，在对话框中设置渐变样式和颜色，如图15-96所示。

图15-96　设置渐变样式和颜色

03 设置完成后单击 "确定" 按钮，即可应用所设置的渐变颜色填充矩形图形，效果如图15-97所示。

图15-97　应用渐变填充

04 打开"页2"中的信笺图形文件，将其群组后复制到背景上，并调整其大小和位置，如图15-98所示。

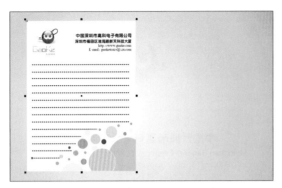

图15-98　调整图形的大小和位置

05 双击信笺图形，将鼠标移至图形的四个角上，拖动鼠标旋转图形，如图15-99所示。

图15-99　旋转信笺图形

06 打开"页3"中的名片图形文件，将名片的正面和背面分别进行群组，然后将名片正面复制到新页面中，并调整其大小和位置，如图15-100所示。

图15-100　复制并调整名片图形

07 双击名片图形，将鼠标移至图形四个角上，按住鼠标左键并拖动，旋转名片图形，如图15-101所示。

图15-101　旋转名片图形

08 按Ctrl+D键，复制一个名片正面图形，如图15-102所示。

图15-102　复制名片图形

09 单击工具箱中的"选择工具"按钮，选中复制的名片图形，并调整名片大小、位置和旋转角度，如图15-103所示。

图15-103　调整名片图形

10 打开"页3"中的名片图形文件,将名片背面复制到新页面中,并调整其大小,如图15-104所示。

图15-104 复制并调整名片大小

11 单击工具箱中的"选择工具"按钮，选中复制的名片图形,并调整名片大小、位置和旋转角度,如图15-105所示。

图15-105 调整旋转角度和大小

12 选择名片背面图形,执行"对象>顺序>置于此对象后"菜单命令,并将鼠标移至需要置于其后的对象上,即可调整图形顺序,效果如图15-106所示。

图15-106 调整图形顺序

13 打开"页1"中的标志图形文件,按Ctrl+C键复制图形,再在背景图形上按Ctrl+V键粘贴复制的图形,将标志图形粘贴到新页面中,如图15-107所示。

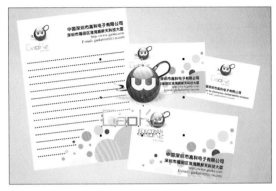

图15-107 粘贴标志图形

14 单击工具箱中的"选择工具"按钮，选中复制的标志图形,并调整其大小和位置,如图15-108所示。

图15-108 调整图形的大小和位置

15 单击工具箱中的"椭圆形工具"按钮，在标志图形位置绘制一个椭圆形图形,如图15-109所示。

图15-109 绘制椭圆轮廓图形

16 单击"交互式填充工具"按钮，单击属性栏中的"编辑填充"按钮，打开"编辑填充"对话框，在对话框中设置渐变样式和颜色，如图15-110所示。

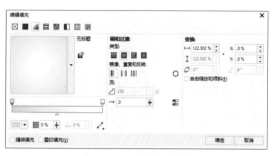

图15-110 设置渐变颜色

17 单击"确定"按钮，即可应用渐变效果。单击"透明度工具"按钮，调整椭圆图形的透明度，并调整图形顺序，最终效果如图15-111所示。

图15-111 最终效果

读书笔记

第 16 章
电商广告设计

电商广告是随着电子商务的不断发展而兴起的一种特殊的广告形式，是电子商务必不可少的营销手段之一。电商广告根据在网页中摆放位置的不同，一般分为横幅式广告、按钮式广告、弹出式广告等几大类。无论是何种类型的电商广告，都需要将图形、文字进行有效的搭配与组合，从而吸引消费者的注意，增强消费者对商品的购买欲望。在本实例中，首先绘制矢量插画风格的背景图案，然后在背景图案上添加要表现的商品——女性服装，最后将与店铺活动相关的信息输入到画面右侧，丰富画面效果。设计时需要注意颜色搭配的统一性、协调性，最终效果如图16-1所示。

图16-1　最终效果

16.1　绘制广告背景

一幅广告作品中，背景图案可以很好地烘托主体。本节主要使用手绘工具组中的工具，先绘制一个蓝色矩形，然后通过在矩形中添加各种图形、花纹，组合成与女性服装主题相近的背景图案。

01 按Ctrl+N键，打开"创建新文档"对话框，输入新建文件的名称，并根据网店图像比例调整其大小，如图16-2所示。设置后单击"确定"按钮，新建文件。

图16-2 设置新建文件选项

02 选择工具箱中的"矩形工具"，双击该工具，绘制一个与页面相同大小的矩形，如图16-3所示。

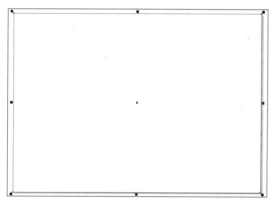

图16-3 绘制矩形图形

03 使用"选择工具"选中矩形对象，打开"颜色泊坞窗"，设置颜色值为R222、G239、B240，单击"填充"按钮，为矩形填充颜色，如图16-4所示。

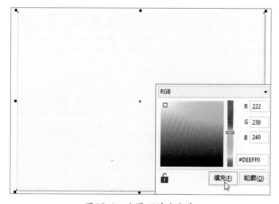

图16-4 为图形填充颜色

04 选择"椭圆形工具"，按住Ctrl键不放，单击并拖动鼠标，绘制正圆图形。单击调色板中的"白色"色标，将圆形填充为白色，并去除其轮廓线，效果如图16-5所示。

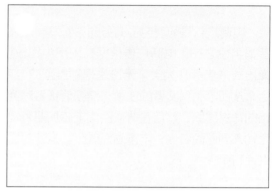

图16-5 绘制白色圆形

05 单击"透明度工具"按钮，在属性栏中单击"均匀透明度"按钮，设置"透明度"为65，设置圆形的透明效果，如图16-6所示。

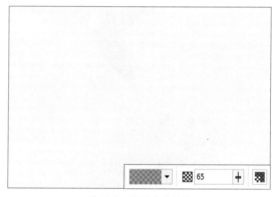

图16-6 设置透明效果

06 使用"选择工具"选中圆形，执行"窗口>泊坞窗>变换>位置"菜单命令，打开"变换"泊坞窗，设置X值为45 px，"副本"为50，如图16-7所示。设置完成后，单击"应用"按钮。

图16-7 设置变换选项

07 根据上一步输入的数值，复制图形并变换其位置，然后将复制的图形选中并编组，如图16-8所示。

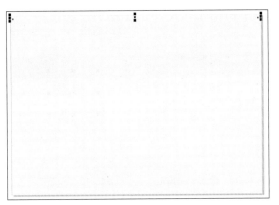

图16-8 应用变换效果

08 在"变换"泊坞窗中设置Y值为-35 px、"副本"为44，然后单击"应用"按钮，如图16-9所示。

图16-9 设置变换选项

09 根据上一步输入的参数值，复制图形并调整图形位置。选中图形，按下快捷键Ctrl+G，组合图形，如图16-10所示。

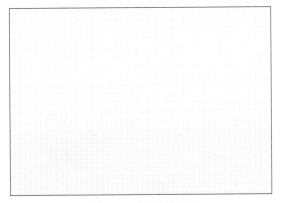

图16-10 应用变换效果

10 选择"椭圆形工具"，按住Ctrl键不放，单击并拖动鼠标，再绘制一个稍大的圆形，单击调色板中的"白色"色标，如图16-11所示。

11 将圆形填充为白色，然后单击"轮廓笔"按钮，在弹出的列表中单击"无轮廓"选项，去除轮廓，如图16-12所示。

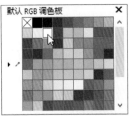

图16-11 单击颜色

图16-12 填充图形

12 选中圆形，执行"编辑>复制"菜单命令，复制图形；执行"编辑>粘贴"菜单命令，粘贴图形。将复制的图形移动到合适的位置，并缩小图形，如图16-13所示。

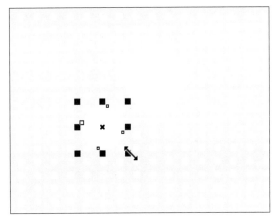

图16-13 复制并调整图形

13 使用同步骤12的方法，复制更多的圆形，并调整为合适的大小，如图16-14所示。

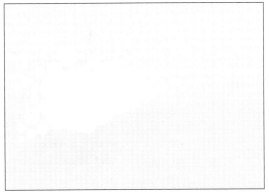

图16-14 复制更多图形

14 选中所有的白色圆形，按下快捷键Ctrl+G，组合对象，如图16-15所示。

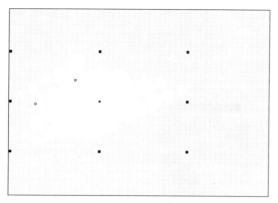

图16-15　组合图形

15 使用"钢笔工具"绘制复古风格的花纹图形，如图16-16所示。

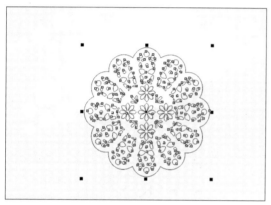

图16-16　绘制复古花纹图形

16 打开"默认RGB调色板"，单击调色板中的白色色标，将绘制的图形填充为白色，如图16-17所示。

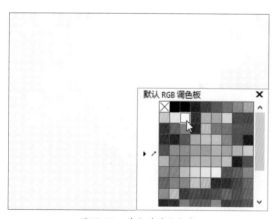

图16-17　单击并填充颜色

17 结合使用"贝塞尔工具"和"形状工具"，在画面中绘制云朵的形状，如图16-18所示。

18 单击调色板中的"白色"色标，将图形填充为白色，如图16-19所示。

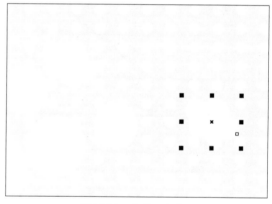

图16-18　绘制云朵图形　　　图16-19　填充为白色

19 按下快捷键Ctrl+C，复制云朵图形，再按下快捷键Ctrl+V，粘贴图形。用"选择工具"将复制的图形移至合适的位置，如图16-20所示。

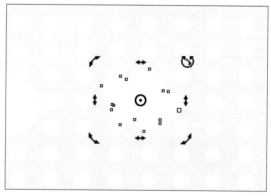

图16-20　复制云朵图形

20 双击复制的云朵图形，显示旋转编辑框，单击并拖动鼠标，旋转图形，如图16-21所示。

图16-21　旋转云朵图形

21 结合使用"钢笔工具"和"形状工具"，绘制彩虹形状图形，效果如图16-22所示。

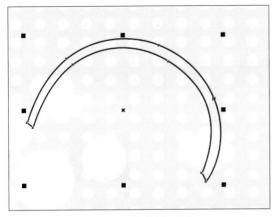

图16-22　绘制彩虹形状

22 单击"交互式填充工具"按钮◇，然后单击属性栏中的"渐变填充"按钮▦，在展开的选项中单击"编辑填充"按钮▦，打开"编辑填充"对话框。在对话框中设置填充选项，如图16-23所示。

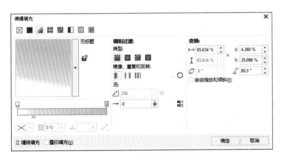

图16-23　设置填充颜色

23 应用设置的填充选项，为绘制的彩虹图形填充渐变颜色效果，如图16-24所示。

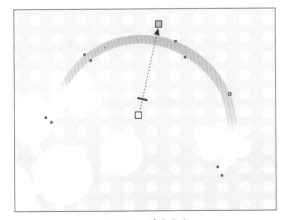

图16-24　填充渐变

24 结合使用"钢笔工具"和"形状工具"，继续绘制彩虹图形。选择"交互式填充工具"，打开"编辑填充"对话框，在对话框中更改渐变填充颜色，如图16-25所示。

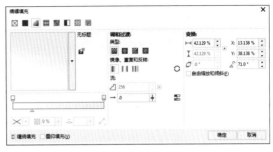

图16-25　设置填充颜色

25 设置完成后单击"确定"按钮，应用渐变颜色填充，如图16-26所示。

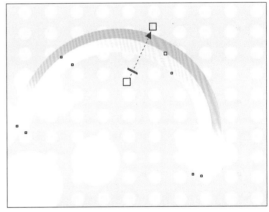

图16-26　应用填充效果

26 结合使用"钢笔工具"和"形状工具"，继续绘制彩虹图形。选择"交互式填充工具"，打开"编辑填充"对话框，在对话框中更改渐变颜色，如图16-27所示。

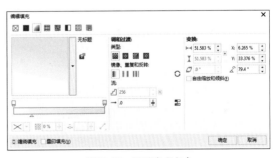

图16-27　设置渐变颜色

27 设置完成后单击"确定"按钮，应用渐变颜色填充，如图16-28所示。

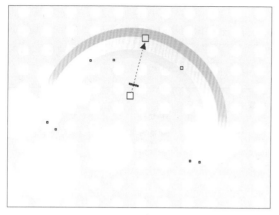

图16-28 填充渐变

28 使用"选择工具"同时选中所有的彩虹图形，按下快捷键Ctrl＋G，组合对象，如图16-29所示。

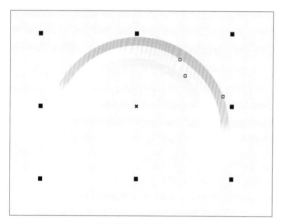

图16-29 组合对象

29 使用"选择工具"选中云朵图形，执行"对象>顺序>向前一层"菜单命令，将图形移至彩虹图形的上方，如图16-30所示。

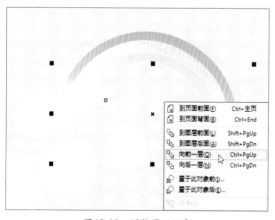

图16-30 调整图形顺序

30 结合使用"贝塞尔工具"和"形状工具"，绘制不规则图形，如图16-31所示。

31 执行"窗口>泊坞窗>彩色"菜单命令，打开"颜色泊坞窗"，设置颜色值为R255、G198、B212，如图16-32所示。

图16-31 绘制图形 图16-32 设置填充颜色

32 单击"颜色泊坞窗"中的"填充"按钮，为图形填充设置的颜色，如图16-33所示。

33 使用"选择工具"选中图形，在属性栏中单击"轮廓宽度"下三角按钮，选择"无"选项，去除轮廓效果，如图16-34所示。

图16-33 填充颜色效果 图16-34 去除轮廓线

34 单击"透明度工具"按钮，单击属性栏中的"均匀透明度"按钮，设置"透明度"为75，如图16-35所示。

35 结合使用"钢笔工具"和"形状工具"，在画面中绘制曲线，如图16-36所示。

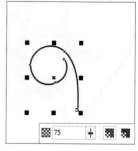

图16-35 设置透明度效果 图16-36 绘制图形

36 打开"颜色泊坞窗",设置颜色值为R255、G116、B124,单击"轮廓"按钮,为图形填充设置的轮廓色,如图16-37所示。

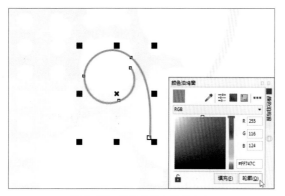

图16-37　设置并填充轮廓颜色

37 选择"椭圆形工具",按住Ctrl键不放,在图形中间位置再绘制一个正圆形,在属性栏中设置"轮廓宽度"为"无",去除轮廓线,如图16-38所示。

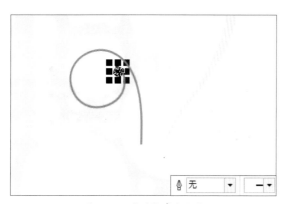

图16-38　去除轮廓线效果

38 打开"颜色泊坞窗",设置颜色值为R255、G116、B124,单击"填充"按钮,为图形填充颜色,如图16-39所示。

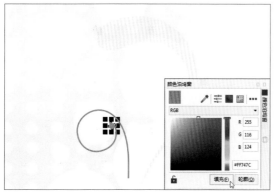

图16-39　设置并填充颜色

39 使用"选择工具"选中曲线图形和圆形,执行"对象>组合>组合对象"菜单命令,组合对象,如图16-40所示。

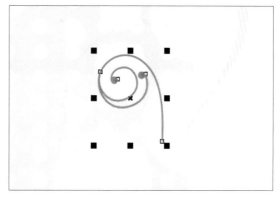

图16-40　选择并组合对象

40 选择"透明度工具",单击属性栏中的"均匀透明度"按钮▣,设置"透明度"为75,提高透明度,如图16-41所示。

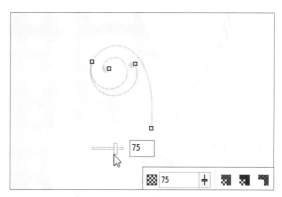

图16-41　设置透明度效果

41 继续使用同样的方法,绘制更多相同颜色的图形,并设置图形的"透明度"为75,如图16-42所示。

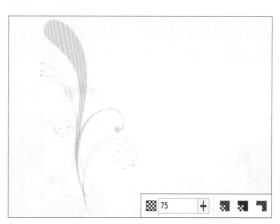

图16-42　绘制更多图形并调整透明度

42 选择"椭圆形工具",按住Ctrl键不放,单击并拖动鼠标,绘制正圆轮廓图形,如图16-43所示。

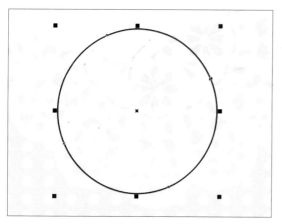

图16-43　绘制圆形图形

43 打开"颜色泊坞窗",设置颜色值为R255、G116、B124,单击"轮廓"按钮,填充轮廓颜色,如图16-44所示。效果如图16-45所示。

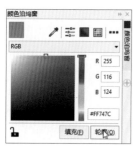 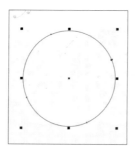

图16-44　设置轮廓色　　　　图16-45　填充轮廓色

44 选择"透明度工具",单击"均匀透明度"按钮，然后拖动图形下方的"透明度"滑块,调整透明度效果,如图16-46所示。

45 复制并粘贴图形。使用"选择工具"选中复制的图形,按住Ctrl键不放,单击并向内拖动鼠标,等比例缩小图形,如图16-47所示。

图16-46　设置透明度　　　　图16-47　缩小图形

46 使用同步骤45相同的方法,复制更多的图形,并调整图形的大小,得到同心圆效果,如图16-48所示。

47 结合使用"钢笔工具"和"形状工具",绘制飞鸟图形,如图16-49所示。

图16-48　复制更多圆形　　　图16-49　绘制飞鸟图形

48 打开"颜色泊坞窗",设置颜色值为R255、G116、B124,单击"填充"按钮,如图16-50所示;为图形填充颜色,效果如图16-51所示。

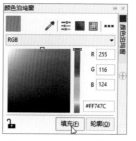 

图16-50　设置填充颜色　　　图16-51　为图形填充颜色

49 在属性栏中单击"轮廓宽度"下三角按钮,在展开的下拉列表中选择"无"选项,去除轮廓线,如图16-52所示。

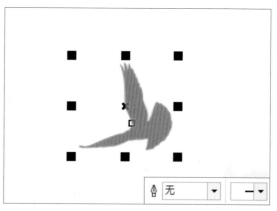

图16-52　去除轮廓线

50 结合使用"钢笔工具"和"形状工具"，继续在画面中绘制更多图形，如图16-53所示。

图16-53 绘制更多图形

51 结合使用工具箱中的"贝塞尔工具"和"形状工具"，在背景左下角绘制一个叶子图形，如图16-54所示。

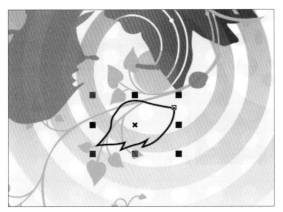

图16-54 绘制叶子形状

52 执行"窗口>泊坞窗>对象属性"菜单命令，打开"对象属性"泊坞窗，设置对象属性，如图16-55所示。

53 在绘图窗口中查看应用对象属性后的效果，如图16-56所示。

图16-55 设置对象属性　　图16-56 应用属性效果

54 复制叶子图形，单击工具箱中的"网状填充工具"按钮，应用网状填充，选中网状锚点，如图16-57所示。

55 单击属性栏中的"网状填充颜色"下三角按钮，在展开的颜色挑选器中设置网状填充颜色，如图16-58所示。

图16-57 选择网状锚点　　图16-58 设置填充颜色

56 应用设置的颜色更改填充效果，如图16-59所示。

57 选中网状边缘的锚点，单击属性栏中的"网状填充颜色"下三角按钮，在展开的颜色挑选器中单击"无颜色"按钮，去除填充颜色，如图16-60所示。

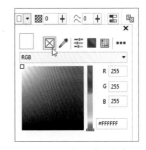

图16-59 查看效果　　图16-60 去除填充颜色

58 使用同样的方法，去除更多填充颜色，然后调整网状节点，控制网状填充效果，如图16-61所示。

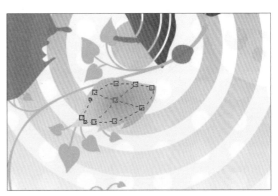

图16-61 调整填充效果

59 结合使用"贝塞尔工具"和"形状工具"，绘制叶子脉络图形，如图16-62所示。

图16-62　绘制叶脉形状

60 执行"窗口>泊坞窗>对象属性"菜单命令，打开"对象属性"泊坞窗，设置对象填充属性，如图16-63所示。

61 应用设置的属性为图形填充渐变颜色效果，如图16-64所示。

图16-63　设置对象属性　　图16-64　应用属性效果

62 使用同样的方法，绘制更多的叶子图形，绘制后的效果如图16-65所示。

图16-65　绘制更多叶子图形

63 结合使用工具箱中的"钢笔工具"和"形状工具"，在叶子上方绘制一个花瓣轮廓图形，如图16-66所示。

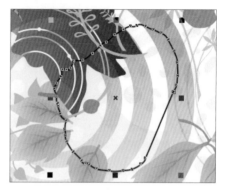

图16-66　绘制花瓣形状

64 选择"交互式填充工具"，单击属性栏中的"均匀填充"按钮，单击"填充色"右侧的下三角按钮，在展开的颜色挑选器中设置填充色为R228、G226、B207，如图16-67所示；为图形填充颜色，如图16-68所示。

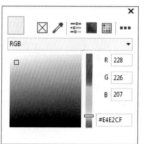
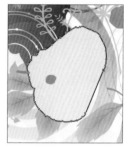

图16-67　设置填充颜色　　图16-68　填充颜色

65 在属性栏中单击"轮廓宽度"右侧的下三角按钮，选择"无"选项，去除轮廓线，如图16-69所示。

66 结合使用工具箱中的"钢笔工具"和"形状工具"，在叶子上方绘制不同形状的花瓣图形，如图16-70所示。

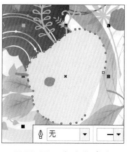
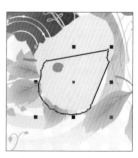

图16-69　去除轮廓线　　图16-70　绘制花瓣图形

67 单击"网状填充工具"按钮⊞，显示网状填充效果，如图16-71所示。

68 选中网状图形，调整网状锚点的数量和颜色，填充出更自然的花瓣颜色，如图16-72所示。

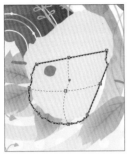

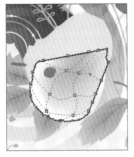

图16-71 网状填充效果　　图16-72 调整网状填充

69 单击工具箱中的"轮廓笔"按钮，在展开的列表中单击"无轮廓"选项，去除轮廓线效果，如图16-73所示。

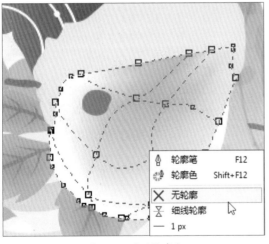

图16-73 去除轮廓线

70 继续使用相同的方法，绘制更多不同形状的花瓣图形。结合使用"交互式填充工具"和"网状填充工具"，为图形填充不同的颜色，组合成完整的花朵效果，如图16-74所示。

71 复制花朵图形，单击属性栏中的"水平镜像"按钮，设置水平镜像花朵效果，如图16-75所示。

图16-74 绘制更多花瓣　　图16-75 复制花朵图形

72 使用"选择工具"选中镜像后的图形，按住Shift键不放，单击并拖动鼠标，缩小花朵图形，如图16-76所示。

图16-76 调整花朵的大小和位置

16.2 添加人物图像

在前面完成了背景图案的绘制，接下来需要在画面中添加主体对象。本节通过将人物图像导入到画面中，为人物设置合适的投影效果并复制图像，得到更丰富的画面效果。

01 执行"文件>导入"菜单命令，将"随书资源\16\素材文件\01.png"导入新建文件中，然后单击属性栏中的"水平镜像"按钮，镜像图像，效果如图16-77所示。

02 单击工具箱中的"阴影工具"按钮，在属性栏中单击"预设"右侧的下三角按钮，在展开的下拉列表中选择"平面右下"选项，为人物添加阴影效果，如图16-78所示。

图16-77　导入人物素材

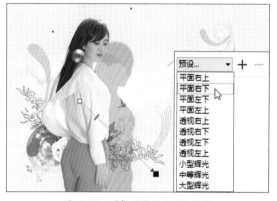

图16-78　选择"平面右下"阴影

03 为了让添加的阴影更自然，在属性栏中设置"阴影的不透明度"为17，"阴影羽化"为14，调整阴影，如图16-79所示。

图16-79　调整阴影效果

04 使用"选择工具"选中并复制人物图像，再单击"水平镜像"按钮，镜像图像，然后适当缩小镜像的人物图像，将其移至画面左上方位置，如图16-80所示。

图16-80　复制人物并调整大小和位置

05 选择"透明度工具"，单击属性栏中的"均匀透明度"按钮，设置"透明度"为15，增强人物透明效果，如图16-81所示。

图16-81　设置人像透明度

06 选中人物下方的花朵等组合图形，右击图形，在弹出的快捷菜单中执行"顺序>向前一层"命令，将组合图形移至左侧人物图像的上方，如图16-82所示。

图16-82　调整图形顺序

选择对象后，执行"对象 > 顺序"菜单命令，在弹出的级联菜单中执行相应命令，可以调整选中对象的顺序，也可以按下菜单命令对应的快捷键来快速调整选中对象的顺序。

16.3 制作广告文案效果

完成广告图像的设计后，需要在图像中添加合适的文字，对商品或活动信息加以补充说明。本节中运用图形工具在文字旁边绘制一些简单的图形装饰元素，再结合"文本工具"和"文本属性"泊坞窗，在画面中输入文字，完成广告的编辑与设置。

01 单击工具箱中的"多边形工具"按钮〇，在属性栏中设置"点数或边数"为6，在画面中单击并拖动鼠标，绘制多边形图形，如图16-83所示。

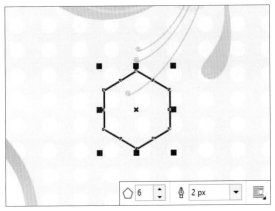

图16-83 绘制多边形图形

02 选择"交互式填充工具"，单击属性栏中的"均匀填充"按钮■，单击"填充色"右侧的下三角按钮，在展开的颜色挑选器中设置填充色为R255、G153、B204，如图16-84所示；为图形填充颜色，并去除轮廓线条，如图16-85所示。

图16-84 设置填充颜色　　图16-85 为图形填充颜色

03 使用"选择工具"选中多边形对象，通过按下快捷键Ctrl+C和Ctrl+V，复制图形，

缩小复制的图形并调整其位置，效果如图16-86所示。

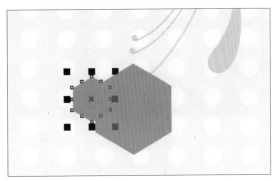

图16-86 复制并调整图形

04 选择"透明度工具"，单击属性栏中的"均匀透明度"按钮■，然后拖动图形下方的"透明度"滑块，调整透明度效果，如图16-87所示。

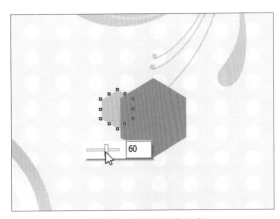

图16-87 设置透明度效果

05 使用同样的方法，继续在画面中分别绘制颜色为R255、G204、B204和R3、G185、B188的多边形图形，如图16-88所示。

图16-88　绘制更多多边形图形

06 选择"椭圆形工具"，按住Ctrl键单击并拖动鼠标，绘制正圆图形。使用"交互式填充工具"将图形颜色填充为R255、G68、B140，如图16-89所示。

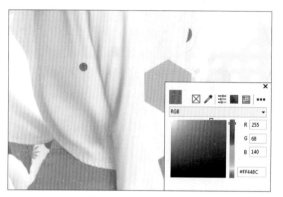

图16-89　绘制红色圆形

07 复制小圆图形，将复制的图形更改为不同的颜色，然后将其分别移至合适的位置，如图16-90所示。

图16-90　复制圆形并更改颜色

08 单击"钢笔工具"按钮，在画面右侧连续单击鼠标，绘制直线线段效果，如图16-91所示。

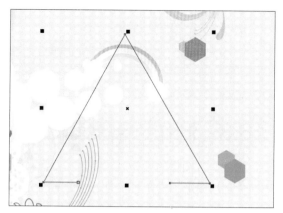

图16-91　绘制直线线段

09 单击工具箱中的"轮廓笔"按钮，在弹出的列表中单击"轮廓笔"选项，打开"轮廓笔"对话框。在对话框中设置轮廓色为R242、G113、B143，"宽度"为20 px，如图16-92所示。设置完成后，单击"确定"按钮。

图16-92　设置"轮廓笔"选项

10 应用设置的"轮廓笔"选项，调整轮廓线效果，如图16-93所示。

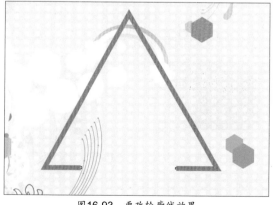

图16-93　更改轮廓线效果

11 选择"阴影工具",在属性栏中单击"预设"右侧的下三角按钮,在展开的下拉列表中选择"平面右下"选项,然后设置"阴影的不透明度"为22,"阴影羽化"为2,为图形添加投影效果,如图16-94所示。

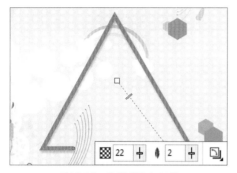

图16-94 设置并添加阴影

12 单击工具箱中的"文本工具"按钮字,在三角形对象的上方输入文字"spring longing",如图16-95所示。

图16-95 输入文字

13 执行"窗口>泊坞窗>文本>文本属性"菜单命令,打开"文本属性"泊坞窗。在"字符"选项卡下设置文字的字体、颜色等选项,如图16-96所示。

14 单击"大写字母"按钮ab,在弹出的列表中单击"全部大写字母"选项,将文字全部改为大写字母,如图16-97所示。

图16-96 设置字符属性

图16-97 更改大小写效果

15 展开"段落"选项卡,调整字符间距,如图16-98所示。设置后可得到如图16-99所示的文本效果。

图16-98 设置段落属性 图16-99 查看文本效果

16 继续使用"文本工具"在画面中输入文字,在"文本属性"泊坞窗的"字符"选项卡下调整文字字体,如图16-100所示;在"段落"选项卡下调整段落间距,如图16-101所示。

图16-100 设置字符属性 图16-101 设置段落属性

17 单击"钢笔工具"按钮,在输入的文字下方连续单击,绘制一条直线,如图16-102所示。

图16-102 绘制直线

18 使用"文本工具"在直线下方输入文字，效果如图16-103所示。

图16-103　输入文字效果

19 选中"选择工具"，按住Shift键不放，同时将两段文字选中。执行"窗口>泊坞窗>对齐与分布"菜单命令，打开"对齐与分布"泊坞窗，单击"右对齐"按钮，对齐文本对象，如图16-104所示。

图16-104　对齐文本对象

20 单击"椭圆形工具"按钮，按住Ctrl键单击并拖动，绘制正圆图形，图形颜色填充为R242、G113、B143，去除轮廓，如图16-105所示。

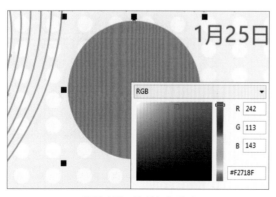

图16-105　绘制红色圆形

21 选中圆形图形，复制该图形，然后单击复制的圆形图形，按住Shift键向内拖动，等比例缩小图形，如图16-106所示。

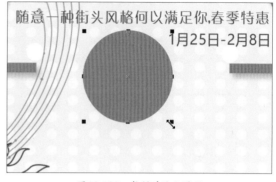

图16-106　复制并缩小图形

22 选中复制的圆形图形，单击"轮廓笔"按钮，在弹出的列表中单击"轮廓笔"选项，打开"轮廓笔"对话框。在对话框中设置轮廓线颜色为白色，"宽度"为3 px，"样式"为虚线，然后单击"确定"按钮，如图16-107所示。

图16-107　设置"轮廓笔"选项

23 应用设置的"轮廓笔"选项，为图形添加轮廓线效果，如图16-108所示。

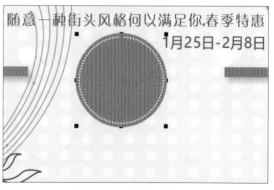

图16-108　更改轮廓线效果

24 选择"文本工具"，在圆形中间位置输入文字"优惠专区立即抢购"。打开"文本属性"泊坞窗，单击"段落"选项卡下的"居中"按钮▓，居中对齐文本，如图16-109所示。

图16-109 对齐文本对象

25 使用"钢笔工具"在文字下方绘制一条直线，单击工具箱中的"轮廓笔"按钮✎，在弹出的列表中单击"轮廓笔"选项，打开"轮廓笔"对话框。在对话框中设置轮廓线颜色为白色，"宽度"为4 px，"样式"为虚线，然后单击"确定"按钮，如图16-110所示。

图16-110 设置"轮廓笔"选项

26 应用设置的选项为图形添加虚线轮廓效果，再使用"钢笔工具"在线条下方绘制一个白色的倒三角形，如图16-111所示。

图16-111 应用轮廓笔效果

27 选择"文本工具"，在圆形下方再输入文字"2件9折 3件7折"，输入后根据需要调整文字的大小和颜色等，效果如图16-112所示。

图16-112 输入文字

28 选择"阴影工具"，在文字旁边单击并拖动鼠标，添加投影，然后在属性栏中设置"阴影的不透明度"为30，"阴影羽化"为2，调整阴影效果，如图16-113所示。

图16-113 设置投影效果

29 使用"矩形工具"，在画面右上角绘制矩形，将绘制的矩形颜色填充为R121、G81、B214，如图16-114所示。

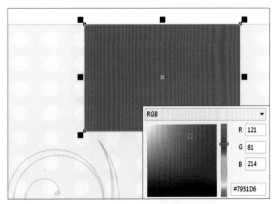

图16-114 绘制矩形并填充颜色

30 复制紫色的矩形图形，将复制的图形颜色更改为白色，调整图形的大小，再向下移至合适的位置，如图16-115所示。同时选中两个矩形图形，单击"对齐与分布"泊坞窗中的"右对齐"按钮▣，对齐图形，如图16-116所示。

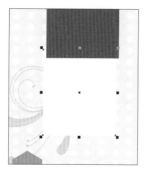 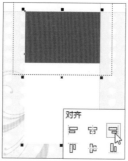

图16-115 复制图形　　　图16-116 对齐图形

31 在工具箱中单击"文本工具"按钮字，在紫色矩形中输入文字，并设置合适的字体、大小和间距，如图16-117所示。

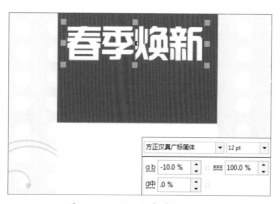

图16-117 输入文字并设置效果

32 继续应用"文本工具"在图中的相应位置输入文字，然后适当调整字体和文字大小，调整后的效果如图16-118所示。

图16-118 输入更多文字并设置效果

33 使用"选择工具"选中矩形上的所有文本对象，单击"对齐与分布"泊坞窗中的"水平居中对齐"按钮▣，对齐文本，如图16-119所示。

图16-119 选中并对齐文本

34 选择工具箱中的"矩形工具"，在白色的矩形上绘制黑色矩形，单击属性栏中的"圆角"按钮▢，设置"转角半径"为20 px，将直角矩形转换为圆角矩形，如图16-120所示。

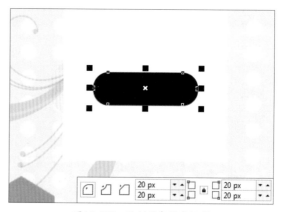

图16-120 绘制黑色圆角矩形

35 选择"基本形状工具"，单击属性栏中的"完美形状"按钮▢，在展开的列表中选择心形形状，在黑色圆角矩形的左侧绘制白色的心形图形，如图16-121所示。

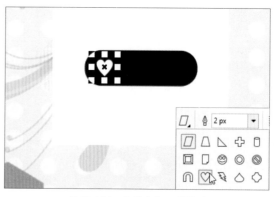

图16-121 绘制白色心形图形

36 选中黑色圆角矩形，复制该图形，将复制的图形移至原黑色矩形的下方，如图16-122所示。

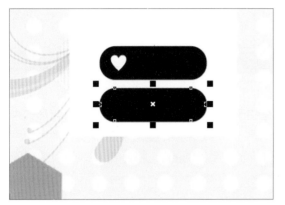

图16-122 复制圆角矩形图形

37 选择"箭头形状工具"，单击属性栏中的"完美形状"按钮▣，在展开的列表中选择箭头形状，在下方黑色圆角矩形的左侧绘制白色的箭头图形，如图16-123所示。

图16-123 绘制白色箭头图形

38 选择"文本工具"，在图形中间输入对应的文本信息，如图16-124所示。

39 选择"基本形状工具"，单击属性栏中的"完美形状"按钮，在展开的列表中选择水滴形状，在文字"自在随行"的左侧绘制黑色的水滴图形，如图16-125所示。

图16-124 输入文字　　　图16-125 绘制黑色水滴图形

40 绘制完成后，单击"标准"工具栏中的"缩放级别"下三角按钮，在展开的下拉列表中选择"到页高"选项，查看完成后的实例效果，如图16-126所示。

图16-126 最终效果

读书笔记

第 17 章
招贴设计

　　招贴又名"海报"，分布于各展览会、商业闹市区、车站、公园等公共场所，是一种"瞬间"的街头艺术。招贴是广告艺术中比较大众化的一种体裁，除了给人以美的享受外，更重要的是向广告消费者传达了信息和理念。与报纸和杂志等类型的广告相比，招贴的幅面相对较大，更加醒目，具有很强的艺术性，能吸引人们的注意力。正是由于这些特点，招贴才能在各种广告形式中脱颖而出，在宣传媒介中占有很重要的地位。本实例是一个卡通创意性艺术招贴，最终效果如图17-1所示。该设计以童真、快乐、轻松为主题，进行了一系列的图形创意，集中表达了快乐周末的主题思想。

图17-1　最终效果

17.1 制作背景

在创意性招贴中，绘制主体对象之前需要绘制一个背景。本节将创建一个图形文件，绘制一个放射状的条纹图形，然后在下方绘制并填充矩形图形，再运用"钢笔工具"绘制花瓣图形，然后运用"变换"泊坞窗，制作白色的花朵装饰图形。

01 按Ctrl+N键，新建一个纵向的空白文档，然后单击"矩形工具"按钮□，绘制一个白色矩形，如图17-2所示。

图17-2 绘制白色矩形图形

02 单击"交互式填充工具"按钮，单击属性栏中的"编辑填充"按钮，打开"编辑填充"对话框，在对话框中设置渐变样式和颜色，如图17-3所示。

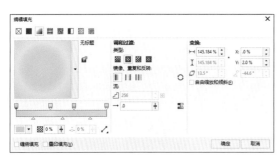

图17-3 设置渐变样式和颜色

03 完成后单击"确定"按钮，应用所设置的渐变样式和颜色填充图形，并去除图形轮廓，如图17-4所示。

图17-4 填充图形后的效果

04 在工具箱中单击"钢笔工具"按钮，在图中的左上角绘制一个三角形，如图17-5所示。

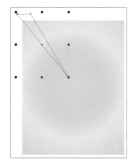

图17-5 绘制三角形

05 执行"窗口>泊坞窗>变换>旋转"菜单命令，在打开的"变换"泊坞窗中设置相关参数，如图17-6所示。

图17-6 设置参数值

06 设置完成后单击"应用"按钮，即可在图中绘制出由三角形组合而成的放射状图形，如图17-7所示。

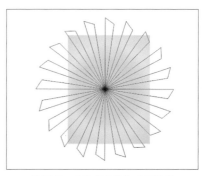

图17-7 应用"变换"后的效果

07 单击"选择工具"按钮，按住Shift键的同时单击所有三角形，如图17-8所示。

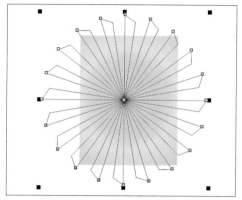

图17-8　选择所有三角形

08 执行"对象>组合>组合对象"菜单命令，群组所有选中的对象，如图17-9所示。

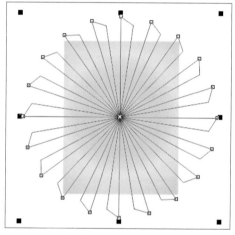

图17-9　组合所有对象

09 选择"矩形工具"，在矩形图形的左侧拖动鼠标，绘制一个黑色轮廓矩形图形，如图17-10所示。

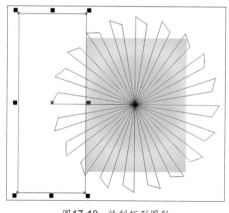

图17-10　绘制矩形图形

10 按住Shift键的同时单击矩形和三角形组合图形，然后在属性栏中单击"移除前面对象"按钮，对图形进行修剪，如图17-11所示。

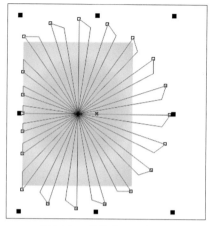

图17-11　修剪图形后的效果

11 继续按住Shift键单击矩形和三角形组合图形，在属性栏中单击"移除前面对象"按钮，对图形进行修剪，如图17-12所示。

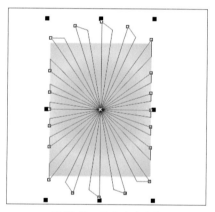

图17-12　修剪后的效果

12 继续使用同样的方法对放射状图形的上、下边缘进行修剪，如图17-13所示。

图17-13　修剪后的整体效果

13 选中修剪后的三角形组合图形，单击"交互式填充工具"按钮，单击属性栏中的"编辑填充"按钮，在打开的"编辑填充"对话框中设置渐变样式和颜色，如图17-14所示。

图17-14 设置渐变样式和颜色

14 完成后单击"确定"按钮，应用所设置的渐变样式和颜色填充图形，并去除图形轮廓色，如图17-15所示。

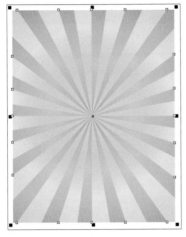

图17-15 填充渐变效果

15 使用"矩形工具"在图形下方绘制一个与页面同宽的矩形，并填充为深绿色，如图17-16所示。

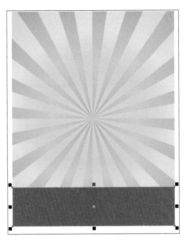

图17-16 背景效果

17.2 绘制矢量元素

图形通过视觉的艺术手段来传达信息，可以起到增强记忆的效果，让人们更快、更直观地接受信息。本节将运用"钢笔工具"和"形状工具"绘制招贴中不同形状的图形，再为图形填充不同的渐变颜色。

01 单击工具箱中的"钢笔工具"按钮，在图中绘制一个花瓣形状，并将其填充为白色，如图17-17所示。

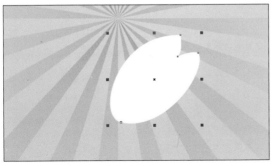

图17-17 绘制白色花瓣图形

02 继续使用"钢笔工具"，在图中绘制花蕊图形，并设置填充色为C100、M65、Y100、K0，填充图形，效果如图17-18所示。

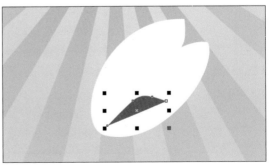

图17-18 绘制花蕊图形

03 选中绘制的花蕊图形，复制图形，然后单击属性栏中的"垂直镜像"按钮 ，制作镜像图形效果，再调整图形的位置和角度，得到如图 17-19所示的图形效果。

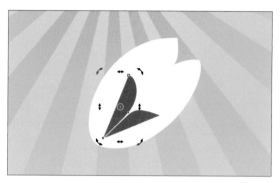

图17-19 调整复制的花蕊图形

04 执行"窗口>泊坞窗>变换>旋转"菜单命令，在打开的"变换"泊坞窗中设置相关参数，如图17-20所示。

图17-20 "变换"泊坞窗

05 设置完成后单击"应用"按钮，即可将多个花瓣图形组合成一个花朵图形，如图17-21所示。选中所有的花瓣图形，按下快捷键Ctrl+G，群组对象。

图17-21 应用"变换"后的效果

06 复制更多的花朵形状，分别调整各花朵图形的大小，并将其放置在图形下方的适当位置，如图17-22所示。

图17-22 复制并调整图形

07 单击工具箱中的"椭圆形工具"按钮 ，在图中绘制一个黑色轮廓的正圆图形，如图17-23所示。

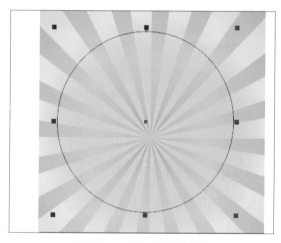

图17-23 绘制正圆轮廓图形

08 单击"交互式填充工具"按钮 ，单击属性栏中的"编辑填充"按钮 ，在打开的"编辑填充"对话框中设置渐变样式和颜色，如图17-24所示。

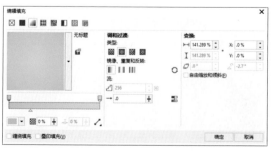

图17-24 设置渐变样式和颜色

09 单击"确定"按钮，应用所设置的渐变样式和颜色填充图形，并去除图形轮廓色，如图17-25所示。

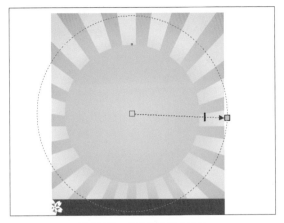

图17-25 应用渐变样式效果

10 单击工具箱中的"椭圆形工具"按钮◯，在图中绘制一个较小的正圆轮廓图形，如图17-26所示。

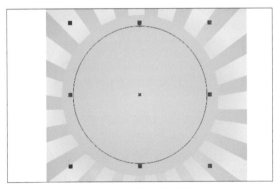

图17-26 绘制正圆轮廓图形

11 单击"交互式填充工具"按钮◇，单击属性栏中的"编辑填充"按钮，在打开的"编辑填充"对话框中设置渐变样式和颜色，如图17-27所示。完成后，单击"确定"按钮。

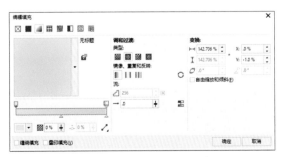

图17-27 设置渐变样式和颜色

12 单击"调和工具"按钮，并在两个正圆图形之间拖动鼠标，创建调和过渡效果，如图17-28所示。

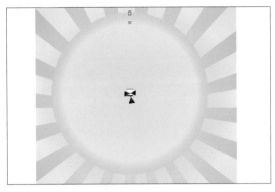

图17-28 调和图形效果

13 与前面绘制放射状条纹图形的方法一样，在图中再绘制一个放射状条纹图形，并填充相应的渐变颜色，如图17-29所示。

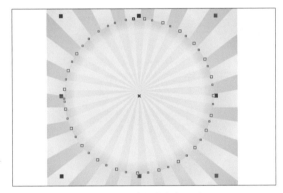

图17-29 填充渐变色效果

14 结合应用"钢笔工具"和"形状工具"，在图中绘制花纹图形，如图17-30所示。

15 复制花纹图形并调整至适当的角度和位置。使用"选择工具"选择两组花纹图形，填充为深绿色，并去除轮廓。然后调整花纹图形与放射状条纹图形的顺序，如图17-31所示。

图17-30 绘制花纹图形

图17-31 复制并调整图形

16 结合应用"钢笔工具"和"形状工具"，继续在图中绘制花纹图形，并填充为深绿色，如图17-32所示。

图17-32　绘制图形并填充颜色

17 执行"对象>顺序>向后一层"菜单命令，调整花纹与放射状条纹图形的顺序，调整后的效果如图17-33所示。

图17-33　调整图形顺序

18 选择"椭圆形工具"，在图中绘制多个大小不一的正圆图形，将其填充为白色，然后放置在图中适当的位置，群组图形，如图17-34所示。

图17-34　绘制正圆图形

19 应用"选择工具"选中群组的正圆图形，将其复制，并调整其位置，丰富画面效果，如图17-35所示。

图17-35　复制图形

20 单击工具箱中的"椭圆形工具"按钮 ◯ ，在图中绘制一个正圆轮廓图形，如图17-36所示。

图17-36　绘制图形轮廓

21 单击"交互式填充工具"按钮 ◈ ，单击属性栏中的"编辑填充"按钮 ▦ ，在打开的"编辑填充"对话框中设置渐变样式和颜色，如图17-37所示。

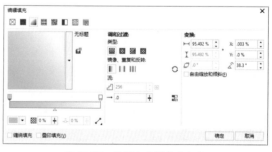

图17-37　设置渐变样式和颜色

22 单击"确定"按钮，应用所设置的渐变样式和颜色填充图形，并去除图形轮廓色，效果如图17-38所示。

图17-38 应用渐变颜色效果

23 按下快捷键Ctrl+D，复制更多的正圆图形，并调整各图形的大小和位置，然后群组图形，再次复制图形及调整其位置，如图17-39所示。

图17-39 复制并群组图形

24 应用"椭圆形工具"绘制出一个白色的正圆图形，再使用"矩形工具"在正圆图形上绘制一个矩形轮廓图形，然后选中两个图形，单击属性栏中的"移除前面对象"按钮回，对图形进行修剪，制作不完整的圆形图形，将其填充为白色，如图17-40所示。

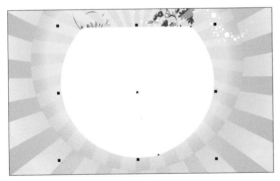

图17-40 修剪图形后的效果

25 单击工具箱中的"透明度工具"按钮图，单击属性栏中的"均匀透明度"按钮图，设置"透明度"为20，将图形调整为半透明状，如图17-41所示。

图17-41 设置图形透明度效果

26 使用"钢笔工具"在图中拖动鼠标，绘制一个不规则的圆环图形，并填充为白色，去除轮廓线，如图17-42所示。

图17-42 绘制图形并填充颜色

27 单击工具箱中的"透明度工具"按钮图，单击属性栏中的"均匀透明度"按钮图，设置"透明度"为24，将图形调整为半透明状，如图17-43所示。

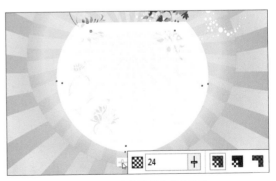

图17-43 设置图形透明度效果

28 使用"钢笔工具"在图中绘制另一个不规则的形状图形，填充为白色，并去除轮廓线效果，如图17-44所示。

图17-44　绘制不规则的白色图形

29 应用"钢笔工具"，继续在图中左侧绘制一个不规则的形状图形，填充为白色，如图17-45所示。

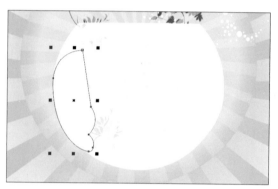

图17-45　绘制不规则的白色图形

30 单击工具箱中的"透明度工具"按钮 ，单击属性栏中的"均匀透明度"按钮 ，设置"透明度"为29，并去除轮廓线效果，如图17-46所示。

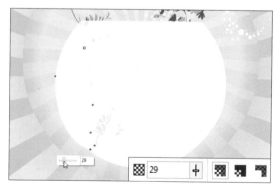

图17-46　绘制不规则的白色图形

31 继续使用"钢笔工具"和"形状工具"绘制更多的曲线图形，填充为白色，并去除轮廓线效果，如图17-47所示。

图17-47　绘制白色图形

32 单击工具箱中的"透明度工具"按钮 ，在图中从上往下拖动鼠标，创建线性渐变透明效果，并在属性栏中确认渐变角度为85.4°，如图17-48所示。

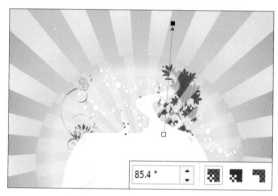

图17-48　调整图形透明度效果

33 选取前面绘制好的蓝色小圆点，将它移到最上层，然后用"钢笔工具"和"形状工具"，在透明图形的左侧绘制云朵形状图形，填充为白色，去除轮廓线，如图17-49所示。

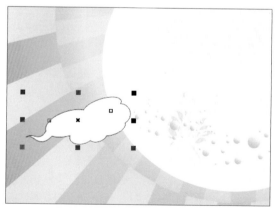

图17-49　绘制云朵图形

34 继续使用"钢笔工具"和"形状工具"，在透明图形的右侧绘制云朵形状图形，并填充为白色，去除其轮廓，如图17-50所示。

图17-50 绘制云朵图形

35 单击工具箱中的"基本形状工具"按钮，在属性栏中选择心形形状后，在图中拖动鼠标，绘制一个心形图形，并填充为白色，如图17-51所示。

图17-51 绘制心形图形

36 去除心形图形的轮廓线，应用"透明度工具"在图中拖动，制作透明效果，如图17-52所示。

图17-52 调整图形渐变透明度

37 复制多个心形图形，调整各图形的大小和位置，然后将所有心形图形编组，如图17-53所示。

图17-53 复制心形图形

38 单击"椭圆形工具"按钮，在云朵图形上绘制一个正圆图形，并填充为橙色，去除轮廓，如图17-54所示。

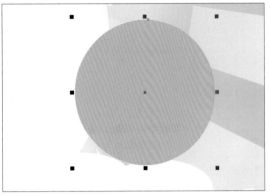

图17-54 绘制橙色正圆图形

39 选择"交互式填充工具"，为图形填充渐变颜色，如图17-55所示。

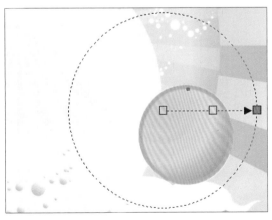

图17-55 填充渐变颜色效果

40 单击"调和工具"按钮，从图中一个正圆图形拖动到另一个正圆图形，对图形填充调和，如图17-56所示。

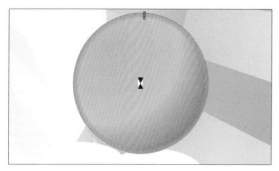

图17-56　调和图形效果

41 使用"钢笔工具"在图中绘制卡通图形的耳朵、手和脚的外形轮廓，如图17-57所示。

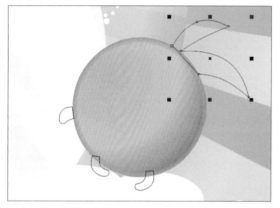

图17-57　绘制卡通图形轮廓

42 选中手和脚的图形，设置填充颜色为深黄色，填充图形，并去除轮廓线，如图17-58所示。

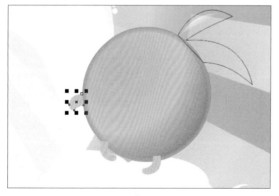

图17-58　填充图形颜色

43 选中耳朵图形，然后更改填充颜色，并填充图形，然后去除轮廓线效果，如图17-59所示。

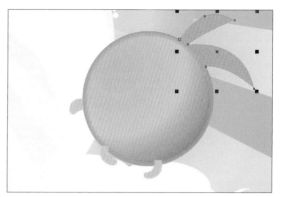

图17-59　填充图形颜色

44 继续使用"钢笔工具"在卡通形象的耳朵、嘴和脚图形的内侧绘制高光图形，如图17-60所示。

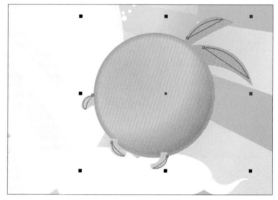

图17-60　绘制高光图形

45 将高光图形填充为白色，并去除轮廓。使用"透明度工具" ▦ 分别在这些图形上拖动鼠标，调整图形的透明度，制作半透明的高光效果，如图17-61所示。

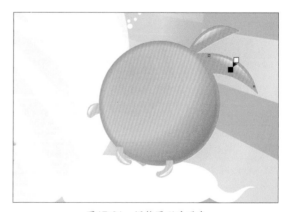

图17-61　调整图形透明度

46 结合使用"椭圆形工具"和"钢笔工具",在图中绘制眼睛和眉毛部分,并填充为黑色,如图17-62所示。

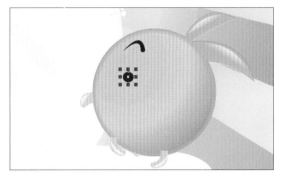

图17-62　绘制卡通形象的眼睛和眉毛效果

47 结合应用"椭圆形工具"和"钢笔工具",继续在图中绘制黑色眼罩图形,效果如图17-63所示。

图17-63　绘制黑色眼罩图形

48 单击"椭圆形工具"按钮 ○,在眼睛上方绘制两个正圆图形,并填充为白色,如图17-64所示。

图17-64　绘制白色正圆图形

49 在工具箱中单击"钢笔工具"按钮 ,在眼睛下方绘制一个嘴巴图形,并填充为粉色,如图17-65所示。

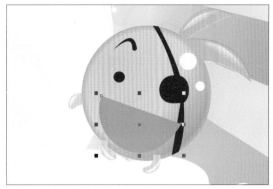

图17-65　绘制嘴巴图形

50 连续按两次Ctrl+Page Down键,将嘴巴图形移至眼罩图形的下方。继续使用"钢笔工具"绘制卡通形象的舌头部分,并填充为较深的颜色,如图17-66所示。

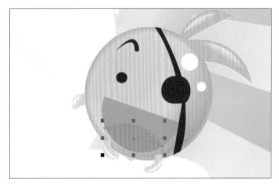

图17-66　调整图形顺序

51 继续应用"钢笔工具"绘制牙齿图形,填充为白色,并去除轮廓,如图17-67所示。

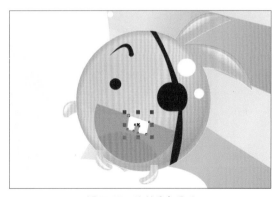

图17-67　绘制牙齿图形

52 使用"钢笔工具"在眼罩上绘制不规则图形,并填充为白色,如图17-68所示。

图17-68 绘制不规则图形

53 在工具箱中单击"透明度工具"按钮，分别从左往右上、从右往左拖动鼠标，调整图形的透明度，制作眼罩上的高光和阴影部分，如图17-69所示。

图17-69 制作图形高光和阴影效果

54 应用"椭圆形工具"绘制一个与卡通动物头部相同大小的正圆图形，并填充为白色，如图17-70所示。

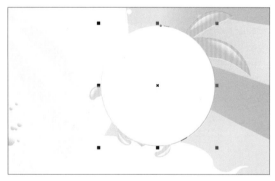

图17-70 绘制白色正圆图形

55 应用"透明度工具" ▨，在图中从上往右下拖动鼠标，使白色图形变为半透明效果，如图17-71所示。

图17-71 调整半透明效果

56 继续使用"椭圆形工具"绘制出一个较小的正圆图形，并填充颜色为白色，如图17-72所示。

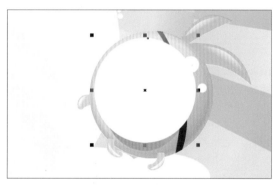

图17-72 绘制白色正圆图形

57 使用"透明度工具"调整图形的透明度，制作脸部的高光部分，如图17-73所示。

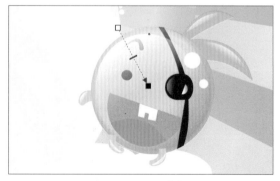

图17-73 绘制图形高光效果

58 将卡通图形的所有对象选中，执行"对象>组合>组合对象"菜单命令，群组图形，并调整图形的位置，如图17-74所示。

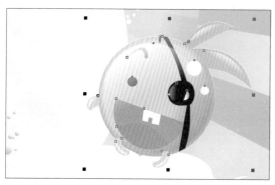

图17-74　组合卡通图形

59 使用前面应用的方法，制作一个不同形态的卡通图形，如图17-75所示。

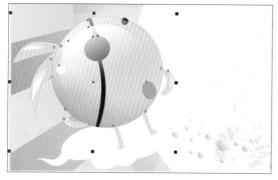

图17-75　绘制卡通图形

60 继续使用相同的方法，再制作一个卡通图形，并将其放置在图形上方适当的位置，如图17-76所示。

图17-76　绘制卡通图形

17.3 添加文字和招贴元素

　　在招贴中，除了必要的图形元素外，还需要添加文字。本节将继续在页面中添加修饰性的图形和文字。首先使用"文本工具"输入招贴相关文字内容，并调整文字的字体、字号、位置等，再输入主题文字，并将文字转换为曲线，然后转换为位图，以便为文字添加模糊滤镜效果，最后添加花纹素材，修饰文字效果，完成本实例的制作。

01 单击工具箱中的"文本工具"按钮，在下方的深绿色矩形中拖动鼠标，绘制文本框，在文本框中输入白色文字，在"文本属性"泊坞窗中设置相关参数，如图17-77所示。

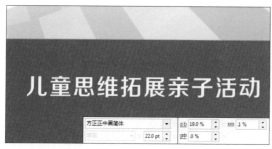

图17-77　输入文字效果

02 继续应用"文本工具"在图中添加更多的文字，并调整大小和位置，如图17-78所示。

图17-78　添加更多的文字

03 单击工具箱中的"2点线工具"按钮 ，在文字左侧绘制一条垂直的直线，并设置直线的颜色为白色，如图17-79所示。

图17-79　绘制直线

04 使用"文本工具"在线条左侧拖动，绘制文本框，在文本框中输入黑色的主题文字，如图17-80所示。

图17-80　输入主题文字

05 单击"交互式填充工具"按钮 ，单击属性栏中的"编辑填充"按钮 ，在打开的"编辑填充"对话框中设置渐变样式和颜色，如图17-81所示。

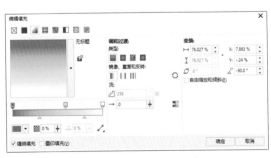

图17-81　设置文字渐变颜色

06 设置完成后，单击"确定"按钮，应用所设置的渐变颜色填充文字对象，如图17-82所示。

图17-82　应用渐变颜色效果

07 复制主题文字，然后单击属性栏中的"垂直镜像"按钮 ，垂直翻转文字，如图17-83所示。

图17-83　复制并翻转文字

08 使用"选择工具"选取两组主题文字，执行"对象>转换为曲线"菜单命令，将选中的文字对象转换为曲线图形，如图17-84所示。

图17-84　将文字转换为曲线效果

09 选中翻转后的文字图形，执行"位图>转换为位图"菜单命令，打开"转换为位图"对话框。在对话框中设置参数，然后单击"确定"按钮，如图17-85所示。

图17-85　设置选项

10 通过上一步的操作，可发现调整后的文字颜色有了变化，如图17-86所示。

图17-86　转换为位图效果

11 将文字图形转换为位图后，执行"位图>模糊>低通滤波器"菜单命令，打开"低通滤波器"对话框。在对话框中设置相关参数，如图17-87所示。

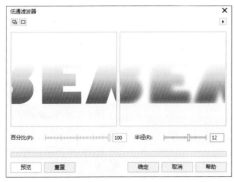

图17-87　设置模糊的参数值

12 完成后单击"确定"按钮，应用滤镜模糊文字效果，如图17-88所示。

图17-88　模糊后的效果

13 使用"选择工具"选择文字图形，调整模糊文字图形的位置，完成倒影的制作，如图17-89所示。

图17-89　调整模糊文字图形的位置

14 复制文字图形，并调整图形的大小，然后将该图形放置到页面的正上方位置，如图17-90所示。

图17-90　调整文字图形的大小和位置

15 选中文字图形，按下快捷键Ctrl+D，复制当前选中的文字图形，然后结合填充工具，适当调整颜色。执行"位图>转换为位图"菜单命令，将其转换为位图图像，如图17-91所示。

图17-91　位图图像效果

16 选中转换的位图后，执行"位图>模糊>高斯式模糊"菜单命令，在打开的对话框中设置"半径"为87像素，如图17-92所示。

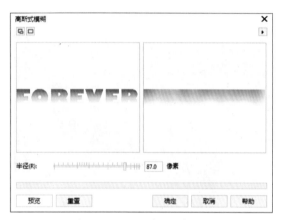

图17-92　设置"半径"参数值

17 单击"确定"按钮，即可模糊文字图像，如图17-93所示。

图17-93　应用滤镜模糊图像

18 调整模糊图像的顺序，将图像放置于主题文字的后面，效果如图17-94所示。

图17-94　调整图像的顺序

19 在工具箱中单击"文本工具"按钮，在主题文字下方添加较小的白色文字，如图17-95所示。

图17-95　输入文字

20 选中文字后面的卡通图形，并稍微调整其大小和位置，使画面更自然，如图17-96所示。

图17-96　调整图形大小和位置

21 打开"随书资源\17\素材文件\01.cdr"，将其中的图形拖至文档中，并调整图形的大小和位置，完成本实例的制作，如图17-97所示。

图17-97　招贴设计最终效果

第 18 章
商业插画设计

为企业或产品绘制插图，获得与之相关的报酬；作者放弃对作品的所有权，只保留署名权的商业买卖行为，称为商业插画。商业插画借助广告渠道进行传播，覆盖面广，社会关注度比艺术绘画高。商业插画通常分为广告商业插画、卡通吉祥物设计、出版物插画和影视游戏美术设定 4 类。本实例将制作一个饮料产品的广告商业插画，最终效果如图 18-1 所示。该插画设计以绿色为主色调，且对饮料做了独特的图像创意，通过较亮眼的绿色，表达饮品绿色、健康的特点。

图18-1　最终效果

18.1 制作背景

进行插画设计前，需要对设计进行定位，制作一个漂亮的背景。本节中将运用"矩形工具"绘制矩形，并填充渐变色，制作天空效果；再运用"钢笔工具"绘制云朵图形，并对其填充渐变色，制作出逼真的云朵图形。

01 按下快捷键Ctrl+N，新建一个空白文档，然后单击工具箱中的"矩形工具"按钮口，绘制一个与页面相同大小的矩形，如图18-2所示。

图18-2 绘制矩形图形

02 单击"交互式填充工具"按钮，单击属性栏中的"编辑填充"按钮，在打开的"编辑填充"对话框中设置渐变样式和颜色，如图18-3所示。

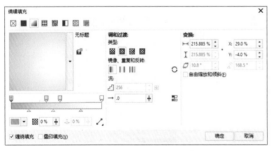

图18-3 设置图形渐变颜色

03 单击"确定"按钮，应用所设置的渐变颜色填充矩形，并去除轮廓线，如图18-4所示。

04 单击"矩形工具"按钮口，再绘制一个黑色轮廓的矩形图形，如图18-5所示。

图18-4 应用渐变颜色

图18-5 绘制黑色轮廓图形

05 单击"交互式填充工具"按钮，单击属性栏中的"编辑填充"按钮，在打开的"编辑填充"对话框中设置渐变样式和颜色，如图18-6所示。

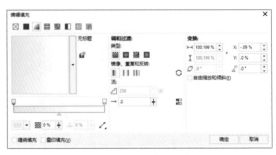

图18-6 设置渐变颜色

06 应用设置的渐变颜色填充绘制的图形，如图18-7所示。在属性栏中设置"轮廓宽度"为"无"，去除轮廓线，效果如图18-8所示。

图18-7 填充渐变效果

图18-8 去除轮廓线

07 单击"透明度工具"按钮，在属性栏中设置参数，然后从下往上拖动鼠标，创建透明效果，如图18-9所示。

08 结合使用工具箱中的"钢笔工具"和"形状工具"，在图形中间区域绘制云朵路径，如图18-10所示。

图18-9 创建透明效果

图18-10 绘制云朵路径

09 单击"交互式填充工具"按钮 ◇，单击属性栏中的"编辑填充"按钮，在打开的"编辑填充"对话框中设置渐变样式和颜色，完成后单击"确定"按钮，即可应用其效果，如图18-11所示。

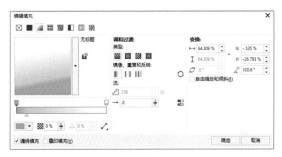

图18-11 设置渐变样式和颜色

10 应用设置的渐变颜色填充绘制的云朵路径，填充后的效果如图18-12所示。

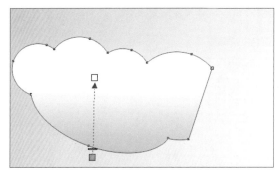

图18-12 填充渐变颜色效果

11 在属性栏中设置"轮廓宽度"为"无"，去除轮廓线。单击"透明度工具"按钮，在属性栏中设置参数，然后在图形上拖动创建透明效果，如图18-13所示。

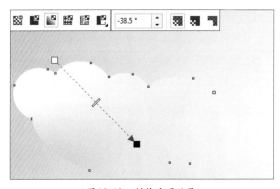

图18-13 制作透明效果

12 使用相同的方法，继续绘制更多的云朵图形，然后分别设置不同的透明效果，如图18-14所示。

图18-14 绘制更多云朵图形

13 结合使用工具箱中的"钢笔工具"和"形状工具"，在图形中绘制水滴形状路径，如图18-15所示。

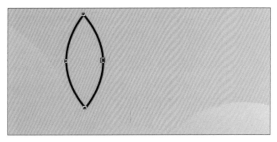

图18-15 绘制水滴形状路径

14 单击调色板中的"白色"色标，即可填充图形为白色，再右击"无填充"色标，取消轮廓色，效果如图18-16所示。

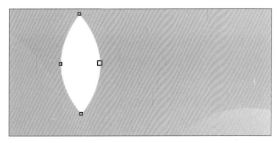

图18-16 填充颜色

15 按下快捷键Ctrl+D，复制图形并填充为浅蓝色，并调整图形的大小，如图18-17所示。

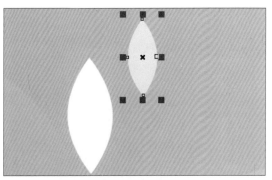

图18-17 复制图形并更改填充颜色

16 按住Shift键的同时选择两个图形，然后单击"对齐与分布"泊坞窗中的"水平居中对齐"按钮🖹和"垂直居中对齐"按钮🖽，对齐图形并调整其大小和位置，如图18-18所示。

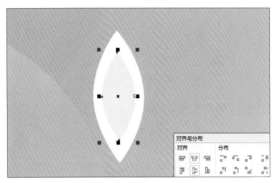

图18-18　居中对齐图形

17 按下快捷键Ctrl+G，群组对象，再多次按下快捷键Ctrl+D，复制多个图形并调整其大小和位置，如图18-19所示。

图18-19　复制图形并调整其大小和位置

18 单击"透明度工具"按钮🔲，在属性栏中单击"均匀透明度"按钮🔲，设置"透明度"为42，制作图形均匀透明度效果，如图18-20所示。

图18-20　设置透明度

19 单击"钢笔工具"按钮🖋，按住Shift键的同时，绘制一条垂直的工作路径，如图18-21所示。

20 按F12键打开"轮廓笔"对话框，在对话框中设置"轮廓宽度"为1.0 mm、"轮廓颜色"为白色，效果如图18-22所示。

图18-21　绘制工作路径　　图18-22　更改轮廓线效果

21 选择"透明度工具"，在属性栏中设置相关参数，制作透明的线条效果，如图18-23所示。

图18-23　设置透明度

22 继续使用相同的方法绘制图形，再复制多个水滴图形，并调整其大小、位置和颜色，背景最终效果如图18-24所示。

图18-24　复制图形并调整大小和位置

18.2 绘制杯子图形

　　饮料产品商业插画的主体对象是盛放饮料的容器。本节中将使用"贝塞尔工具"和"形状工具"绘制杯子图形；再运用"透明度工具"和填充工具制作具有高光效果的杯子图形；绘制完成后，将鸟儿素材图像导入文件中，制作出插画的主体对象。

01　结合使用工具箱中的"贝塞尔工具"和"形状工具"，绘制一个不规则的杯子轮廓图形，如图18-25所示。

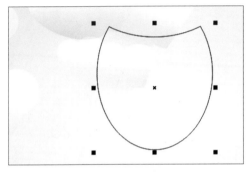

图18-25　绘制轮廓图形

02　单击"交互式填充工具"按钮 ，单击属性栏中的"编辑填充"按钮 ，在打开的"编辑填充"对话框中设置图形的渐变颜色，如图18-26所示。

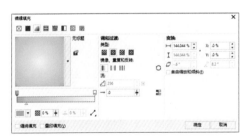

图18-26　设置渐变填充颜色

03　单击"确定"按钮，应用所设置的黄绿色填充路径，并去除轮廓线，效果如图18-27所示。

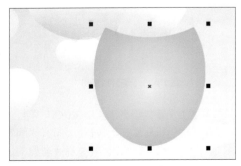

图18-27　应用渐变颜色效果

04　结合使用工具箱中的"贝塞尔工具"和"形状工具"，绘制一个稍大的轮廓图形，如图18-28所示。

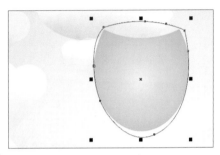

图18-28　绘制轮廓图形

05　使用"选择工具" 选中填充的图形路径，选择"交互式填充工具"，单击属性栏中的"复制填充"按钮 ，此时鼠标指针会变为黑色箭头形状。在已经填充黄绿色的图形上单击，复制填充属性，为图形填充相同的渐变颜色，效果如图18-29所示。

图18-29　应用相同的渐变颜色

06　单击工具箱中的"网状填充工具"按钮 ，在图形中单击并调整节点的位置和曲线，更改图形颜色，如图18-30所示。

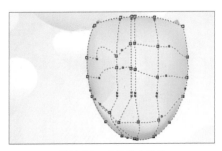

图18-30　网状填充效果

07 执行"对象>顺序>向后一层"菜单命令，将图形向后调整一层，如图18-31所示。

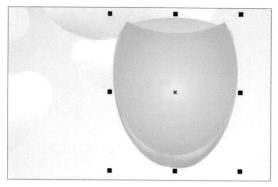

图18-31　调整图形顺序

08 按下快捷键Ctrl+D，复制一个图形，然后单击"网状填充工具"按钮，调整节点并更改图形颜色，如图18-32所示。

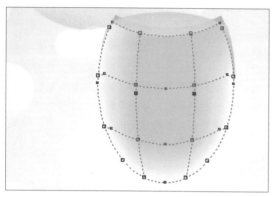

图18-32　网状填充效果

09 单击工具箱中的"透明度工具"按钮，在属性栏中单击"渐变透明度"按钮，单击"椭圆形渐变透明度"按钮，设置图形透明效果，如图18-33所示。

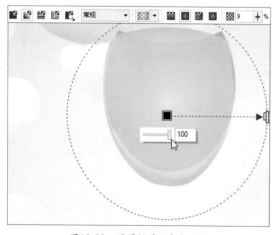

图18-33　设置椭圆形渐变效果

10 连续按下快捷键Ctrl+Page Down，将图形移至所有杯子轮廓图形的底层，以增强图形光影效果，如图18-34所示。

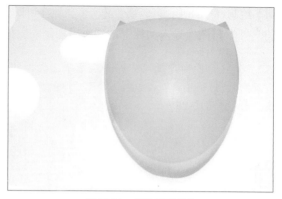

图18-34　调整图形顺序

11 按下快捷键Ctrl+D，复制多个图形，然后调整图形的位置，效果如图18-35所示。

图18-35　复制多个图形

12 单击工具箱中的"椭圆形工具"按钮，在杯子图形的上方拖动鼠标，绘制一个椭圆图形，如图18-36所示。

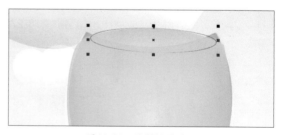

图18-36　绘制椭圆图形

13 单击"交互式填充工具"按钮，单击属性栏中的"编辑填充"按钮，打开"编辑填充"对话框。在对话框中设置渐变样式和颜色，如图18-37所示。

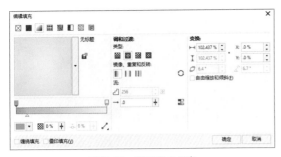

图18-37　设置渐变颜色

14 完成后单击"确定"按钮，应用所设置的渐变颜色填充椭圆图形，如图18-38所示。

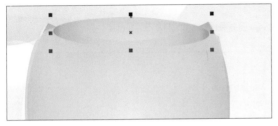

图18-38　填充渐变色

15 结合使用工具箱中的"贝塞尔工具"和"形状工具"，在杯子图形的底部绘制一个不规则路径，如图18-39所示。

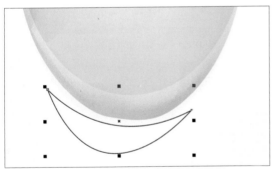

图18-39　绘制不规则路径

16 单击"交互式填充工具"按钮，单击属性栏中的"编辑填充"按钮，打开"编辑填充"对话框，设置渐变样式和颜色，如图18-40所示。

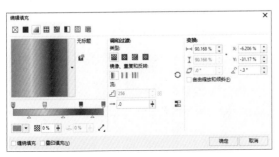

图18-40　设置渐变颜色和角度

17 结合使用工具箱中的"贝塞尔工具"和"形状工具"，继续在杯子图形上绘制一个不规则图形，并填充为黄色，效果如图18-41所示。

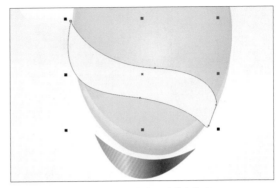

图18-41　绘制图形并填充颜色

18 继续使用"贝塞尔工具"和"形状工具"在相应位置绘制工作路径，制作杯子图形上的纹理部分，如图18-42所示。

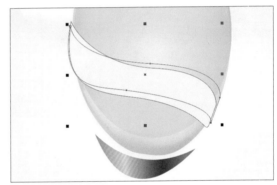

图18-42　绘制纹理图形

19 单击"交互式填充工具"按钮，单击属性栏中的"编辑填充"按钮，在打开的"编辑填充"对话框中设置渐变样式和颜色，如图18-43所示。

图18-43　设置渐变颜色和角度

20 使用同样的方法，继续绘制杯子上的纹理图形，并填充相应的颜色，如图18-44所示。

21 选中杯子上的纹理图形，并右击调色板中的"无轮廓"按钮⊠，即可取消轮廓效果，如图18-45所示。

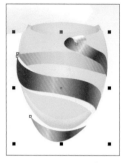

图18-44　填充渐变色　　　图18-45　去除轮廓线

22 结合使用工具箱中的"贝塞尔工具"和"形状工具"，在杯子图形的杯口处绘制黑色的杯口轮廓图形，如图18-46所示。

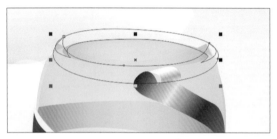

图18-46　绘制杯口轮廓图形

23 执行"对象>对象属性"菜单命令，打开"对象属性"泊坞窗。单击"填充"按钮◇，再单击"渐变填充"按钮▣，在下方设置要填充的渐变颜色和渐变填充样式，如图18-47所示。设置后即可为图形填充渐变，效果如图18-48所示。

图18-47　设置填充属性　　　图18-48　填充渐变色

24 使用"选择工具"选择杯口处上半部分的路径，打开"对象属性"泊坞窗，调整填充颜色，如图18-49所示；为图形填充不同的颜色，效果如图18-50所示。

图18-49　更改填充属性　　　图18-50　填充不同的颜色

25 结合使用工具箱中的"贝塞尔工具"和"形状工具"，在杯子上方绘制一个枝干状的吸管图形，如图18-51所示。

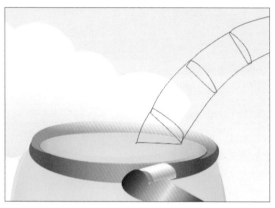

图18-51　绘制枝干状的吸管图形

26 选中杯口处的枝干图形，单击"交互式填充工具"按钮◈，单击属性栏中的"编辑填充"按钮▣，在打开的"编辑填充"对话框中设置渐变颜色和角度，如图18-52所示。

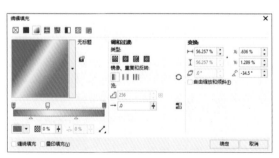

图18-52　设置渐变颜色和角度

27 完成后单击"确定"按钮，应用所设置的渐变颜色填充图形，效果如图18-53所示。

图18-53 填充渐变色

28 继续在"编辑填充"对话框中为每个枝干路径设置不同的渐变颜色,然后填充渐变色,填充后的效果如图18-54所示。

图18-54 填充渐变色

29 单击工具箱中的"透明度工具"按钮▧,在属性栏中设置参数,在图形交界处从右上往左下拖动鼠标,为图形填充透明效果,如图18-55所示。

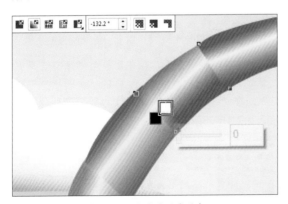

图18-55 设置图形透明度

30 应用同样的方法,继续使用"透明度工具"为其他枝干图形设置透明度效果,拼合枝干部分,如图18-56所示。

图18-56 设置透明度效果

31 执行"文件>导入"菜单命令,将"随书资源\18\素材文件01.psd"导入图形文件中,并调整图像的大小和位置,如图18-57所示。

图18-57 导入素材图像并调整大小和位置

32 使用同样的方法,结合应用工具箱中的"贝塞尔工具"和"形状工具",绘制另一个杯子图形,绘制后的图形效果如图18-58所示。

33 执行"文件>导入"菜单命令,将"随书资源\18\素材文件\02.psd~03.psd"导入页面中,然后调整其大小和位置,如图18-59所示。

图18-58 继续绘制杯子图形　图18-59 导入鸟儿图像

18.3　制作叶子并添加文字

为了突出绿色饮品的主题，还需要在已绘制的图像中添加绿叶和文字。本节将运用绘图工具绘制叶子并填充渐变颜色，并运用"网状填充工具"调整叶子上的节点，制作独具特色的矢量叶子效果。叶子绘制完成后，再添加合适的文字，即可完成本实例的制作。

01 结合使用工具箱中的"贝塞尔工具"和"形状工具"，在枝干位置绘制一个叶子形状的路径，如图18-60所示。

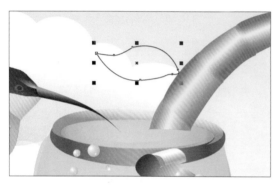

图18-60　绘制叶子图形

02 选中轮廓图形，单击"交互式填充工具"按钮，单击属性栏中的"编辑填充"按钮，在打开的"编辑填充"对话框中设置渐变颜色和角度，如图18-61所示。

图18-61　设置填充颜色

03 单击"确定"按钮，应用设置的黄绿色渐变填充图形，并去除轮廓线，填充后的图形效果如图18-62所示。

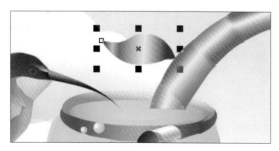

图18-62　应用渐变填充效果

04 使用相同的方法，继续在枝干部分绘制更多的叶子图形，并填充合适的渐变颜色，如图18-63所示。

图18-63　绘制更多的叶子图形

05 结合使用工具箱中的"贝塞尔工具"和"形状工具"，在左侧绘制一个叶子形状的路径，如图18-64所示。

图18-64　绘制叶子轮廓图形

06 选中轮廓图形，单击"交互式填充工具"按钮，单击属性栏中的"编辑填充"按钮，在"编辑填充"对话框中设置渐变颜色和角度，如图18-65所示。

图18-65　设置渐变颜色和角度

07 单击"确定"按钮，即可应用所设置的渐变颜色填充叶子图形，如图18-66所示。

08 选择其他的轮廓图形，分别设置不同的渐变颜色进行填充，并去除轮廓线，如图18-67所示。

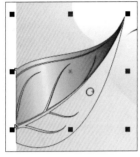

图18-66　填充渐变色

图18-67　去除轮廓线

09 按下快捷键Ctrl+G，群组对象，然后复制多个叶子图形，分别调整图形的颜色和位置，再裁剪掉多余的部分，如图18-68所示。

10 继续复制叶子图形，将复制的图形移至图像右侧，调整其位置、角度和大小，同样裁剪掉多余的部分，如图18-69所示。

图18-68　调整左侧图形

图18-69　调整右侧图形

11 结合使用工具箱中的"贝塞尔工具"和"形状工具"，绘制另一个树叶形状路径，如图18-70所示。

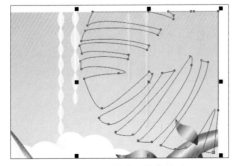

图18-70　绘制叶子轮廓图形

12 单击"交互式填充工具"按钮，单击属性栏中的"编辑填充"按钮，在"编辑填充"对话框中设置渐变样式和颜色，如图18-71所示。

图18-71　设置渐变样式和颜色

13 单击"确定"按钮，应用所设置的绿色渐变色填充路径，去除其轮廓线，并调整图形顺序，效果如图18-72所示。

图18-72　去除叶子轮廓线

14 结合使用"贝塞尔工具"和"形状工具"，绘制叶脉路径，如图18-73所示。

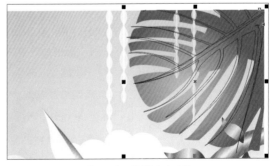

图18-73　绘制叶脉路径

15 设置填充颜色为C45、M5、Y91、K0，为叶脉图形填充颜色，再右击调色板中的"无填充"色标，取消轮廓色，然后群组图形，如图18-74所示。

16 按快捷键Ctrl+D，复制图形，再将图形移至页面左侧，并调整图形的大小和位置，如图18-75所示。

图18-74　群组图形

图18-75　复制图形

17 结合使用"贝塞尔工具"和"形状工具"，继续绘制叶子图形。打开"对象属性"泊坞窗，设置填充颜色，为图形填充渐变色，如图18-76所示。

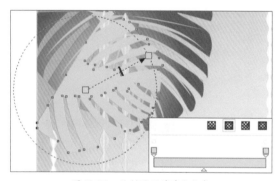

图18-76　绘制图形并填充颜色

18 使用相同的方法，绘制叶子图形并填充不同的颜色效果，如图18-77所示。

19 分别选中叶子图形，按Ctrl+Page Down键，调整图形的上下关系，调整后的效果如图18-78所示。

图18-77　绘制叶子图形

图18-78　调整图形顺序

20 结合使用工具箱中的"贝塞尔工具"和"形状工具"，绘制长条叶子路径，再在调色板中单击"绿色"色标，填充颜色，并去除轮廓线，如图18-79所示。

图18-79　绘制叶子图形

21 单击工具箱中的"网状填充工具"按钮，再单击图形中的节点，调整节点的位置和颜色，如图18-80所示。

图18-80　网状填充叶子图形

22 单击工具箱中的"钢笔工具"按钮，绘制黄色曲线，在属性栏中设置"轮廓宽度"为1 mm，如图18-81所示。完成后群组新绘制的叶子图形。

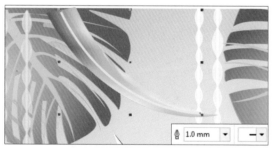

图18-81　绘制叶脉轮廓

23 按Ctrl+D键，复制两个相同的叶子图形，分别调整图形的大小和位置，并裁剪掉多余的部分，如图18-82所示。

图18-82　复制叶子图形

24 使用相同的方法，继续绘制页面下方的叶子及小草图形，然后适当调整图形的位置，如图18-83所示。

图18-83　绘制更多图形

25 设置填充色为C88、M47、Y100、K13，单击"矩形工具"按钮，在页面右下方绘制一个绿色的矩形图形，如图18-84所示。

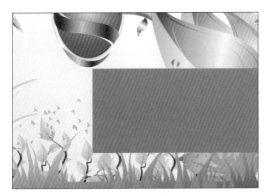

图18-84　绘制绿色矩形

26 单击"文本工具"按钮，在矩形中输入主题文字，并填充为白色，并适当调整文字的字体和大小，如图18-85所示。

图18-85　输入主题文字

27 继续使用"文本工具"在矩形图形中输入相应文字，如图18-86所示。

图18-86　输入相应文字

28 单击工具箱中的"钢笔工具"按钮，在文字旁边绘制一个小草形状的路径，单击调色板中的"白色"色标，将路径填充为白色，右击"无填充"色标，取消图形的轮廓色，如图18-87所示。

图18-87　绘制小草图形

29 连续按下快捷键Ctrl+D，复制多个小草图形，然后分别选择复制的图形，调整大小和位置，如图18-88所示。至此，已完成本实例的制作，最终效果如图18-89所示。

图18-88　复制图形

图18-89　最终效果

读书笔记